土の流動化処理工法
[第二版]
建設発生土・泥土の再生利用技術

久野悟郎
流動化処理工法研究機構
流動化処理工法技術管理委員会 著

技報堂出版

第一版「序」

　私は長らく土の締固めにかかわる仕事をしてきた．その間，土構造物の造成にあたって真に要求を満たす盛土を得るためには，土をできる限り密な，間隙を残さない均等な状態に締め固めることが必要であることを知った．そしてそのためには，粗粒分から細粒分にわたる土の粒度構成ができるだけ良好であること，土の含有水分の量が使用する締固め手段の効果を最も発揮しうるとともに締固め後の供用環境下で恒久的な安定性を保つうえで適切であること，そしてさらにその締固め手段の効果が対象とする締固め範囲内にできるだけ均等に及びうる態勢を確保するという，非常に多面的な要求が満たされなければならないことを痛感してきた．

　しかし，土は常に技術者の希望を満たすとは限らない多様な性質，状態でわれわれに提供される天然の資材であり，施工にあたっては，材料，現場条件の取捨選択が量的にも工費的にも容易に許されない対象であることから，技術上の妥協と許容の適切な設定がその要諦であるとさえ感じられる場合が多かった．

　幸い，効率的な転圧機械が活用できる広い現場で薄層締固めが可能な場合には，特に不良な土であっても，土質安定処理の併用により，品質管理技術の進歩とともに十分信頼性のある盛土工が実用化されている．しかし，このような転圧施工が不可能な構造物の裏込めや，都市建設工事に多い建築基礎，地下構造物，各種埋設物などの埋戻し工の場合，原地盤と同等以上の信頼性を確信できる状態で狭隘な空間へ土を締め固めるためには，一般の盛土工と同種の締固め手法や管理基準の準用では絶対に不可能なことは，実務に携わった技術者であれば誰もが実感していたはずであろう．

　流動化処理工法は本来，一般盛土工で使用する転圧機械による締固め施工が適用できない上記の環境においての恒久的安定性を満足しうる土構造体を手にする手段として開発されてきた工法と，私は認識している．その面からすれば，発想を転換して狭い型枠内の複雑に配置された鉄筋間に隙間なく均質に打設できる未

固結時の流動性と，固化後の構造強度の追求から展開されたコンクリート工学に学ぼうとしたことが，あくまで原点であることを強調しておきたい．その観点からすれば，流動化処理土は「土のコンクリート」であり，構造的信頼性を期するには，コンクリートと同様，できるだけ水・固化材比の少ない密実な土粒子のかみ合わせが期待できることが，構造的には求められてしかるべきではなかろうか．

流動化処理工法は建設工事において発生する余剰泥土を固化材の添加によって地山相当の圧縮強さで再利用するものだとの認識が，リサイクルの風潮に乗って短絡的に抑えられがちである．もちろん，流動化処理土は利用が多面的であるから，利用形態によってはその程度の高間隙物質でも許容される場合がありうる．確かに，建設泥土はこれまでの盛土への再利用では厄介者であったが，泥土は流動化処理工法では砂質の建設発生土とともに，またとない有用な材料であるという面で評価したい．建設副産物の総量において，有害物質を含まぬ建設汚泥を含めての建設泥土は，建設発生土よりはるかに少量である．よって，建設泥土が建設発生土の有効な再利用に際して極めて有用な援助材料と考える流動化処理工法は，広い視野から捉えれば，最も有効に建設発生土，建設泥土双方のリサイクルに貢献できるものであることを本書から読みとって頂きたい．

10年余の期間で，当工法はほぼ実用に耐えうるものと認知されるまでになった．最初に研究に協力してくれた中央大学理工学部の大学院，学部の学生諸君，実施工への研究課題を提供して頂いた営団地下鉄の関係各位，さらに総プロの期間中に共同研究の指導を頂いた建設省土木研究所の三木土質研究室長をはじめとする各位，試験施工の機会を与えて下さった関東地建の関係各位の理解ある御好意に深謝したい．また，その間，日本建設業経営協会中央技術研究所内の活動母体となった流動化処理工法研究委員会の会員諸氏の献身的な研究活動に対し厚く敬意を表するとともに，これら長期間にわたっての活動の間，極めて有益な御援助，御助言を賜った多くの方々に心から御礼を申し上げ，今後の研究活動に対しても倍旧の御協力をお願いしたい．最後に本書の出版に際し，惜しみない協力を賜った技報堂出版(株)の関係諸氏に厚く御礼申し上げる．

1997年4月

著者　久　野　悟　郎

改訂版の発行にあたって

　平成5年に立ち上げられた旧建設省総合技術開発プロジェクト「建設副産物の発生抑制・再生利用技術の開発」の一環として流動化処理工法の利用技術の開発が始まり，工法の発明者，久野悟郎先生の指導のもと多くの技術者が室内の配合試験や実物大模型実験，さらには旧建設省フィールド試験制度の適用を受けた試験工事などに従事し，さながら夢中で走り回るような4年の研究開発の活動を経て，工法の効用とその実用性が検証されるまでに至りました．その研究成果は旧建設省土木研究所・社団法人日本建設業経営協会中央技術研究所「流動化処理土の利用技術に関する共同研究報告書」にまとめられ，一部が中央技術研究所に設けた流動化処理工法研究委員会で編集され，平成9年5月に初版本として発行されました．
　プロジェクトが終結すると共同研究に参画した各社を主体に，広く当工法に対する理解者および協力者を求め，さらなる研究の充実と利用促進を図るため平成9年4月に流動化処理工法研究機構が設立され活動が継続されました．そして今年は10年の節目を迎える年となります．この間，研究分野では流動化処理土の物理的性質や力学的性質の解明が進むとともに，新しく開発された用途の品質仕様について地盤定数を求める諸実験が行われました．一方，実務面では施工数量が400万m^3を越えるに至り，施工現場での貴重な知見やノウハウが数多く蓄積されることとなりました．そこで新たに得られた流動化処理土の工学的特性や施工技術の知見をまとめ，改訂版を作成することにいたしました．
　改訂版の内容について追加した項目を要約すると以下の4点になります．
1) 実験で得られた流動化処理土の工学的特性
2) 主材となる建設発生土・泥土のばらつきを抑え，安定した品質の流動化処理土を製造する技術
3) 配合設計における固化材添加量の決定方法
4) 新しく開発された用途の事例

執　筆　者

久野　悟郎　中央大学名誉教授・流動化処理工法研究機構名誉理事長　　　［第 1, 2 章］

岩淵常太郎　流動化処理工法研究機構　　　　　　　　　　　　　　　　［第 3 章］
旧建設省土木研究所・㈳日本建設業経営協会中央技術研究所
平成 9 年 12 月「流動化処理土の利用技術に関する共同研究報告書」から一部転記

流動化処理工法研究機構　技術管理委員会委員　　　　　　　　　　　　［第 4, 5 章］
旧建設省土木研究所・㈳日本建設業経営協会中央技術研究所
平成 9 年 12 月「流動化処理土の利用技術に関する共同研究報告書」から一部転記

用途別施工事例
岩淵常太郎　㈳日本建設業経営協会　中央技術研究所　　　　「事例 1 および 3」
市原　道三　元　日東建設㈱　技術研究室　　　　　　　　　「事例 2 および 11」
嶋田　　昭　勝村建設㈱　技術部　　　　　　　　　　　　　「事例 4」
安部　　浩　東京ガス㈱　パイプラインセンター　　　　　　「事例 5」
三ツ井達也　徳倉建設㈱　土木本部技術部　　　　　　　　　「事例 6, 7, 12, 13」
松本　和行　㈱藤木工務店　東京支店営業部設計課　　　　　「事例 8」
谷口　利久　不動テトラ㈱　ジオ・エンジニアリング事業本部　「事例 9」
菱沼　一充　小野田ケミコ㈱　営業本部環境部　　　　　　　「事例 10」
泉　誠司郎　みらい建設工業㈱　エンジニアリング部　　　　「事例 14」
仁科　　憲　中村建設㈱　技術部　　　　　　　　　　　　　「事例 15」
平田　昌宏　中村建設㈱　環境事業部　　　　　　　　　　　「事例 16」

目　　　次

第1章　総説―流動化処理工法とは·· 1
　1.1　開発に至った経緯　 1
　1.2　どのような場合に適用されるか　 5
　　1.2.1　構造物の裏込め，埋戻し　 5
　　1.2.2　空洞の充填　 6
　　1.2.3　水 中 盛 土　 7
　　1.2.4　その他特殊な使用例　 7
　1.3　流動化処理土の構成と性質　 7
　　1.3.1　流動化処理土の構成　 7
　　1.3.2　流動化処理土の力学的性質　 10
　1.4　流動化処理土の適用上の区分　 13
　　1.4.1　流動化処理土の性質の多様性　 13
　　1.4.2　流動化処理土の技術上の性能区分　 13
　1.5　流動化処理工法とその建設発生土再利用システムにおける
　　　　位置づけ　 14
　　1.5.1　流動化処理工法の施工　 14
　　1.5.2　流動化処理工法のための各種プラントとそれぞれの機能　 15
　　1.5.3　流動化処理工法の建設発生土再利用システムにおける位置づけ　 17
　1.6　流動化処理工法の周辺環境への影響　 19

第2章　流動化処理土の構成，性能を表現する諸量および試験········ 21
　2.1　流動化処理土の構成と，それを表現する諸量の定義　 21
　2.2　流動化処理土の基本的諸量の定義，記号，相互の関係　 23
　2.3　流動化処理土の配合設計，品質管理に際して必要なこれら
　　　　諸量間の関係　 25

目　　次

　　2.3.1　「発生土」+「調整泥水」+「固化材」の場合　*25*

　　2.3.2　「発生土」+「水」+「固化材」の場合　*28*

2.4　作製した流動化処理土の構成要素間の量的検証, 管理　*29*

　　2.4.1　流動化処理土の固体粒子(土粒子およびセメント粒子), 間隙水, および空気間隙の体積割合の検証　*29*

　　2.4.2　流動化処理土の「水-セメント比」　*32*

2.5　流動化処理土の配合設計, ならびに品質管理のための諸試験　*33*

　　2.5.1　処理土の単位体積重量ならびに含水比の測定　*33*

　　2.5.2　処理土の流動性試験　*33*

　　2.5.3　処理土の材料分離抵抗性試験(ブリーディング試験)　*37*

　　2.5.4　固化後の力学試験　*39*

2.6　流動化処理土の固化後の強度(一軸圧縮強さ)を支配する要因　*40*

　　2.6.1　考え方の前提　*40*

　　2.6.2　流動化処理土中の"細粒分"泥水"に着目した固化強度の評価　*41*

　　2.6.3　配合設計への適用の可能性　*44*

第3章　流動化処理土の工学的特性　*47*

3.1　強　度　特　性　*47*

　　3.1.1　一軸圧縮強さと時間　*47*

　　3.1.2　一軸圧縮強さと現場貫入試験　*49*

　　3.1.3　一軸圧縮強さとCBR　*50*

　　3.1.4　地　盤　定　数　*51*

　　3.1.5　圧縮強度／圧密降伏応力　*53*

　　3.1.6　引　張　強　度　*54*

　　3.1.7　弾性係数, ポアソン比　*55*

3.2　流　動　性　*56*

　　3.2.1　フロー値と充填性　*56*

　　3.2.2　フロー値と流動勾配　*59*

　　3.2.3　フロー値とポンプ圧送性　*62*

　　3.2.4　経過時間に伴うフロー値の低下　*64*

3.3　ブリーディングおよび材料分離　*65*
　　3.3.1　水と泥土粒子の分離　*65*
　　3.3.2　泥水と粗粒土の分離　*69*
3.4　透　水　性　*70*
3.5　体　積　収　縮　*72*
3.6　流動化処理土の周辺地盤への影響　*76*
　　3.6.1　砂地盤の流動化処理土埋戻し工事に伴う周辺調査　*76*
　　3.6.2　共同溝埋戻しに伴う周辺地下水のpHの変化　*77*
　　3.6.3　テストピットにおけるpH測定　*78*
3.7　埋設管等に働く浮力　*80*
3.8　温　度　特　性　*81*
3.9　耐　久　性　*83*
　　3.9.1　水中養生された流動化処理土の長期材齢実験(室内供試体)　*84*
　　3.9.2　流動化処理土の長期材齢実験(野外土構造物供試体)　*85*

第4章　配　合　設　計　*89*

4.1　配合設計と品質　*89*
　　4.1.1　一軸圧縮強さと湿潤密度　*89*
　　4.1.2　ブリーディング　*91*
　　4.1.3　フ　ロ　ー　値　*91*
4.2　材　　　料　*92*
　　4.2.1　主　　　材　*93*
　　4.2.2　泥状土と調整泥水　*94*
　　4.2.3　固　化　材　*95*
　　4.2.4　混　和　剤　*95*
4.3　製造工程と配合設計の関係　*96*
　　4.3.1　工事条件の確認／設備条件　*97*
　　4.3.2　仕様の設定　*97*
4.4　配　合　設　計　*102*
　　4.4.1　発生土の土質,性状の調査,および配合試験方法の選択　*102*

目　次

　　　4.4.2　配合試験の実施　*103*

　4.5　配 合 試 験　*103*

　　　4.5.1　ブリーディング率および流動性による最小泥水密度
　　　　　　設定プロセス　*105*

　　　4.5.2　必要強度の固化材添加量決定　*109*

　　　4.5.3　配 合 試 験　*110*

　　　4.5.4　試 験 方 法　*111*

　　　4.5.5　試験結果の整理　*113*

　　　4.5.6　配 合 決 定　*115*

　4.6　強度の安全率　*116*

第5章　施　　　工　*119*

　5.1　施工の概要　*119*

　　　5.1.1　施工の手順　*119*

　　　5.1.2　施 工 計 画　*119*

　5.2　主材の管理方法　*125*

　　　5.2.1　発生土の留意点　*125*

　　　5.2.2　発生土の土質　*127*

　5.3　製 造 方 法　*129*

　　　5.3.1　製 造 工 程　*129*

　　　5.3.2　製造プラントの形態　*133*

　　　5.3.3　土量変化率　*133*

　　　5.3.4　プラントの騒音・振動　*135*

　5.4　運 搬 方 法　*137*

　5.5　打 設 方 法　*138*

　5.6　施工（品質）管理　*140*

　　　5.6.1　品 質 管 理　*140*

　　　5.6.2　用途別品質規定　*143*

　　　5.6.3　出来形管理　*145*

　　　5.6.4　配 合 修 正　*146*

目　　次

第6章　用途別施工事例 …………………………………………………… *149*

事例1　共同溝の埋戻し工事（調整泥水式による処理土の製造）　*150*

事例2　共同溝の埋戻し工事（粘性土選別式による処理土の製造）　*159*

事例3　路面下空洞充填工事　*167*

事例4　水道管敷設替え工事の埋戻し工事（周辺埋設管の受け防護工の省略）　*177*

事例5　ガス管の埋戻し工事　*185*

事例6　多条保護管の埋戻し工事　*196*

事例7　廃坑の埋戻し工事　*201*

事例8　構造物床下埋戻し工事　*209*

事例9　建設基礎の埋戻し工事　*218*

事例10　火力発電所放水口工事における流動化処理土の水中施工　*227*

事例11　使われなくなった小口径埋設管の埋戻し工事　*237*

事例12　流動化処理土による拡幅盛土　*247*

事例13　橋脚基礎の埋戻し　*254*

事例14　地下鉄工事における流動化処理土の製造・運搬（固定式プラントによる製造）　*264*

事例15　遠隔地での小規模充填工事（簡易製造法による流動化処理土の製造）　*271*

事例16　下水道管の埋戻し工事（難透水性を利用し水路敷内に管路を埋設）　*277*

付属資料 ……………………………………………………………………… *283*

付属資料1　泥水の見掛けの単位体積重量の測定法　*283*

付属資料2　発生土と調整泥水を混合する際の発生土の土粒子の見掛けの単位体積重量の測定法　*284*

付属資料3　流動化処理土の透水試験方法　*287*

付属資料4　流動化処理土配合試験表　*289*

第1章　総説——流動化処理工法とは

1.1　開発に至った経緯

　土を材料として構築する各種の盛土，および上載荷重を支持するための道路の路床，路盤，構造物の基礎地盤などを恒久的な安定性を期して構築する際，ならびに各種構造物の裏込め，埋設物の埋戻しなど，周辺の地山と一体になって構造物を常に安全に支持させようとする際には，材料である土自体をできるだけよく締め固めることが必要であると同時に，可能ならば土そのものの性質を改良すると，さらにその効果を高めることになるとの知見は，古くから人類が蓄積し，踏襲し続けてきた貴重な経験的技術といえよう．

　土は本来，最も安価な建設材料で，しかも最も多量に使用することになるのが一般であるから，土構造物を構築する際には建設単価を可能な限り抑えることの経済的効果の高さは明瞭であり，したがって，まず現地発生土をそのまま，あるいは含水量調節程度の処置で，できるだけ効率よく締め固めるのが良策とされてきた．

　そして，開発の進んだ転圧機械が効率よく走行可能な十分な広さを確保できる盛土の現場においては，適切な撒き厚で規定どおりの転圧を行うことによって，満足のゆく成果をあげることができるようになっている．しかし一方では，これらの効率的な機械転圧が実際には適用不可能であった構造物の裏込め，埋設物の埋戻しなどのように狭隘な空間に対する施工では，土を期待しうるよう十分に密な状態に締め固めることの困難さを実感するようになっていたのも事実であった．

　日本における，このような機械化土工の黎明期を経て，ようやく建設需要が高度化し，土構造物についても，より高品質が求められる場合が多くなってきて，

いての上記の対応の推移は，単に発想の方向が逆であるだけで，まったく同種の発想であると評価することもできる．

　しかし，コンクリートの場合は両方法とも粗骨材，細骨材の適度の混合による噛合せを前提にした粒状材に，それらを緊結・固化させるためのセメント，混和剤を配合したことにおいてはまったく同次元であるのに対し，一方の土工の場合では，締固めの対象であった盛土，路床，路盤は，それなりによい粒度をもつ粒状材の，適度な含水状態下での密な噛合せによって安定性を保持している実態に対して，③締固めのかなわぬ場合の対応策として，ただ単に泥状化しやすい土に加水し固化材を混合したのみの「流動化処理土」を使用するとすれば，その固化後の一軸圧縮強さ，あるいはCBRが締め固めた在来の盛土，路床・路盤と同じであるということだけで，土工構造物として従来工法によるものと同等の供用性があると断定するのはやや早計であるように思われる．

　すなわち，この場合は「締固め土」と「流動化処理土」は慣用されている一軸圧縮強さなどでは同程度であるものの，後者が泥水にしやすい細粒分を主体とした極めて高含水比の細粒土を固めたもの，あるいは軽量化を図るためや材料分離抵抗性を増すなどの目的で極端に過剰な気泡を混合したような場合には，大小粒子の噛合せを期待できたこれまでの締固め施工での構造物と比べて，みたことのないほど大きな間隙をもつ土塊をつくっていることに注意すべきである．後に触れるように，これらによってつくられた土構造が今後，供用中にどのような挙動をするものか，特に地震等の災害時に期待される極限的な地盤反力を発揮しうるかについては，現時点までの知見では十分な予見はできず，今後の研究の展開を待つほかない．したがって，土構造物においては恒久的な安全を期すとすれば，可能な限り密実な混合物を作製すべきであるという土工，コンクリート技術の永い経験的実績をまず優先的に踏襲しておくことに留意すべきではないだろうか．

　確かに，土工構造物のほうがコンクリート構造物に比べて要求される品質ははるかに多様である．流動化処理土では貧配合コンクリートに相当する程度の強度特性が求められるものから，低強度でよいから空洞を単に恒久的に充填すればよいというようなものまで，その要求性能の幅もはなはだ広く多種である．そして，それぞれの要求の度合いに伴って，製造単価も大きく変動することになる．

　しかし，既往の土質力学の基礎的概念に基づいて原則的にいえることは，今後

の「流動化処理工法」においては，特に軽量性を重視した構造体をつくる必要が求められる場合を除き，可能な限り粗粒分をも含んだ粒度のよい密な泥状土と固化材の混合物を所要の流動性を得られるように配合，製造し，締固めを伴わずに打設するものであるとの考え方を原則とすべきである．なお，この考え方は建設発生土，建設泥土の有効な再利用の面に対しても，それらの使用量が増加する点で貢献できる度合いがさらに高くなるものと信じている．

1.2 どのような場合に適用されるか

流動化処理工法が，締固め施工の十分に行えない場合の対応工法として開発された経緯は前節で述べたとおりであるが，さらに，建設副産物の再利用にあたって建設発生土，特に建設泥土の有効な活用の一方策として注目されるようになっている．これらの適用例，および採用された経緯について以下に紹介する．

1.2.1 構造物の裏込め，埋戻し

都市土木における地下道，地下鉄，共同溝などの大型構造物の埋戻し・裏込め，建築物の地下開削部分の埋戻し，電力，水道，ガス，通信などの地下埋設物の埋戻しに際しては，土留め矢板などとの狭い空間の十分密な土の充填が求められてきた．しかし，作業空間が狭いために転圧機械はもちろん，その他タンパー等の締固め機械によっても満足な締固めが不可能なため，多くの機関では粒径のそろった（粒度の悪い）「砂」を使い，その凝集性のないことによる自然流下，あるいは多量な水との流込みによる「水締め」による締固めを規定してきた．

しかし，自然界でこの要求に合致する「砂」は川砂，海砂のように細粒分が十分に洗い流されたものしか該当するものがなく，これらの採掘が規制されている現在は，山砂に頼るしかない．しかし，一般に「山砂」は「砂質土」であって，「砂」ではなくかなりの細粒分も含んでおり，自然含水状態ではさらさらと空隙に流れ込むことは期待できないし，また「水締め」によっては高い密度を期待できない普通の「土」に近いものであることを理解してほしい．

良質な「砂」による埋戻しが実質的に行うことのできない現状において，山砂による不十分な締固め状態の埋戻しが，都市の地下で発生し拡大し続けている予

期せぬ空洞の原因となっているのは，ほぼ間違いないと思われる．都市の地下にある漏水，浸透水は透水性がよく，しかも浸食しやすい部分に集中するのは当然で，締固めが不十分な山砂の埋戻し部が，格好な浸食の対象となっているのではあるまいか．仮に浸食を受けずとも地下水位の高い沖積地の日本の都市域では，これら埋戻しの飽和状態の緩い砂質土部分が，地震時に液状化による被害を受ける危惧は極めて高いことが予想される．

以上の理由により，設計・施工の両面からこれら構造物の埋戻しにおいては，「流動化処理工法」による打設が適切であると強調したい．流動化処理工法は本来，締固めを伴わずに材料の流動性に期待して狭隘な空間を充填できるし，処理土は後述のとおり所要の力学的性質，対浸食性，対液状化性能をもつように配合を調節することで対応できるからである．

なお，都市の埋戻し工事においては極端に短い作業時間が求められる場合が多いが，固化材料，および施工手段によって埋戻し開始後30分程度で上部の舗装工が始められる段階にまで施工法が開発されている．また，必要に応じて以後の補修，改良のための再掘削が容易な程度に固化強度を制御することも行われている．

また，流動化処理工法による開削部の埋戻しに際し，既設埋設管類の受け防護工がほとんど不要になるとの付随的な利点も注目されている．

1.2.2　空洞の充填

われわれの周辺には，気づかぬまま残されている地下空洞，あるいは知らぬ間に発生し拡大を続けてきた建物・路面下のさまざまな規模の空隙が存在し，不慮の路面陥没などの災害を受ける例をみることが多くなった．例えば1.2.1のような都市土木における埋戻しの不完全さによって生じた街路下等の空洞[1]，軟弱地盤上の造成地の杭基礎構造で支持された建築物の床下に発生した隙間[2]，鉱物，石炭，石材，その他の諸材料を採掘した古い坑道が放置されたことによって残されている空洞[3]，支保工方式で建設されたトンネルの覆工裏に残された小空洞，水路覆工，水路カルバートの流水のまわり込みによって浸食された裏面の空洞など，枚挙にいとまがない．

これらの空洞の存在場所，空洞の大小，形状，水没の有無によって作業性は変

わるが，いずれの場合も，その存在，規模が確認されれば，流動化処理工法による充填が十分可能であり，以後の使用目的に合わせた地盤強度を確保しうる品質の制御も可能である．

また，不要になった地下排水管の空洞部を充填するために流動化処理工法が使用され，完全な充填の確認も含めて効果があった例[4]も報じられている．

1.2.3 水中盛土

水中においては土は飽和状態となるから，極端な粗粒土以外，理論上締固め機械による即時的な締固めは不可能である．したがって，粒度のよい土材料で水中盛土をしようとすれば，東京湾横断道路工事でみられた事前混合処理盛土工法[5]（これは精選された山砂，泥岩を解鉱した細粒土，セメントを配合し流動性を制御した混合物を海中に打設した盛土工法である）が，その品質を高度に管理して大量に施工されたものの好例であろう．

なお，水中盛土で沈埋トンネルに対する載荷重を低減させるために，気泡を混合した軽量な流動化処理土を打設した例[6]もある．

1.2.4 その他特殊な使用例

円断面地下鉄複線シールドの道床インバート部分の充填に，在来の捨てコンクリートの使用に代えて，泥水加圧シールドの掘削残土（泥水にまみれた掘削土）を再利用して圧縮強度が 7 000 kN/m^2 を超える高品質の流動化処理土を作製，ポンプ圧送によって打設，供用された，建設発生土の有効な再利用の意義も含めての使用例[7]が営団地下鉄南北線工事にみられる．

1.3 流動化処理土の構成と性質

1.3.1 流動化処理土の構成

流動化処理土は，建設工事に伴って発生する土（建設発生土）を有効に再利用することを原則としているので，一般に土あるいは土質材料と総称される礫質土，砂質土，粘性土などからなる「建設発生土」を主材料とみなし，まず，これを用

いて適度な流動性のある均質な「泥状土」を得ることを第一義的に考えなければならない．しかも，その泥状土は処理後に施工に必要な流動性，材料分離抵抗性があるうえに，適度な粒度構成をもち，可能な限り高密度であることが望ましいことはすでに述べたとおりである．

「建設発生土」の土性は多岐にわたるから，適度に細粒分を含んだ粗粒土に遭遇すれば適量の「加水」のみでその目的を達することもありうるが，一般的に細粒分の少ない礫質土，砂質土の場合は，それに適度の密度（比重）に調整された「泥水（調整泥水と呼ぶ）」を可及的少量，添加して攪拌・混合し，所要の流動性をもち，材料分離の微少な高密度の混合物の作製を期すべきである．

一方，細粒分の卓越した粘性土の場合は加水によって泥状土にすることが可能であるが，後述のように相対的に含水比の増加が大きくなり処理土が低密度になる不安が残るので，高品質の処理を望む場合はそれに粗粒土を配合する調整が求められ，いわば，それ自体を「調整泥水」とみなすことができる．

以上のように，「建設発生土」から作製した「泥状土」にさらに「固化材」を添加・混合することで，打設後の固化効果によって使用目的に応じた力学的要求を満たすことを期するのが「流動化処理土」である．

「固化材」としてはセメント，セメント系固化材，セメント・石灰複合系固化材，ならびに石灰などが用いられる．しかし，コンクリートの場合と比較すると概して高含水比の泥状混合物を対象にすることになるため，水分の多い混合物の固化を対象に開発された軟弱地盤固化用のセメント系固化材の利用されることが多いが，本来は利用形態に応じて固化材の性能を選択することを考慮すべきである．

「調整泥水」には細粒土を水で解かした泥水，あるいは建設工事で発生した余剰な泥水が用いられるが，水分，あるいは土の細粒分の添加量調整により泥水の密度は任意に調整できる．良質な材料分離抵抗の高い流動化処理土の作製には，品質，密度が適切に管理された調整泥水の，随時の供給が可能であることが非常に効果的である．

建設発生土が細粒分を多量に含んだ粘性土の場合は，「加水」のみで比較的容易に流動性に富んだ泥状にすることができる．そして，その泥状混合物に固化材を混合すれば，固化後の強度はもともとの発生土を締め固めた強度をしのぐものにすることも可能である．しかし，泥状にするための加水は含水比の著しい増加

を意味し，しかも，ほぼ飽和状態にあることから固化後の土塊中に介在する水を満たした間隙は締め固めた土塊に比べて著しく大きく，土粒子，固化材からなる固体部分は相対的に非常に小さいことは明らかである．前節でも触れたとおり，一軸圧縮強さが優るからといって処理土の土塊が十分な耐久性，乾燥収縮を含めて長期にわたる対変形特性を保ちうるか否かに不安を残すし，間隙が大きいことから相対的に透水性も大きくなり，恒久的に土構造物としての性能を保つうえから不安が残る．

発生土と泥水を混合した混合物を固化した場合，および泥水のみを固化させた場合の流動化処理土で，ほぼ同程度の一軸圧縮強さ（約 $1\,000\,\mathrm{kN/m^2}$）を示す処理土の体積中の構成要素の割合を例示すると図1.1のとおりであり，両者間で間隙の大きさの差が顕著であることを理解されたい．

なお，処理土の流動性を高めたり，固化速度の調節をしたり，材料分離・ブリーディング防止などのために，減水剤，急結剤，遅延剤，増粘剤，気泡剤などの混和剤の利用もコンクリートの場合と同様に考えられ，土の処理を目的とした混和

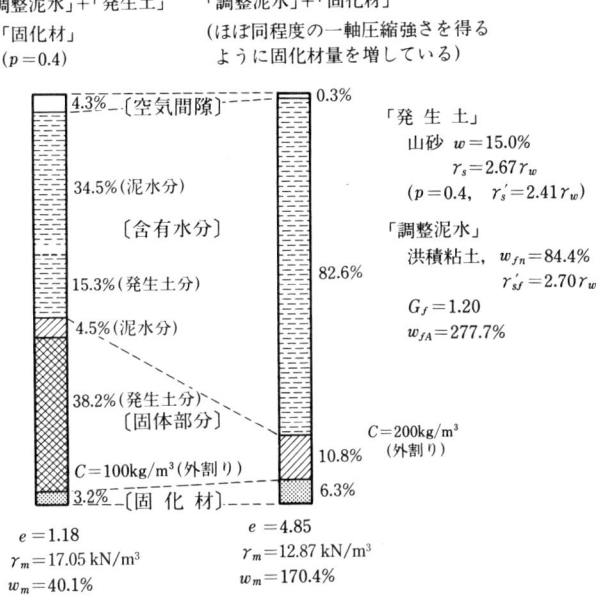

図1.1　流動化処理土構成材料の体積の割合例

剤の開発も進んでいて，特殊な利用条件の場合に固化材の効果を高めることができる．

1.3.2 流動化処理土の力学的性質

（1） 強度特性

山砂に泥水を加えて同じ添加量の固化材で処理した流動化処理土の一軸圧縮強さ q_u の，配合による変化の一例を図1.2に示した．調整泥水の密度が同じであれば，山砂への調整泥水の混合比 p が高いほど q_u は漸減する．また，泥水密度（調整泥水比重 $G_f × \gamma_w$）が増加するにつれ，q_u-p 関係は右上にずり上がる傾向を示す．すなわち，図中で同じ流動性，および同じブリーディング率を示す状態は，破線で示すようになる．したがって，流動性の下限，ブリーディング率の上限で処理土の混合時の状態を限ったとすると，実際に用いられる処理土の q_u の範囲は，両破線間に限定されることになる．

一方，流動化処理土の三軸圧縮試験においては，圧縮破壊強さ $(\sigma_1-\sigma_3)_f$ の増加に対する側方拘束圧 σ_3 の寄与率は，山砂への泥水の混合比 p の減少ほどには顕著な影響を及ぼしていないことが注目される[8]（図1.3）．

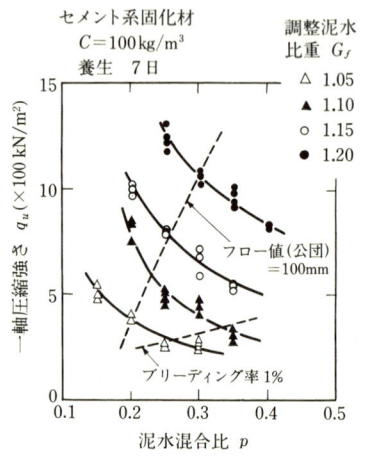

図1.2 「成田層山砂」＋「関東ローム泥水」の配合試験結果

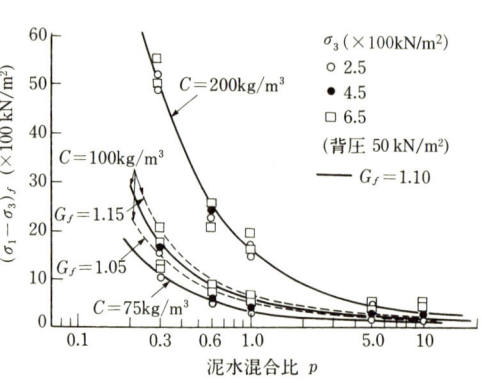

図1.3 三軸圧縮試験における破壊強さと泥水混合比 p の関係例

1.3 流動化処理土の構成と性質

　特定の配合の流動化処理土に粗礫を混入させても，顕著な一軸圧縮強さの増加はみられないのが一般的である．これは，細粒土を主体とした泥水と固化材の混合物（いわば土モルタル）と粗礫との付着力が，泥土との生成岩質の異なる粗礫との間には，コンクリートにおける精選されたモルタルと粗骨材との付着力ほどには顕著に発揮されないためと判断される．しかしこのことは，粗粒分が含まれても埋戻しに際しての再掘削の困難さを助長するおそれが少ない面で好都合な性状でもある．

　概して流動化処理土の一軸圧縮強さ自体は，混合した土全体のうちの細粒分によって構成された「泥水部分」に対する固化材配合による強さに支配されている傾向が目立つ．よって，流動化処理土の一軸圧縮強さを目標に配合設計を試みるならば，2.6に示すように処理土中の細粒分のみに注目して，それによる泥状土に対して固化材量を調整すればよい可能性もうかがえることになる．それと同時に，本章で再三触れているように流動化処理土の力学的性質を規定するうえで，一軸圧縮強さのみに依存してよいか否かの検証がぜひ必要となる．

　また，図1.3の三軸圧縮試験過程におけるせん断時の有効応力経路を，同じ泥水密度，同じ固化材量で p のみが異なった場合について対比した例を図1.4に示した[8]．p の小さい調整泥水に発生土（砂質土）を混合する量が多い場合ほど，すなわち高密度の処理土の場合ほど，せん断時に負の間隙水圧が発生し破壊強度を高めようとする過圧密粘性土的な挙動を示す傾向が，泥水分が多い処理土に比べて顕著であることに注目しておきたい．

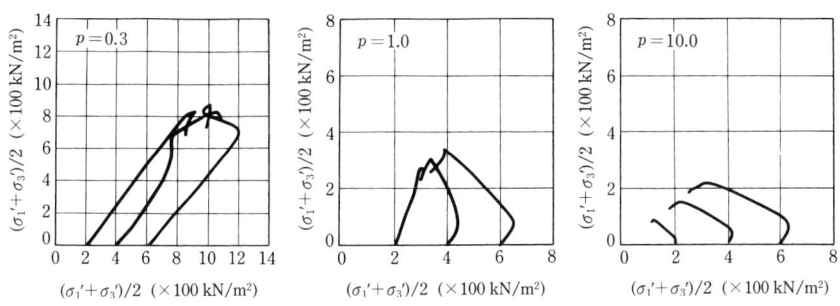

図1.4　泥水混合比 p の違いによるせん断時の有効応力経路の変化の一例
（$G_f=1.10$，$C=100\,\text{kg/m}^3$）

(2) 圧縮性

等方圧のもとで固化した流動化処理土の，圧密終了時における体積圧縮率の変化を，泥水混合比 p に関して示した測定例を図1.5に示す[8]．粗粒分の混合の少ない p が大きいほど体積圧縮率は高いことが明瞭であるが，この傾向は固化材添加量が少ないほど，また泥水比重が低いほどさらに顕著である．

流動化処理土は固化作用により，過圧密状態の土の挙動を示すようで，圧密降伏応力以上の圧力が加わると急激に圧縮が進む傾向が強い．

(3) 透水性

流動化処理土の透水試験結果によれば，一般にその透水係数 k は $10^{-6} \sim 10^{-7}$ cm/s の難透水性であり，泥水混合比 p が低いほど，すなわち粗粒分の含有量が多いほど，透水係数は小さくなることが明らかである[9]．

流動化処理土によって埋戻しを行った場合，ほとんどの場合，原地盤よりも流動化処理土による埋戻し部分のほうが難透水性になると思われる．

(4) 固化過程の流動化処理土の埋設構造物に及ぼす浮力

混合直後の流動化処理土は，特に高密度の場合は $\gamma_m = 1.6 \sim 1.8\gamma_w$ もの単位体積重量をもつ場合もあるので，それが液体として埋設構造物に及ぼす浮力はかなり大きく，浮上がり等のおそれがある場合はその防止策を施す必要がある．

実験室内ならびに実規模の打設試験における測定結果[10],[11]によれば，流動性（フロー値）が小さい濃い流動化処理土の場合ほど，埋設に伴う実測最大浮力は流動

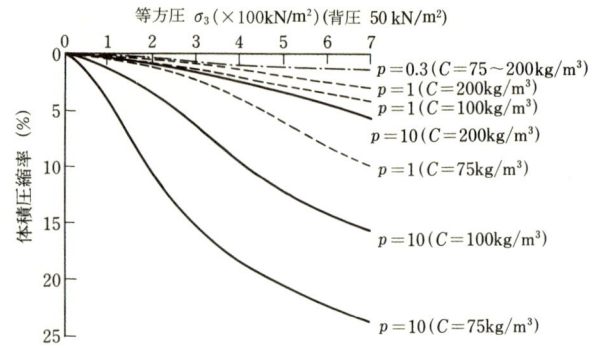

図1.5 等方圧で圧密された流動化処理土の体積圧縮率の一例

化処理土の密度から予測される理論浮力の 30％程度に抑えられている．しかし，公団フロー値が 170 〜 200 mm 程度に増すと，ほぼ理論浮力に等しい浮力が一時的ではあるが，加わる可能性を示している．いずれの場合も，固化の進行とともに浮力は減少してやがて消滅する．

1.4 流動化処理土の適用上の区分

1.4.1 流動化処理土の性質の多様性

これまでに述べてきたように，コンクリートが，厳正に品質が定められている骨材とセメントを使用した品質の規準化された混合物であるのに比べると，流動化処理土は骨材にあたる土質材料が粒度，コンシステンシー，土粒子の鉱物的性質，それに伴う水との馴染み具合など，極めて多種，多様に変化している．そのため，それぞれに適した固化材を選んで処理した成果物である流動化処理土の力学的・工学的性質も，その都度の配合によって多様に変化するのは当然である．

一方，流動化処理土が実際に利用される現場も，1.2 に述べたように極めて多様であるから，それぞれに適した処理土の性能を求めるのが合理的であるとすれば，一律に流動化処理土を定義するのは，ことに工費の経済性を論じる面からは不合理であると思われる．よって今後，検討の余地は多いと思われるが，とりあえず流動化処理土の技術上の性能を，適用上次の 3 種に分類してみたい．

1.4.2 流動化処理土の技術上の性能区分

流動化処理土の技術上の性能の区分を，次のように B 級，A 級，および特 A 級に分類する．

① B 級――処理土の力学的性質，ならびにその均質性について，特にきびしい厳密性を要求しない使用条件に適応する．

　特に大きな土圧を受けたり，高度の水密性などを要求されない一般の埋設物周辺の埋戻し，杭基礎などで支持された構造物等の床下に発生した隙間空間の充填，不要になった地下空洞の孔壁の安定性にさほどの不安のない場合の安全性増強のための充填など，長期にわたる安定した大きな支持力を期待

しないでよい場合，直接日照，降雨にさらされぬ覆土された裏込め盛土などで，処理土の強度や，材質の均質性に特に厳密さが求められない場合に適用する．

② A級——使用目的上，処理土に要求する力学的，工学的性質に信頼しうる均質性，恒久性が求められる使用条件に適用する．

大きい土圧を受ける埋設構造物の埋戻し，裏込めなど，特に地震時などに大きな水平荷重を受ける橋梁下部構造，地下鉄，共同溝などの地中函体構造物の埋戻しで相応な地盤反力を期待する場合，埋設物埋戻し部で舗装の路床，下層路盤にあたる層の埋戻し，路面の舗装表層直下の局部的に発生した空洞の充填材料に用いる場合など，ならびに水密性が特に求められる場合の埋戻し，裏込めなど，材料に求められる品質と，その均質性が相応に要求される場合に適用する．

③ 特A級——A級に該当する場合で，要求品質が特に高度で，材料の選択，配合設計，施工にあたって特別の配慮を必要とする場合に適用する．

1.5 流動化処理工法とその建設発生土再利用システムにおける位置づけ

1.5.1 流動化処理工法の施工

流動化処理工法とは，建設現場で発生した土に流動性を高めるための調整泥水，あるいは水と固化材を適切な配合で混合し，用途に適した流動性，材料分離抵抗性をもった状態で埋戻し，裏込めなどの必要な箇所に流し込んで打設し，適切な養生状態で固化を待って処理を終了する工法である．

流動化処理土を作製するには，「泥水製造・調整装置」「固化材供給装置」「流動化処理土製造装置」「原材料，混合物の供給・搬送システム」「現地打設システム」の組合せが必要となる．これらは流動化処理土の作製規模，利用体制の違いによって，次に述べるような各種のプラント方式が考えられる．

「現地打設システム」はそれら各方式ともほぼ同じで，打設現場に運搬されてきた処理土をシュートにより「直投」するか，輸送管を介して「ポンプ圧送」す

ることになる．この際，充填が想定されたとおりに進行しているかを確認することが重要で，特に錯綜した空洞など目視による確認が不可能な場合には，充填度の確認の検知装置を配備しておくことが必要である．

1.5.2 流動化処理工法のための各種プラントとそれぞれの機能

流動化処理工法のために現在使用されているプラント，ならびに今後開発が必要と考えられているプラント方式は，次のとおりである．

(1) 大型固定プラント方式

特定の場所に恒久的に設置され，要求に応じた品質の材料を供給するためのプラントで，次の2種が考えられる．

① 泥水プラント——粘性土を解泥した泥土，あるいは建設発生泥土を均質な状況に製造，調整，貯蔵し，要求に応じて指定の品質（泥水密度など）の「調整泥水」を供給する施設．この場合は，固定式の「泥水製造・調整装置」と適切な容量の貯蔵槽が装備される．また，需要に応じて搬送するタンク車が必要である．

② 流動化処理プラント（湿式土質改良プラント）——現場の要求に応じた流動化処理土を製造し，材料として供給するプラントである．建設現場あるいは発生土ストックヤードから搬入された土質材料と，併設した「泥水製造・調整装置」で製造するかあるいは「泥水プラント」から搬入された調整泥水および固化材を，配合設計どおりに正確な管理のもとに混合して，現場に材料分離ならびに指定値以下への流動性の減退がない状態のまま搬送できる「運搬システム」が必要である．

これはコンクリートにおける生コン工場にあたる施設で，材料置場，固化材サイロ等の多くの付帯施設，装備が必要となる．また，搬送時間が長く不確定な場合には，固化材のみを打設する現地で混合するか，または運搬過程で混合できる装備の開発が必要である．

(2) 固定プラント方式

規模の大きな工事で，現場近傍に流動化処理土を製造するプラントを工事期間中設置できる用地が確保できる場合に適用される．「泥水製造・調整装置」「固化材供給装置」および「流動化処理土製造装置」が必要で，搬入される発生土の仮

置場所,材料供給,打設場所への運搬のための機材,車両が必要である.なお,調整泥水が泥水プラントから供給を受けられる場合,あるいは発生土が細粒分を多量に含んだ粘性土等で加水のみで流動化が可能で,B級程度の使用条件であれば,「泥水製造・調整装置」と固化材とのミキサーで流動化処理土製造装置を簡略化することが可能である.

(3) 移動プラント方式

「流動化処理土製造装置」「固化材供給装置」を一式,移動可能な車両に装備し,「調整泥水」の供給を受けて現地で処理土を作製する小規模のプラントである.細粒分の多い発生土の供給を受けてB級程度の流動化処理土を作製する場合(この場合は「流動化処理土製造装置」は「泥水製造・調整装置」相当の機材となる)や,流動化プラントから固化材を含まない混合土の供給を受けて,固化材の添加混合を行って施工現場に運搬する場合に活用される.固定プラントに比べて,特に施工現場の土地環境が狭隘で,打設量が時間的に細切れに比較的少量ずつ求められる工事の場合などに効果的である.

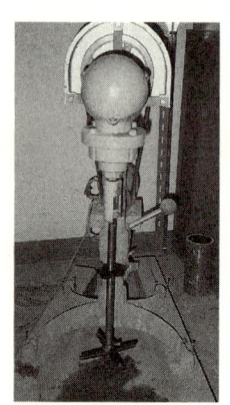

写真1.1 往復回転式攪拌機
(往復回転数400～600 cpm)

流動化処理土の作製にあたって,実際に行って初めて気づくことであるが,自然含水状態あるいはそれより乾燥側の状態の粘性土(細粒土)を解泥して均質な泥状土を作製することは,意外に手間を要することである.実験室でもホバート型ミキサーでは,塊を残さないまでに均質な泥状土をつくるには極めて長時間を要し,高速で往復回転する攪拌翼をもつ**写真1.1**のような攪拌機が効果をあげた.したがって,粘性土(細粒土)の発生から加水のみによって流動化処理土を作製する場合は,混合し残留する未解泥土塊をスクリーンで除去するか,解泥ミキサーに繰返し戻して解泥を図るような方法をとらないと,未解泥土塊を多量に含む不均質な処理土をつくることになるということを十分に意識しなければならない.

流動化処理工法が利用される現場は将来,使用目的・地域的にも多岐にわたる

1.5 流動化処理工法とその建設発生土再利用システムにおける位置づけ

ものと思われるが，性格上，特に都市域における需要が多くなるものと予想される．そして，構造物の埋戻しのような錯綜した建築物，街路，交通事情のなか，環境保全を強く求められながら時間的制約を受けつつ，さらに他工事との取合せから断続的に工事を進めなければならない場合が多い．

このような過酷な施工条件下で品質を保証しうる流動化処理土を打設する場合に最適なプラント方式としては，都市圏において適切に配置された大型固定プラント群から現場の要請によって，要求された品質の流動化処理土を「材料」として配送できる「大型固定プラント方式」の完備が最も効果的であると判断されるし，結果的に建設発生土，発生泥土の広域的有効利用の面からも有利と考えられる．また，現場の受入れ体制も簡略であるし，流動化処理土供給の経済性においても需要量の増加に伴い最も優位になると思われる．

現段階として完全な形態としての「流動化処理プラント」が望めないとすれば，拠点的に良質な「調整泥水」を製造・調整，貯蔵し，求めに応じてそれを供給できる「泥水プラント」を配置することの可能性はより強いと考えられる．これが完備できれば，良質の泥水を製造する泥水製造・調整装置が「固定プラント方式」「移動プラント方式」において不要になる．それにより現在，A級の処理土を作製するためにその装置の配備をどうしても必要としていた場合の処理単価を大幅に節減できるし，流動化処理土の均質性を全般的に高めるのに大きく貢献するものと考えられる．

また，固定プラント方式の場合，都市中心部では仮設的にも用地の確保が難しく，結果的に処理後かなり長時間の運搬時間を要する実状にある．よって，打設時の必要な流動性を確保するための，運搬中の適切な攪拌装置の装備，遅延剤の添加等の研究開発が進められている．

1.5.3 流動化処理工法の建設発生土再利用システムにおける位置づけ

多様な土質の建設発生土は，特に不良な高含水比粘性土等は土質改良プラントでの改質が必要であるが，直接，あるいは発生土ストックヤードを経て新たな建設現場に運搬され，転圧施工によって土地造成，盛土工に使用するのが最も効果的な再利用方法である．

しかし，記述のように都市の建設事業では，埋設物の埋戻しなどのように，広

第1章 総説——流動化処理工法とは

い面積に効果的な転圧機械が稼働しにくい狭い空間への締固めが必要とされる条件が非常に多くなっている．その困難な条件を克服しえないままの現状が，無視できない欠陥を都市の地下に発生させつつある．

流動化処理は，締固めが困難なこのような要求を満足させるべく開発されたものであり，したがって，既往の土質を「締固めに適した」改質に託した土質改良技術と並行的に「締固め不要な」土質改良技術と位置づけ，前者が不得意とする利用面を分担するためにあるものと理解されたい．

この関係を図示したものが図1.6であり，既存の土質改良プラントを「乾式のプラント」というならば，流動化処理のそれは「湿式のプラント」と称されるべきものである．したがって，建設工事によって発生する泥状の発生土も，有害な性質のものでないかぎり，極めて有用な建設材料として，簡単な処理によって有効に再利用できる道を拓くものと信じている．

建設発生土をできるだけ多く再利用するための見地からすれば，粘性土を多量に含んだ発生土に施工が簡単であるからといって，安易に水を加えて非常に大きな間隙をもつ流動化処理土を作製，使用することは，再利用率を高めるという命題に対して逆行していることになることに留意すべきである．

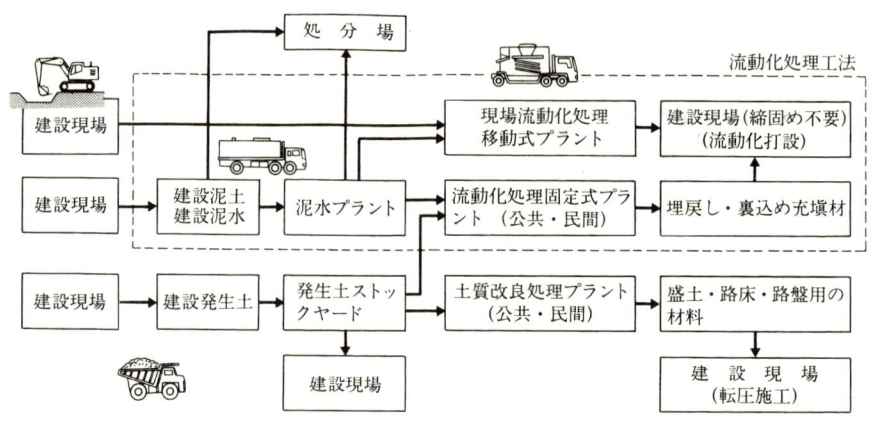

図1.6 流動化処理工法を含む建設発生土再利用システム構想図

1.6 流動化処理工法の周辺環境への影響

　流動化処理工法における材料の主体は自然界に存在する土質材料で，汚染土壌でないかぎりまったく無害で問題はないが，固化材がセメント，石灰系の材料であるため，処理土を浸透した水および処理土に接した水は，pH9〜12程度のアルカリ性を呈し，水質基準を超えていると指摘される場合が多い．

　しかし，流動化処理土は，コンクリートの場合よりセメントの含有量は少ないのが一般であり，またコンクリートの方が，流動化処理土よりも透水性がはるかに難透水的である．とはいえ，実測によれば，処理土を水が浸透するから水のpHが上がるというよりも，周辺土中を流れる水が処理土あるいはコンクリートに触れたことによる，アルカリの拡散による効果が支配的であるという結果がでている．よりアルカリ度の高いコンクリート構造物が地中に存在しても環境に有害な影響を及ぼしてはいない経験的事実に基づけば，周辺土壌，ことに粘性土，火山灰質粘性土の高いアルカリ吸着性によって，これらアルカリ度の高い地中水の影響が希釈されていると理解できる．

参考文献

1) 久野，三木，小池，三木，寺田，岩淵：流動化処理工法による路面下空洞充填試験施工，土と基礎，43-2 (445)，pp.35〜37，1995.
2) 久野，松下，深田，吉原：軽量ソイルセメントによる建築物基礎下空洞充填工法，土と基礎，37-2 (373)，pp.61〜66，1989.
3) 久野，三ツ井，阿部，岩淵，片野：流動化処理土による坑道埋戻し充填試験工事報告，第30回土質工学研究発表会，平成7年度発表講演集，pp.2267〜2268.
4) 久野，深沢，草刈，面高，福富：流動化処理工法を用いた廃止管の充填，土木学会第49回年次学術講演会講演概要集，第3部(B)，pp.1554〜1555，1994.
5) 内田，塩井，橋本，龍岡：東京湾横断道路におけるセメント改良土，土と基礎，41-8 (427)，pp.23〜28，1993.
6) 吉川，香取：水中気泡ソイルの設計に関する一考察，第30回土質工学研究発表会，平成7年度発表講演集，pp.2509〜2510，1995.
7) 助川，久野，茨木，藤崎：シールド発生土利用の基礎的研究，第28回土質工学研究発表会，平成5年度発表講演集，pp.2601〜2602，1993.
8) 久野，大平：流動化処理土のせん断特性，第30回土質工学研究発表会，平成7年度発表講演集，

第 1 章 総説——流動化処理工法とは

    pp.2255～2256, 1995.
9) 久野, 岩淵, 神保, 佐久間, 高橋: 流動化処理土の透水試験, 土木学会第 50 回年次学術講演会講演概要集, 第 3 部(B), pp.1396～1397, 1995.
10) 久野, 馬場, 氷津: 埋設管に働く流動化処理土の浮力, 第 27 回土質工学研究発表会, 平成 7 年度発表講演集, pp.2339～2340, 1992.
11) 久野, 持丸, 竹田, 加々見: 発生土の利用球を高めた流動化処理土の浮力に関する実物大実験, 土木学会第 49 回年次学術講演会講演概要集, 第 3 部(B), pp.1552～1553, 1994.

第2章 流動化処理土の構成，性能を表現する諸量および試験

2.1 流動化処理土の構成と，それを表現する諸量の定義

流動化処理土は，「建設発生土」と「調整泥水」の混合，あるいは「建設発生土」への「加水」混合によって得られた「泥状土」と，それを所定の力学的性質に安定化させるための「固化材」とからなることを原則とする．したがって，流動化処理土の配合設計，および施工時の品質管理に際しては，これらの諸構成要素間の量的関連，さらにそれらに基づいて製造された「流動化処理土」自体の物理的諸量を明らかにしておく必要がある．

なお，必要に応じて処理土の施工性，および固化過程の性質を制御するための「混和剤」，構造体としての性能を高めるための補強材その他の物質を添加，配置することもできるが，この章においてはその量的評価は省略した．

「建設発生土」を土の種類，発生時の状態によって次のように大別する．

[A]：山砂のような砂(礫)質に富んだ土（若干の細粒分も含む）の場合．

[B]：砂(礫)質土であるが，細粒分を 25～30％以上含み粘性に富んだ土の場合．

[C]：細粒分に富んだ粘性土，例えば関東ロームのような洪積粘性土や，沖積粘性土地盤の掘削土，浚渫底質土のように，それ自体が細粒分を多量に含んだ粘性土の場合．

なお，発生土中に処理作業の障害となるような大きさの木片，金属片，コンクリート塊，粗礫（ポンプ圧送の場合は径約 40 mm 程度以上）などの挟雑物を含む場合は，処理に先立って分別，除去する作業が一般には必要となる．

「調整泥水」は細粒分に富んだ発生土 [C] に適宜加水，解泥して所要の泥水を作製する場合と，建設工事に伴って発生する泥土をストックし，所要の性質の泥水に調整した場合とに分けられる．市販されている粘土，ベントナイト粉，軟

質な泥岩の解鉱粉による解泥も経済性が許されれば，良質の調整泥水を得ることができる材料である．

流動化処理土の構成の組合せとしては

① [A]＋「調整泥水」＋「固化材」
② [B]＋「加水」＋「固化材」
③ [C]＋「加水」＋[A]＋「固化材」
④ [C]＋「加水」＋「固化材」

の4通りがある．

②は加水するだけで泥状化できる可能性が大きい場合であるが，材料分離抵抗性に不安があるときは，低濃度の調整泥水または微量の気泡を加えたほうが効果的なことがある（前者の場合は①に準じる）．細粒分の含有量の泥状化に対する適否については，発生土に応じて加水・混合による泥状化の試行によって，判断基準を経験的に把握しておくことが必要である．

③は細粒土のみの泥状土の高密度化を図るため，泥状土に粗粒土を添加し粒度調整による効果を期待する場合であり，実質的には①の場合の処理方法と同じものと評価できる．

④の場合は加水のみによって高い流動性の泥状土を得やすく，製造工程も簡便である．しかし，再三触れているように，この場合，処理土は概して高含水比になりやすく，必然的に固化後は強度はあっても，土の間隙が地山に比してはるかに大きくなっていることを理解して，適用対象をB級にかぎるべきである．

以上4種の処理形態を整理して

ⓐ 「発生土」＋「調整泥水」＋「固化材」
ⓑ 「発生土」＋「水」＋「固化材」
ⓒ 「泥状土（細粒の発生土＋水）」＋「粒度調整材（粗粒の発生土）」＋「固化材」

とすることができ，さらに③は泥状土を調整泥水にみなせば①と同じとみなせるから，2.3に記述するように，これらは

「発生土」＋「調整泥水」＋「固化材」
「発生土」＋「水」＋「固化材」

の2系統の構成要素の組合せを理解すればよいことになる．

なお，前述のように「混和剤」としては土を対象にした流動性を高める減水剤，

運搬時間の調整のための流動性保持剤，材料分離抵抗性の増進，ならびに水中工事に対応して増粘剤，発泡剤が開発されており，経済性を考慮して使用することができる．しかし，コンクリートの場合と違って土の粘土鉱物的，化学的性質が多様であるから，使用に先立って試験を行って効果を確認する必要がある．現段階において混和剤の使用は量，例ともあまり多くなく，以後，複雑になるのでこの節では混和剤の存在は無視している．

2.2 流動化処理土の基本的諸量の定義，記号，相互の関係

混合時の流動化処理土（固化前）について
「流動化処理土」＝「発生土」＋「調整泥水」＋「固化材」

- 湿潤重量： $W_m = W + W_f + W_c$
- 体積： $V_m = \{(V_s + V_{am}) + V_w\} + V_f + V_c$
  $= (V_s' + V_w) + V_f + V_c$
- 単位体積重量： $\gamma_m = W_m / V_m$
- 密度： $G_m = \gamma_m / \gamma_w$ （γ_w：水の単位体積重量）
- 含水比： w_m （固化後，非乾燥状態でも若干の低下がみられる）
- 空気間隙率： $v_{am} = V_{am} / V_m$ （V_{am}：残留空気間隙の体積）

「発生土」

- 湿潤重量： $W = W_s + W_w$ （それぞれ土粒子部分，および水分の重量）
- 含水比： $w = W_w / W_s$
- 土粒子単位体積重量： $\gamma_s = W_s / V_s$ （V_s：発生土中の土粒子部分の体積）
- 土粒子の見掛けの単位体積重量（測定法は付属資料2参照）
  $\gamma_s' = W_s / (V_s + V_{am})$

「調整泥水」

- 湿潤重量： $W_f = W_{sf} + W_{wf}$
- 体積： $V_f = (V_{sf} + V_{af}) + V_{wf}$
- （$V_{sf},\ V_{af},\ V_{wf}$：泥水中の土粒子部分，残留空気間隙，および水分の体積）
- 単位体積重量； $\gamma_f = W_f / V_f$
- 泥水比重： $G_f = \gamma_f / \gamma_w$

第2章 流動化処理土の構成，性能を表現する諸量および試験

調整含水比： $w_{fA} = W_{wf}/W_{sf}$

土粒子単位体積重量： $\gamma_{sf} = W_{sf}/V_{sf}$

土粒子の見掛けの単位体積重量（測定法は付属資料1参照）

$$\gamma_{sf}' = W_{sf}/(V_{sf} + V_{af})$$

空気間隙率： $v_{af} = V_{af}/V_f$ （普通泥水中の空気間隙率は0.3%程度）

泥水を，粘性土を原材料として作製する場合；

　粘性土の湿潤重量： W_{fn}

　粘性土の含水比： w_{fn} 「粘性土の乾燥重量： $W_{sfn} = W_{fn}/(1+w_{fn})$」

発生土と調整泥水との混合の割合；

　泥水混合比： $p = W_f/W$

　泥水混合率： $P = W_f/(W+W_f)$ 「$p = P/(1-P)$」

発生土と加水量との混合の割合；

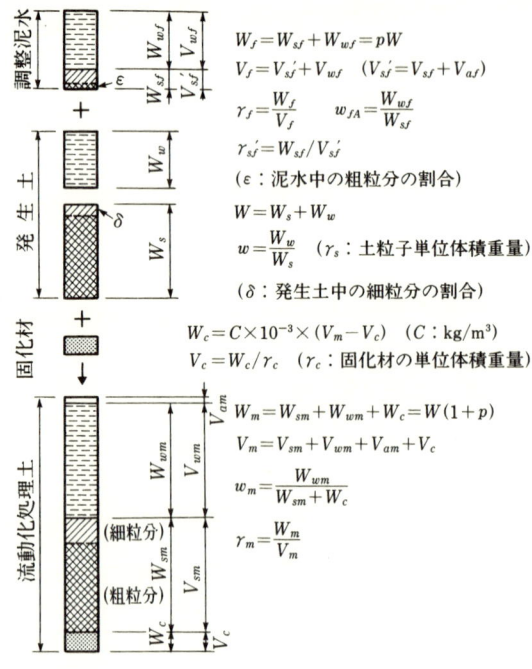

図2.1 流動化処理土の構成

水混合比： $p_w = W_{wA}/W$

水混合率： $P_w = W_{wA}/(W+W_w)$ 「$p_w = P_w/(1-P_w)$」

「固化材」

重量： W_c （乾燥状態とみて含有水分は0とする）

単位体積重量： γ_c

添加量： $C = W_c \,(\mathrm{kg})/(V_m - V_c)(\mathrm{m}^3)$ 「外割り」

これらの関係を模式的に図2.1に示した.

(注) ① 図中の泥水，発生土についての細粒分，粗粒分の定義と取扱いについては，2.6を参照.

② 含水比，間隙率，混合率などは一般に％で表すが，式が煩雑になるので本文での関係式中においては，これらをすべて小数で表現している.

2.3 流動化処理土の配合設計，品質管理に際して必要なこれら諸量間の関係

以後の計算式において重量と体積の関係は，重量を kN で表し，体積を m³ で表すこととした.

2.3.1 「発生土」＋「調整泥水」＋「固化材」の場合

2.1に述べた①，③の場合がこれに該当する.

(1) 「調整泥水」の作製，調整

a. 粘性土（細粒土）に加水，解泥して調整泥水を作製する場合

泥水比重が $G_f (=\gamma_f/\gamma_w)$ である体積 V_f の泥水を作製するのに必要な粘性土の湿潤重量 W_{fn}，および加水量 V_{wA} は次のとおりである.

$$W_{fn} = \frac{G_f \cdot \gamma_w \cdot V_f}{1+p_w} \tag{2.1}$$

$$V_{wA} = \frac{G_f \cdot p_w \cdot V_f}{1+p_w} \tag{2.2}$$

ただし，$p_w = V_{wA} \cdot \gamma_w / W_{fn}$ （加水重量/原粘性土の湿潤重量）で，原粘性土の当初の含水比 w_{fn}，その土粒子の見掛けの単位体積重量 γ_{sf}' が既知ならば

$$p_w = \frac{(1+w_{fn}) - \gamma_f \cdot (1/\gamma_{sf}' + w_{fn}/\gamma_w)}{(1+w_{fn}) \cdot (\gamma_f/\gamma_w - 1)} \tag{2.3}$$

また，得られた泥水の含水比（調整含水比）w_{fA} は，

$$w_{fA} = \frac{1 - \gamma_f/\gamma_{sf}'}{\gamma_f/\gamma_w - 1} = \frac{\gamma_w \cdot (\gamma_{sf}' - \gamma_f)}{\gamma_{sf}' \cdot (\gamma_f - \gamma_w)} \tag{2.4}$$

となる．

(注) 粘性土の土粒子単位体積重量 γ_{sf} が正確に測定された場合は，上記の w_{fA}' および w_{fA} は次のようになる．

$$w_{Af}' = \frac{(1-v_{af}) \cdot (1+w_{fn}) - w_{fn} \cdot \gamma_f/\gamma_w - \gamma_f/\gamma_{sf}}{(1+w_{fn}) \cdot \{\gamma_f/\gamma_w - (1-v_{af})\}}$$

$$w_{Af} = \frac{(1-v_{af}) - \gamma_f/\gamma_{sf}}{\gamma_f/\gamma_w - (1-v_{af})}$$

ただし，普通泥水中の空気間隙率 v_{af} は $0.2 \sim 0.5\%$ 程度の微量であり，γ_{sf} の測定自体の難しさからすれば，泥水中の空気間隙を 0 と仮定しての見掛けの単位体積重量 γ_{sf}' を用いたほうが実際的である．

b. 既存の泥水に粘性土（細粒土）を追加して比重を高めた泥水に調整する場合

比重が $G_{f1}(\gamma_{f1}/\gamma_w)$ の泥水の比重を G_f に高めたい場合に必要な粘性土（含水比 w_{fn}，土粒子の見掛けの単位体積重量 γ_{sf}'）の重量 W_{fn} と泥水の体積 V_{f1} は次のとおりである．なお，得られる調整泥水の体積は V_f であるとする．

$$W_{fn} = a \cdot \gamma_{f1} \cdot V_{f1} \tag{2.5}$$

$$V_{f1} = \frac{1}{1 + \dfrac{a \cdot \gamma_{f1} \cdot (\gamma_w + \gamma_{sf}' \cdot w_{fn})}{\gamma_{sf}' \cdot \gamma_w \cdot (1+w_{fn})}} \times V_f \tag{2.6}$$

ただし，a は次式で与えられる．

$$a = \frac{1/\gamma_{f1} - 1/\gamma_f}{\dfrac{1}{\gamma_{f1}} - \dfrac{\gamma_w + \gamma_{sf}' \cdot w_{fn}}{\gamma_{sf}' \cdot \gamma_w \cdot (1+w_{fn})}} \tag{2.7}$$

c. 既存の泥水の比重を加水により所定の値に低めたい場合

比重が $G_{f1}(\gamma_{f1}/\gamma_w)$ の泥水の比重を，$G_f(\gamma_f/\gamma_w)$ に低めたい場合の加水量 V_{wA}，

および原泥水の体積 V_{f1}，重量 W_{f1} は次のとおりである．

なお，得られた調整泥水の体積は V_f とする．

$$V_{wA}=\frac{a'\cdot\gamma_{f1}/\gamma_w}{1+a'\cdot\gamma_{f1}/\gamma_w}\times V_f \tag{2.8}$$

$$V_{f1}=\frac{1}{1+a'\cdot\gamma_{f1}/\gamma_w}\times V_f \tag{2.9}$$

$$W_{f1}=\gamma_{f1}\cdot V_{f1} \tag{2.10}$$

ただし

$$a'=\frac{1-\gamma_f/\gamma_{f1}}{\gamma_f/\gamma_w-1} \tag{2.11}$$

(2)　流動化処理土の作製

発生土に混合比 p で調整泥水（比重 $G_f=\gamma_f/\gamma_w$）を混合し，単位体積重量 γ_m' の泥状土を作製，それに固化材を添加量 C (kg/m^3)「外割り」で加えて，流動化処理土を作製する．体積 V_m の流動化処理土を作製するのに必要な諸量は次のとおりである．

ただし，発生土の含水比 w，見掛けの土粒子単位体積重量 γ_s'，調整泥水の見掛けの土粒子単位体積重量 γ_{sf}' は既知とする．

なお，泥状土の単位体積重量 γ_m' および作製時の流動化処理土の単位体積重量 γ_m，および含水比 w_m は，それぞれ式（2.15），（2.17）および（2.18）となる．

発生土重量 W：

$$W=\frac{\dfrac{\gamma_c}{p\cdot(\gamma_c+C\cdot10^{-3})}}{\dfrac{1}{\gamma_f}+\dfrac{\gamma_w+w\cdot\gamma_s'}{p\cdot(1+w)\cdot\gamma_s'\cdot\gamma_w}}\times V_m \tag{2.12}$$

調整泥水体積　　$V_f=p\cdot W/\gamma_f$　　(2.13)

調整泥水重量　　$W_f=p\cdot W$　　(2.14)

固化材添加前の泥状土の単位体積重量 γ_m'

$$\gamma_m{'} = \cfrac{1+\cfrac{1}{p}}{\cfrac{1}{\gamma_f} + \cfrac{\gamma_w + w \cdot \gamma_s{'}}{p \cdot (1+w) \cdot \gamma_s{'} \cdot \gamma_w}} \tag{2.15}$$

固化材重量 W_c :

$$W_c = \cfrac{\gamma_c \cdot C \cdot 10^{-3}}{\gamma_c + C \cdot 10^{-3}} \times V_m \tag{2.16}$$

$$\gamma_m = \cfrac{\cfrac{\gamma_c}{\gamma_c + C \cdot 10^{-3}} \cdot \left(1 + \cfrac{1}{p}\right)}{\cfrac{1}{\gamma_f} + \cfrac{\gamma_w + w \cdot \gamma_s{'}}{p \cdot (1+w) \cdot \gamma_s{'} \cdot \gamma_w}} + \cfrac{\gamma_c \cdot C \cdot 10^{-3}}{\gamma_c + C \cdot 10^{-3}} \tag{2.17}$$

$$w_m = \cfrac{\cfrac{\gamma_w \cdot (\gamma_{sf}{'} - \gamma_f)}{\gamma_f \cdot (\gamma_{sf}{'} - \gamma_w)} + \cfrac{w}{p \cdot (1+w)}}{\cfrac{\gamma_{sf}{'}(\gamma_f - \gamma_w)}{\gamma_f \cdot (\gamma_{sf}{'} - \gamma_w)} + \cfrac{1}{p \cdot (1+w)} + \left\{\cfrac{1}{\gamma_f} + \cfrac{\gamma_w + w \cdot \gamma_s{'}}{p \cdot (1+w) \cdot \gamma_s{'} \cdot \gamma_w}\right\} \cdot C \cdot 10^{-3}} \tag{2.18}$$

2.3.2 「発生土」+「水」+「固化材」の場合

2.1の②, ④の場合がこれにあたる.

発生土に水を混合比 p_w で加水し単位体積重量 $\gamma_m{'}$ の泥状土を作製, それに固化材を添加量 C (kg/m³)「外割り」で加え, 流動化処理土を作製する.

体積 V_m の流動化処理土を作製するのに必要な諸量は次のとおりある.

ただし, 発生土の含水比 w, 見掛けの土粒子単位体積重量 $\gamma_s{'}$ は既知とする.

なお, 泥状土の $\gamma_m{'}$, 流動化処理土の単位体積重量 γ_m, 含水比 w_m は, それぞれ式 (2.21), (2.23) および (2.24) となる.

発生土重量 W :

$$W = \cfrac{\cfrac{\gamma_c}{p_w \cdot (\gamma_c + C \cdot 10^{-3})}}{\cfrac{1}{\gamma_w} + \cfrac{\gamma_w + w \cdot \gamma_s{'}}{p_w \cdot (1+w) \cdot \gamma_s{'} \cdot \gamma_w}} \times V_m \tag{2.19}$$

加水量　　　　　体積　$V_{wA} = p_w \cdot W / \gamma_w$,　　重量　$W_{wA} = p_w \cdot W$ 　　(2.20)

$$\gamma_m' = \frac{1 + \dfrac{1}{p_w}}{\dfrac{1}{\gamma_w} + \dfrac{\gamma_w + w \cdot \gamma_s'}{p_w \cdot (1+w) \cdot \gamma_s' \cdot \gamma_w}} \tag{2.21}$$

固化材重量 W_c：

$$W_c = \frac{\gamma_c \cdot C \cdot 10^{-3}}{\gamma_c + C \cdot 10^{-3}} \times V_m \tag{2.22}$$

$$\gamma_m = \frac{\dfrac{\gamma_c}{\gamma_c + C \cdot 10^{-3}} \cdot \left(1 + \dfrac{1}{p_m}\right)}{\dfrac{1}{\gamma_w} + \dfrac{\gamma_w + w \cdot \gamma_s'}{p_w \cdot (1+w) \cdot \gamma_s' \cdot \gamma_w}} + \frac{\gamma_c \cdot C \cdot 10^{-3}}{\gamma_c + C \cdot 10^{-3}} \tag{2.23}$$

$$w_m = \frac{1 + \dfrac{w}{p_w \cdot (1+w)}}{\dfrac{1}{p_w \cdot (1+w)} + \left\{\dfrac{1}{\gamma_w} + \dfrac{\gamma_w + w \cdot \gamma_s'}{p_w \cdot (1+w) \cdot \gamma_s' \cdot \gamma_w}\right\} \cdot C \cdot 10^{-3}} \tag{2.24}$$

なお，この場合は「固化材」を添加するまでの段階では，粘性土（細粒土）に加水，解泥して調整泥水を作製する過程と同じことになるので，2.3.1（1）に記述した泥水の比重調整等の手法は，そのまま記号を変えて流用できる．

2.4　作製した流動化処理土の構成要素間の量的検証，管理

2.4.1　流動化処理土の固体粒子（土粒子およびセメント粒子），間隙水，および空気間隙の体積割合の検証

（1）「発生土」＋「調整泥水」＋「固化材」の場合

固体部分の体積率：

土粒子部分

　　発生土中の土粒子；

第2章 流動化処理土の構成，性能を表現する諸量および試験

$$(V_s+V_{am})/V_m = \frac{W}{V_m} \cdot \frac{1}{(1+w)\cdot \gamma_s'}$$

$$V_s/V_m = (V_s+V_{am})/V_s - V_{am} \tag{2.25}$$

調整泥水中の土粒子；

$$V_{sf}/V_m = \frac{W}{V_m} \cdot \frac{p\cdot(\gamma_f-\gamma_w)}{\gamma_f\cdot(\gamma_{fs}'-\gamma_w)} \tag{2.26}$$

固化材（含水比を0としたので全量固体）；

$$V_c/V_m = \frac{C\cdot 10^{-3}}{\gamma_c + C\cdot 10^{-3}} \tag{2.27}$$

間隙水部分の体積率：

発生土中の水分；

$$V_w/V_m = \frac{W}{V_m} \cdot \frac{w}{(1+w)\cdot \gamma_w} \tag{2.28}$$

調整泥水中の水分；

$$V_{wf}/V_m = \frac{W}{V_m} \cdot \frac{p\cdot \gamma_w \cdot (\gamma_{sf}'-\gamma_f)}{\gamma_f\cdot(\gamma_{sf}'-\gamma_w)} \tag{2.29}$$

なお，γ_m，w_m が測定されていれば，間隙水分の全量の体積率は次式で求められるので，計算の検証に使用できる．

$$V_{wm}/V_m = \frac{\gamma_m \cdot w_m}{\gamma_w \cdot (1+w_m)} \tag{2.30}$$

空気間隙の体積率：

処理土中の空気間隙率 $v_{am}(=V_{am}/V_m)$ は，発生土の土粒子の単位体積重量の真の値 γ_s がわかっていれば，

$$v_{am} = \frac{W(1+p)}{V_m \cdot (1+w_m')} \cdot (1/\gamma_s' - 1/\gamma_s) \tag{2.31}$$

となる．この場合，泥水部分の空気間隙は微少であるので無視している．また，砂質土であれば，γ_s が不明の場合は $\gamma_s/\gamma_w=2.65$ と仮定して大きな違いはない．この場合も，打設時の γ_m，w_m をもとにして求めた間隙水部分の体積率，式(2.30)と式(2.31)から予想される空気間隙を合わせて，処理土の間隙部分の体積率とみなし，式(2.25)〜(2.27)から得た固体部分の体積率を加算してみて測定結果

の妥当性を検証するのがよい.

また,各式の W/V_m は式 (2.12) より,

$$\frac{W}{V_m} = \frac{\dfrac{\gamma_c}{p \cdot (\gamma_c + C \cdot 10^{-3})}}{\dfrac{1}{\gamma_f} + \dfrac{\gamma_w + w \cdot \gamma_s'}{p \cdot (1+w) \cdot \gamma_s' \cdot \gamma_w}} \tag{2.32}$$

となる.

(2) 「発生土」+「水」+「固化材」の場合

固体部分の体積率:

　土粒子部分;

$$(V_s + V_{am})/V_m = \frac{W}{V_m} \cdot \frac{1}{(1+w) \cdot \gamma_s'}$$

$$V_s/V_m = (V_s + V_{am})/V_m - V_{am} \tag{2.33}$$

　固化材(含水比を0としたので全量固体);

$$V_c/V_m = \frac{C \cdot 10^{-3}}{\gamma_c + C \cdot 10^{-3}} \tag{2.34}$$

間隙水部分の体積率:

　発生土中の水分;

$$V_w/V_m = \frac{W}{V_m} \cdot \frac{w}{(1+w) \cdot \gamma_w} \tag{2.35}$$

　加水量の体積率;

$$V_{wA}/V_m = \frac{W}{V_m} \cdot \frac{p_w}{\gamma_w} \tag{2.36}$$

なお,γ_m,w_m が測定されていれば,間隙水分の全量の体積率は次式で求められるので,計算の検証に使用できる.

$$V_{wm}/V_m = \frac{\gamma_m \cdot w_m}{\gamma_w \cdot (1+w_m)} \tag{2.37}$$

空気間隙の体積率:

　処理土中の空気間隙率 $v_{am}(=V_{am}/V_m)$ は,発生土の土粒子の単位体積重量の真の値 γ_s がわかっていれば,

$$V_{am} = \frac{W \cdot (1+p_w)}{V_m \cdot (1+w_{m'})} \cdot (1/\gamma_s' - 1/\gamma_s) \tag{2.38}$$

なお，γ_s が不明の場合の応急措置は(1)の場合と同様である．
また各式の W/V_m は，式(2.12)より式(2.32)と同様に，

$$\frac{W}{V_m} = \frac{\dfrac{\gamma_c}{p_w \cdot (\gamma_c + C \cdot 10^{-3})}}{\dfrac{1}{\gamma_w} + \dfrac{\gamma_w + w \cdot \gamma_s'}{p_w \cdot (1+w) \cdot \gamma_s' \cdot \gamma_w}} \tag{2.39}$$

となる．

2.4.2 流動化処理土の「水-セメント比」

流動化処理土においては，コンクリートにおける水-セメント比の値はどのようになっているかだされることがある．土の混合物中の「水分」は110℃の炉乾燥によって消散する質量をもって認識するしか方策がないので，それがすべて処理土の固化に貢献する「水」とは評価しえないけれども，それを「水分」とみなせば次のように表現することができる．

（1）「発生土」+「調整泥水」+「固化材」の場合

$$[W_{wm}/W_c] = \frac{\dfrac{\gamma_w \cdot (\gamma_{sf}' - \gamma_f)}{\gamma_f \cdot (\gamma_{sf}' - \gamma_w)} + \dfrac{w}{p \cdot (1+w)}}{\left\{\dfrac{1}{\gamma_f} + \dfrac{1}{p \cdot (1+w) \cdot \gamma_s'} + \dfrac{w}{p \cdot (1+w) \cdot \gamma_w}\right\} \cdot C \cdot 10^{-3}} \tag{2.40}$$

（2）「発生土」+「水」+「固化材」の場合

式(2.40)において $\gamma_f = \gamma_w$ になるから

$$[W_{wm}/W_c] = \frac{1 + \dfrac{w}{p_w \cdot (1+w)}}{\left\{\dfrac{1}{\gamma_w} + \dfrac{1}{p_w \cdot (1+w) \cdot \gamma_s'} + \dfrac{w}{p_w \cdot (1+w) \cdot \gamma_w}\right\} \cdot C \cdot 10^{-3}} \tag{2.41}$$

流動化処理土のこれら「水-固化材比」はコンクリートにおける水-セメント比の常識からすれば，非常に大きな値になるのが普通である．土粒子，特に粘性土においては，炉乾燥による含水比測定で水分と認識されるもののなかにも，微細

な土粒子表面に拘束されて，土粒子の一部として挙動する水分が多いことが認められている．そのために，場合によって関連性をもたない過大な値を示すものと想像されるが，そのような拘束水分と自由水分をどのように分離すべきか，その方法が確立されていない．これが解決されると，流動化処理土の配合設計はコンクリートに準じた体制が整備可能と予想される．

2.5 流動化処理土の配合設計，ならびに品質管理のための諸試験

2.5.1 処理土の単位体積重量ならびに含水比の測定

混合直後の流動化処理土は粘性のある泥状を呈しているから，その単位体積重量は容量が既知の，上端面が水平で平滑な円筒形容器に満たし，上面を平らな厚手のガラス板で圧着するなどの方法で上端面の余盛り部分を排除して，内容物の重量を秤量し，単位体積重量を求める．この方法は調整泥水の単位体積重量の測定にも用いられる．単位体積重量は小数点以下3桁まで求めるべく，容器の容量，秤の秤量を選ぶとよい．

含水比の測定は「土の含水量試験方法（JIS A 1203）」に準拠して測定する．固化過程の処理土の含水比と固化後の含水比とは，後者が数％低めになる傾向があり，ことに乾燥炉中の1，2日間の測定値が不安定である．この傾向は流動化処理に多用される高含水比粘性土用のセメント系固化材に強くみられる傾向で，乾燥時間を普通の土より長めにとったほうがよさそうである[1]．

2.5.2 処理土の流動性試験

混合直後の流動化処理土は泥状の流動性に富む混合物であり，その流動性の程度が施工性に影響するため，混合時，運搬中，ならびに打設時の流動性の変化の度合いの定量的な把握が必要である．現在，多く用いられている方法には以下のようなものがある．

(1) Pロート試験

土木学会規準「プレパックドコンクリートの注入モルタルの流動性試験方法（P

第2章 流動化処理土の構成，性能を表現する諸量および試験

ロートによる方法）（JSCE-1986）」の試験法を準用するもので，相対的に流動性の高い泥状の混合物を対象に用いられる．

図2.2に示したロートの基準面まで満たした泥状混合物が，写真2.1の手順によって連続的に流下しきる時間をストップウオッチで測定する．すなわち流下時間が長いほど粘性が高いことになり，清水の場合が約8.5秒であり，処理

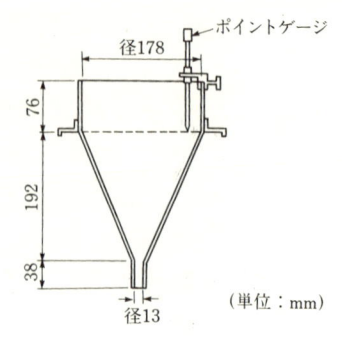

図2.2 Pロートの形状寸法

① Pロートを支持枠に鉛直にたて，内面を水で濡らす
② 処理土をPロート内に注ぐ 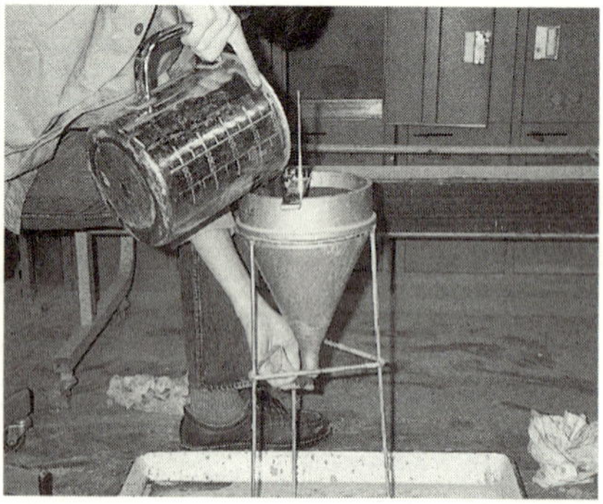
③ 流出管から少量の処理土を流出させた後，指で流出口を押さえ，処理土を規定面まで満たす 
④ 指を離し処理土を流出させ，連続して流れる処理土が途切れるまでの時間を測定する 

写真2.1 Pロート試験の手順

土の粘性が増し，12秒を超えるようになって流下する処理土の流れが途切れるようになったら測定の限度を超えたとみなす．

この試験はかなり流動性に富んだ流体の粘性を評価する試験であるから，泥水の粘性を比較する場合に適用され，普通の密度の高い流動化処理土の場合には，(2)，(3)のフロー試験が用いられることが多い．

(2) 土木学会関連規準によるフロー試験

土木学会関連規準「セメントの物理試験方法（JIS R 5201-1981）」に定められたモルタルのフロー試験の方法を準用するもので，図2.3に示すフローテーブル，フローコーンおよび突き棒を用いる．フローコーン中に突き棒により処理土を隙間なく充填し，表面をならした後，フローコーンを正しく上のほうに取り去ってから，フローテーブルに15秒間に15回の落下運動を与え，処理土の広がった後

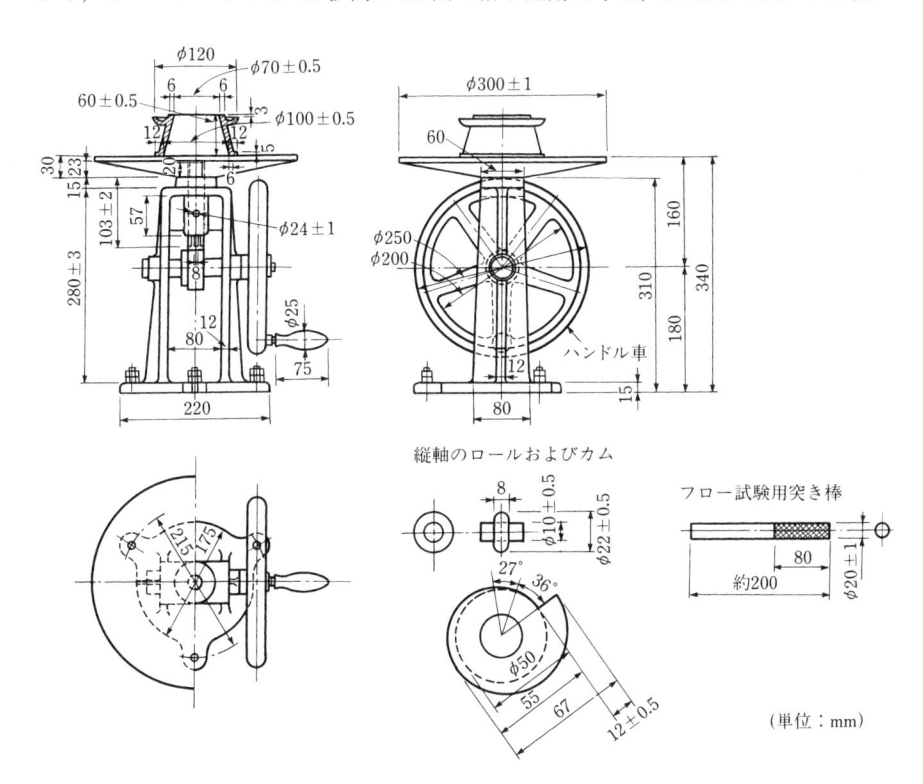

図2.3 JISフロー試験（フローテーブル，フローコーン，突き棒）

の径を，その最大と認める方向とこれに直角な方向とで測定し，その平均値を mm で表し，これをフロー値（JIS フロー値と略称）とする．

（3） 日本道路公団規格によるフロー試験

日本道路公団規格「エアモルタル及びエアミルクの試験方法（JHS A 313-1992）のコンシステンシー試験方法のシリンダー法を準用するもので，図 2.4 に示す内径 80 mm，高さ 80 mm の金属製（黄銅製）または硬化プラスチック製のシリンダーを，水準器等で平坦性を確かめた辺長 40 cm 以上の十分な剛性（鋼製の場合は厚さ 10 mm 以上）をもつ版上におき，シリンダー上端まで処理土を空隙を残さないように満たし，上端面をならす．

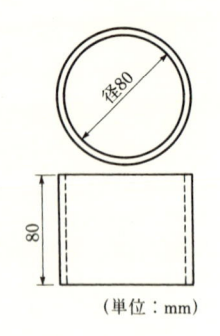

図 2.4 シリンダー
（公団フロー試験）

シリンダーを静かに鉛直上方に引き上げ，処理土が広がった後，最大と認められる径と，これと直角方向の径を測定し，測定値の差が 20 mm 以下であれば平均してフロー値（公団フロー値と略称）とする．

公団フロー試験のほうが装置が簡便であるという長所があるが，個人の熟練度によって測定の結果が散らばる傾向が強いという短所もある．同じ試験者が行った両試験法の関係は，図 2.5 程度の相関を示した．処理土の流動性が低い領域で，両者の相関性が悪くなる傾向がみられる．

なお，東京層および江戸川層の砂を含んだ流動化処理土の JIS フロー値とコンクリートのスランプ試験法によったスランプ値の関係を例示すると，図 2.6 のとおりであった[2]．

また，試料中に挿入した市販のローターの回転抵抗から試料の粘性係数（粘度）を測定し，JIS フロー値と対比し，両者の相

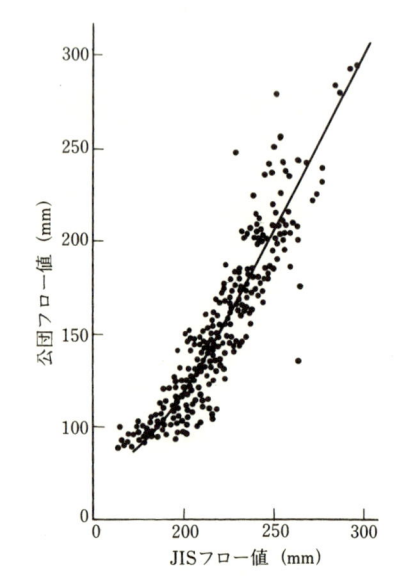

図 2.5 JIS フロー値と公団フロー値の関係

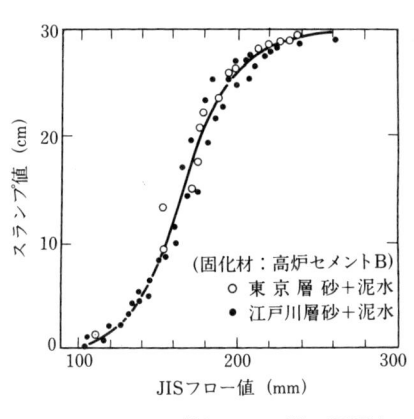

2.5 流動化処理土の配合設計，ならびに品質管理のための諸試験

図2.6 JISフロー値とスランプ値の関係例

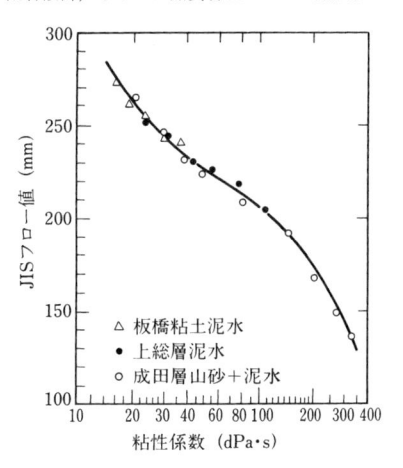

図2.7 JISフロー値と粘性係数の関係例

関がかなりよいことを示した例が**図2.7**である．図中の泥水の比重は△が1.2前後，○が1.6～1.7とかなり異なっているが，フロー試験結果は試料の重量の相違よりも，粘性抵抗が支配的な効果を示すように思われる．

　流動化処理土は施工時にその流動性は最も重要な性質であるし，流動性の測定，特にフロー試験は即時的に結果が得られる簡便な試験であるので，品質管理上，最も有用な手段である．ただ，フロー値は泥状土を構成する細粒分の特性によって非常に個性的なものである．泥状土の比重（単位体積重量）とフロー値の関係，固化材添加前後のフロー値間の関係といった，見掛けは同じような泥状土であっても，はなはだしく異なる相関を示すことが多く，他の実績を流用せずに実際に使用する試料について，前もって自ら確認することを心がけるべきである．

2.5.3 処理土の材料分離抵抗性試験（ブリーディング試験）

　流動化処理土の混合，運搬，打設の過程において，固化前に混合物中からの過剰な水の分離，ブリーディングが生じることは，所定の配合が満たされないことにつながる．その程度を検証するために，土木学会規準「プレパックドコンクリートの注入モルタルのブリーディング率及び膨張率試験方法（JSCE-1986）」を準用した．

　すなわち，混合直後の処理土を所定のポリエチレン袋（径5 cm，長さ50 cm

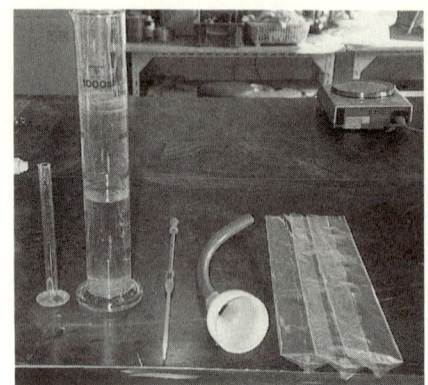

第2章 流動化処理土の構成，性能を表現する諸量および試験

① 試験器具一式

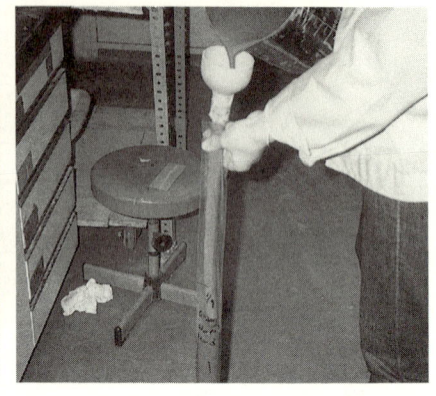

② 処理土をポリエチレン袋内に約20cm高さに注ぐ

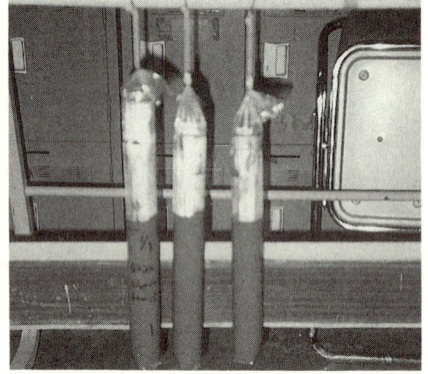

③ メスシリンダー内の水位変動で処理土体積を測定

④ 吊るして静置する状況

写真 2.2 ブリーディング試験の測定の手順

以上) に空気が混入しないように満たし，水を入れたメスシリンダー中に吊り下げて処理土の表面の水位と合わせることで処理土の初期体積を知り，放置3時間，および20時間後に分離した水量を測定し，初期体積に対する割合でブリーディング率を求める (**写真 2.2**)．

ブリーディング率がどの程度まで許容できるかは，未だ定説が得られていないが，現在は配合設計結果との隔たりを避けるべく，1%程度以下を規定している

実施例が多い.

　意図的にブリーディングを10％以上まで大きく変化させた配合の処理土をつくり，打設面積，打設厚さを変化させた実験結果[3]によれば，
① 同じ打厚さであれば，打設量が多いほどブリーディング率は小さい（打設量が多いほど処理土の温度が上がり，固化反応の進行が早いため）．
② 同じ打設断面積であれば，打設厚さが増すとブリーディング率は大きくなる．
③ 同じ打設断面積であれば，処理土の型枠などとの接触周面積が大きいほどブリーディング率は大きくなる（壁面に沿う水分の移動が多いため）．
④ ブリーディング率10％程度以下であれば，基準のブリーディング試験の値が実際の打設の場合のブリーディング率とほぼ同じか，やや大きめの安全側の値を示す傾向にある．
⑤ 断面積（内径5 cmから40 cm），高さ（50 cmから400 cm）を変化させた型枠内に打設した処理土の固化後の一軸圧縮強さ，ならびに固化材の分散状況を測定した結果，室内配合試験に用いる内径5 cm，高さ10 cmのモールドで成型した供試体（ブリーディングした分は切り取った試験体）と対比してブリーディング率3～5％までであれば，ほぼ両者について同等の値，ならびに均等性がみられた．

この知見によれば，分離した水分の処理が適切に行われることが保障され，設計の基準値の厳密性がさほど高くない現場条件であれば，流動性の制御に際して，選択上，ブリーディング率を1％より若干緩和しうる余地が感じられる．

2.5.4 固化後の力学試験

　流動化処理土の配合設計，ならびに品質管理で指標的役割を果たしている，処理後の強度特性として最も多用されているのが，固化後の一軸圧縮強さである．原則として湿潤雰囲気養生（乾燥による供試体の含水比変化のない状態での養生）7日，28日（必要に応じて1日，3日を加える）後の側方拘束のない状態での圧縮強さを，土質工学会基準「土の一軸圧縮試験方法（JSF T 511-1990）」に準拠して測定する．しかし，当基準での荷重計の容量では圧縮強さ$1\,000\,\mathrm{kN/m^2}$程度までしか適用できないので，高品質の流動化処理土の試験では，土質試験用の

圧縮試験装置を超えた容量の試験機の必要な場合があることに注意しなければならない．

流動化処理土の使用目的に応じては，その他，CBR試験を求められることが多い．従前からCBR値と一軸圧縮強さ q_u の相関を求める報告がみられるが，本来，粒状材の支持力の指標としてのCBR値を，版状体の支持力を期待する流動化処理土に適用するのは無理があり，むしろ流動化処理土の曲げ抵抗性能に着目した解析が行われるべきではなかろうか．

かなり低強度を要求されるような場合，一軸圧縮強さ q_u のみでなく，使用条件を考慮して，側方拘束効果の実地盤との対比を確かめるべく，三軸圧縮試験における圧縮性を含めた力学的性質を知っておく必要があると思われる（1.3.2（1），（2）参照）．

また，打設直後の低い固化強度の経時的増加をチェックする際は，打設面に損傷を与えることが少なく取扱いの簡単な，山中式土壌硬度計などの貫入試験装置[4]が活用されている．

なお，場合によっては処理土の透水性を求められることもある．土質試験において用いられる透水試験（一般的な定水位透水試験，および変水位透水試験）は，流動化処理土が固化過程に若干の体積収縮を生じるため，試験容器の壁間との密着が失われ正確な測定ができない．よって，流動化処理土用に開発された専用の試験装置による試験法（付属資料3）を用いることを推奨する．

流動化処理土の透水係数は一般に 10^{-6} cm/s 程度の難透水性を示し，粗粒分の混入はむしろ，より難透水性になる傾向を示している（1.3.2（3）参照）．

2.6 流動化処理土の固化後の強度（一軸圧縮強さ）を支配する要因

2.6.1 考え方の前提

ある強度をもつような配合で作製された流動化処理土に，粒度が格段に異なる粗礫をさらに混入しても，礫と処理土の付着力が，コンクリートにおけるモルタルと粗骨材とのように強くないためか，強度（一軸圧縮強さ）の増加はそれほど

2.6 流動化処理土の固化後の強度（一軸圧縮強さ）を支配する要因

顕著でなく，それが流動化処理土にしばしば求められる固化後の再掘削の容易さを保証する利点だと評価されてきた[5]．

この事実はその後の研究[6]により，発生土と調整泥水を混合した泥状土，あるいは発生土に加水した泥状土中の，特定の粒径以下の細粒分によって構成されている泥状土にのみ固化材が効果を及ぼしていると評価した強度が，全処理土の強さを示す傾向にあると認められ始めている．

一般に固化材を処理土に「外割り」で一定量添加したとき，発生土に調整泥水を加える混合比 p，あるいは発生土に加水する水混合比 p_w を減らすと，固化後の一軸圧縮強さ q_u は増加していく．このことは，上記の特定の粒径以下の細粒分で構成された泥状土に対する固化材量の添加量は相対的に増加したからであるとの論拠になり，その泥状土に対する換算固化材量による処理強さとの対比でほぼ，それが実証されつつある．

しかし，処理土中の固化強度に貢献すると目される「細粒分」と，処理土の一軸圧縮強さにはさほど貢献しないものの，間隙を満たし，大小粒子の噛合せによって対圧縮性能，対変形性能に多大な貢献が予想される「粗粒分」との，連続的に変化している粒度上の境界をどこに定めるべきかは現段階では確定できないし，土質によって不確定なものかもしれない．

よって現段階では，土質関係で「細粒分」と「粗粒分」の境界になっている 75 μm ふるいの通過分と残留分によって，それを代用して検討を進めてみたい．

2.6.2 流動化処理土中の"「細粒分」泥水"に着目した固化強度の評価

（1） 発生土と調整泥水の混合物の粒度区分後の構成および仮定

「発生土（75 μm ふるい通過分が δ）」に，比重を γ_f/γ_w に調整した「調整泥水（75 μm ふるい残留分が ε）」を混合比 p で混合した泥状土に，「固化材」を「外割り」で添加量 C (kg/m³) 加えた場合を想定する．

発生土と調整泥水の含水比をそれぞれ w，w_{fA}，見掛けの土粒子単位体積重量をそれぞれ γ_s'，$/\gamma_{sf}$ とし，既知であるとする．新たなそれぞれの重量，体積は次のようである．

「細粒分」の構成：

第2章 流動化処理土の構成，性能を表現する諸量および試験

$$W_f' = \{W_{sf} \cdot (1-\varepsilon) + W_s \cdot \delta\} \cdot (1+w_{fA}')$$

$$V_f' = \{W_{sf} \cdot (1-\varepsilon) + W_s \cdot \delta\} \cdot (1/\gamma_{sf}' + w_{fA}'/\gamma_w)$$

「粗粒分」の構成：

$$W' = \{W_s \cdot (1-\delta) + W_{sf} \cdot \varepsilon\} \cdot (1+w')$$

$$V' = \{W_s \cdot (1-\delta) + W_{sf} \cdot \varepsilon\} \cdot (1/\gamma_s' + w'/\gamma_w)$$

ただし，それぞれの含水比は w_{fA}' および w' とした．

しかし，調整泥水中の粗粒分（ε 部分）の含水比は w_{fA} よりは低く，w よりは高く，また，発生土中の細粒分（δ 部分）の含水比は w よりは高く，w_{fA} よりは低いことが想像されるが，実測は不可能である．したがって，次のように仮定する．

① 調整泥水中の粗粒分（ε 部分）の含水比は w_{fA} のまま不変とする．
② 発生土中の細粒分（δ 部分）の含水比は w のまま不変とする．

この仮定が許されれば，w_{fA}' および w' は次式で表される．

$$w_{fA}' = \frac{p \cdot (1+w) \cdot w_{fA} \cdot (1-\varepsilon) + w \cdot (1+w_{fA}) \cdot \delta}{p \cdot (1+w) \cdot (1-\varepsilon) + (1+w_{fA}) \cdot \delta}$$

$$= \frac{p \cdot (1+w) \cdot \gamma_w \cdot (\gamma_{sf}' - \gamma_f) \cdot (1-\varepsilon) + w \cdot \gamma_f \cdot (\gamma_{sf}' - \gamma_w) \cdot \delta}{p \cdot (1+w) \cdot \gamma_{sf}' (\gamma_f - \gamma_w) \cdot (1-\varepsilon) + \gamma_f \cdot (\gamma_{sf}' - \gamma_w) \cdot \delta} \quad (2.42)$$

$$w' = \frac{w \cdot (1+w_{fA}) \cdot (1-\delta) + p \cdot (1+w) \cdot w_{fA} \cdot \varepsilon}{(1+w_{fA}) \cdot (1-\delta) + p \cdot (1+w) \cdot \varepsilon}$$

$$= \frac{w \cdot \gamma_f \cdot (\gamma_{sf}' - \gamma_w) \cdot (1-\delta) + p \cdot (1+w) \cdot \gamma_w \cdot (\gamma_{sf}' - \gamma_f) \cdot \varepsilon}{\gamma_f \cdot (\gamma_{sf}' - \gamma_w) \cdot (1-\delta) + p \cdot (1+w) \cdot \gamma_{sf}' \cdot (\gamma_f - \gamma_w) \cdot \varepsilon} \quad (2.43)$$

（2）「細粒分」の泥状土の泥水混合比，および単位体積重量

新たな混合比を p' とし，$p' = $「細粒分」の湿潤重量 /「粗粒分」の湿潤重量とすれば，

$$p' = \frac{p \cdot (1-\varepsilon) + \delta}{(1-\delta) + p \cdot \varepsilon} \quad (2.44)$$

となり，また，発生土からの細粒分の移動により変化した泥水の単位体積重量を γ_f' とすれば次式で表される．

2.6 流動化処理土の固化後の強度（一軸圧縮強さ）を支配する要因

$$\gamma_f' = \frac{\{p \cdot (1-\varepsilon) + \delta\} \cdot (1+w)}{\dfrac{p \cdot (1-\varepsilon) \cdot (1+w)}{\gamma_f} + \delta \cdot \left(\dfrac{1}{\gamma_s'} + \dfrac{w}{\gamma_w}\right)} \tag{2.45}$$

（3）「細粒分」に対する固化材の添加量の評価

固化材添加量は固化材の効果が「細粒分」にのみ集中的に効くと仮定したわけであるから，「発生土」+「調整泥水」の体積に対し，外割りで「固化材」を C (kg/m³) 添加された効果は，実質的には「細粒分」泥水のみの体積に対して働いたと考えると，「固化材」添加量は実際は C' (kg/m³) として効能したと評価する．

$$C'/C = \frac{1/\gamma_s' + w'/\gamma_w}{p' \cdot (1+w')/\gamma_f'} + 1 \tag{2.46}$$

以上，「発生土」+「調整泥水」+「固化材」の場合について述べたが，「発生土」+「水」+「固化材」の場合については「調整泥水」の単位体積重量 γ_f を γ_w に，泥水混合比 p を水混合比 p_w に置き換えればよい．また，この場合は ε は 0 であるから，式 (2.42) から式 (2.46) は次のようになる．

$$w_{fA}' = \frac{p_w \cdot (1+w)}{\delta} + w \tag{2.47}$$

$$w' = w \tag{2.48}$$

$$p_w' = \frac{p_w + \delta}{1-\delta} \tag{2.49}$$

$$\gamma_f' = \frac{(p_w + \delta) \cdot (1+w)}{\dfrac{p_w \cdot (1+w)}{\gamma_w} + \delta \cdot \left(\dfrac{1}{\gamma_s'} + \dfrac{w}{\gamma_w}\right)} \tag{2.50}$$

$$C'/C = \frac{1/\gamma_s' + w'/\gamma_w}{p_w' \cdot (1+w')/\gamma_f'} + 1 \tag{2.51}$$

（4）検討結果の一例

泥水加圧シールドの余剰泥水，および同じ泥水の脱水ケーキを解泥した「調整泥水」を泥水の単位体積重量を変えて，相対的に細粒分を多く含んだ「発生土（山砂）」に加えた場合の例を示す．発生土の 75 μm 通過率 δ は 21%，泥水を構成する粘性土の 75 μm ふるい残留率 ε は 6% であった．また，「発生土」に対する「調整泥水」の添加比 p は 0.3 から 2 の間に変化させ，調整泥水の単位体積重量 γ_f

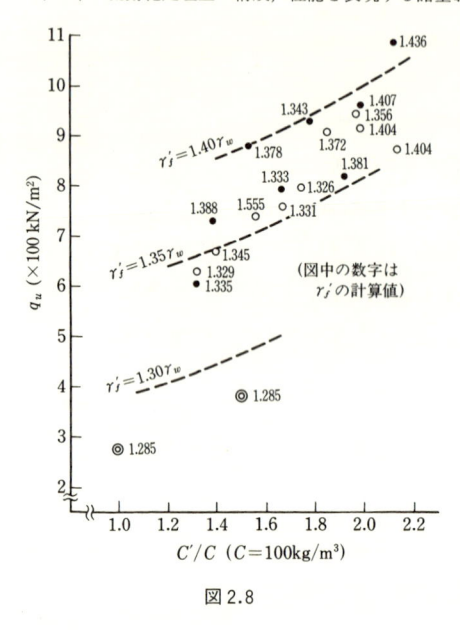

第2章 流動化処理土の構成，性能を表現する諸量および試験

も 1.15 から 1.35 の間に変化させた．なお，固化材添加量は一律に $C=100\,\mathrm{kg/m^3}$ とした．

上記の換算を行い，「細粒分」泥水に対する換算添加量 C' に対する流動化処理土の一軸圧縮強さ q_u（7 日養生）をプロットした結果が図 2.8 である．

図中の ◎ は，γ_f が 1.285 の原「調整泥水」のみに C を 100 $\mathrm{kg/m^3}$ と 150 $\mathrm{kg/m^3}$ 加えた結果である．結果はばらつきがかなりみられるものの，破線で想定した「細粒分」泥水の単位体積の増加に準じて，固化材添加量に比例する一軸圧縮強さを示す当初の想定にかなった傾向を示していると思われる．

図 2.8

2.6.3 配合設計への適用の可能性

発生土，泥水中の土粒子の 75 μm ふるい残留分を求めることは，それぞれの試料をそのふるいで十分に水洗いして細粒分を完全に通過流失させ，残留分の乾燥重量を測定することで各「粗粒分」とし，初期の各試料の乾燥重量から差し引きすることにより，発生土における流失した細粒分，泥水における残留分から，それに含まれていた粗粒分のそれぞれの割合 δ，ε は比較的簡単に求められる．

また，調整泥水は原則的に粗粒分含有量は少ないのが建て前であるから，調整泥水の泥水比重を変化させて，固化材添加量に応じての一軸圧縮強さとの関係（図 2.8 の破線で示した関係）を用意することも可能である．

この準備ができれば，「発生土」と「調整泥水」と「固化材」の任意の配合について，上記の換算手順によって γ_f と C'/C を求めることによって，用意された q_u と C'/C の図上から処理土の一軸圧縮強さ q_u を予想できる可能性が認められ，配合設計の一助にすることができる．

実際は調整泥水中に発生土からの細粒分が加わった新しい泥水に変化しているわけであるから，調整泥水のみから求めた $q_u \sim C'/C$ 曲線で，実際の処理土中の「細粒分」泥水のそれを代替することに矛盾はあるが，実用上，δ，ε が極端に大きいことがない限り，この簡便法はある程度の役に立つものと思われる．

　また，今後，「発生土」+「調整泥水」あるいは「発生土」+「加水」によって得られた「泥状土」から，所定時間静置することで粗粒分を沈降させ，上部の泥水部のみを簡単に分離して「細粒分」泥水に見立てる簡便法が利用できることも予想される．

参考文献

1) 久野，佐久間，高橋：流動化処理土の水分の性質，第28回土質工学研究発表会，平成5年度発表講演集，pp.2523～2524，1993．
2) 助川，久野，茨木，藤崎：シールド発生土利用の基礎的研究，第28回土質工学研究発表会，平成5年度発表講演集，pp.2601～2602，1993．
3) 久野，三木，角田，吉原：流動化処理土のブリーディングと均質性の関係，土木学会年次学術講演会講演概要集，第3部(B)，pp.491～495，1996．
4) 小林，内田：流動化処理土を用いた埋戻し工法，東京都土木技術研究所年報（平成5年），pp.19～28，1993．
5) 久野，田中：粗礫を混入した流動化処理土の一軸圧縮強さ，第30回土質工学研究発表会，平成7年度発表講演集，pp.2253～2254，1995．
6) 田中：礫を混入した流動化処理土の強度特性，中央大学大学院理工学研究科土木工学専攻，修士論文（未公刊），1996．

第3章 流動化処理土の工学的特性

3.1 強度特性

　流動化処理土の一軸圧縮強さは，土の種類と泥状土の密度と固化材の添加量によりおおむね決まる．そこで配合試験を行い，土の種類毎に一軸圧縮強さを求める．このとき一軸圧縮強さは材齢28日をもって基準値としている．この一軸圧縮強さから，流動化処理土のせん断強度と圧縮強度を知ることができる．ただし，流動化処理土の一軸圧縮強さは主に固化強度を示していて，処理土に含まれる土粒子が発揮するダイレイタンシーなどの寄与は，一軸圧縮試験では十分に評価されないことに留意する必要がある．砂分含有量が多く湿潤密度が高まると固化強度が破壊された後にじん性的なせん断挙動が現われ，固化強度を上回るせん断強度が発揮される．

　一軸圧縮強さのほかに，流動化処理土の用途や適用箇所によっては他の強度特性が必要になる場合がある．例えば，土構造物の一部として使われるときや大口径の埋設管の下部に打設されるときは，地盤反力係数が必要になる．複雑な地下構造物の埋戻しに使われるときは，構造物の挙動を解析するため弾性係数やポアソン比が必要になる．路面下の空洞充填や道路下での埋設管などの埋戻しに使われるときには，CBR値が求められる．流動化処理土が再掘削できるかを判断するときには，現場CBR値が使われることがある．そこで過去の室内試験や試験施工でのデータをもとに，流動化処理土の強度特性をまとめて図3.1～図3.13に示した．

3.1.1 一軸圧縮強さと時間

　製造された流動化処理土は，固化材の水和反応やポゾラン反応により一軸圧縮

第 3 章　流動化処理土の工学的特性

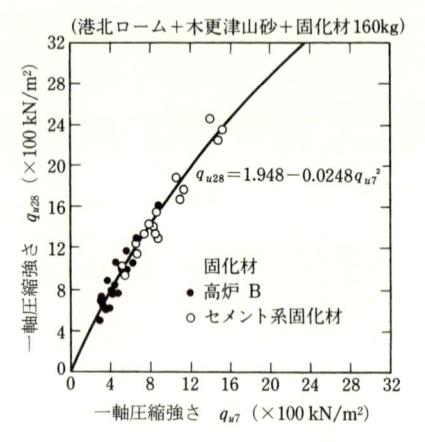

図 3.1　養生 7 日と養生 28 日の一軸圧縮強さの関係

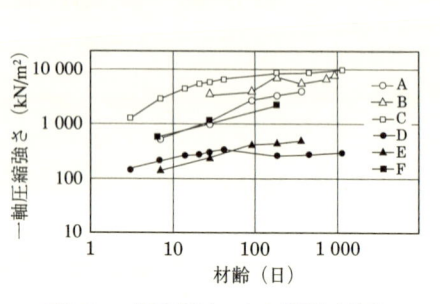

図 3.3　一軸圧縮強さにみる長期強度発現

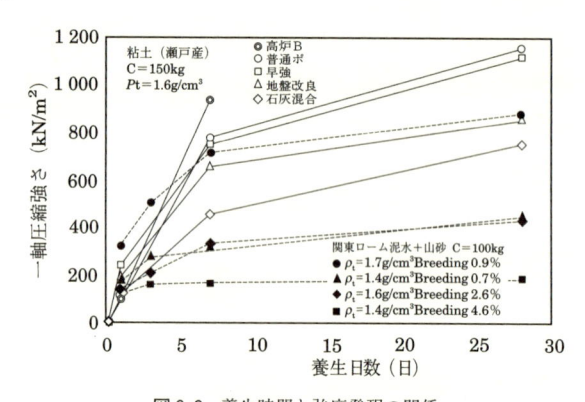

図 3.2　養生時間と強度発現の関係

表 3.1　強度発現実験の実験仕様

供試体	ρ_t (g/cm³)	q_u (kN/m²)	単位配合 (kg)		
			泥水	砂	固化材
A	1.84	1 080	437	1 250	152
B	1.64	3 461	745	620	273
C	1.62	6 049	827	517	273
D	1.32	311	1 120	140	59
E	1.37	248	1 269	0	97
F	1.86	1 019	442	1 263	152

3.1 強度特性

強さが時間とともに増加するが，実務的には3つの時間との関係が重要になる．第一は，配合設計の一軸圧縮強さは材齢28日とするが，養生に費やす日数の制約から材齢7日の結果から材齢28日を推定することがあり，両者の関係が必要になる．第二は，即日復旧を前提にした埋設管の埋戻しやリフトを伴う打設計画などにおいてで，時間単位の強度発現の関係が求められることがある．第三は，長期の耐久性を検討するときで，数年後の固化強度に関心があつまる．そこで関連するデータをまとめ図3.1～図3.3に示した．

長期材齢の一軸圧縮強さの傾向を図3.3に示す．実験で用いた供試体の配合は表3.1に示されている．図から，セメント系固化材（▲，●）は主要な強度発現が28日程度で達成されていること，および強度が少なくとも3年程度は安定していること，この2つの特徴が読み取れる．高炉B種（■，□，△，○）は強度発現が材齢28日以降も持続し1 000日を過ぎても上昇傾向にあり，この実験では28日強度と比べ数10％上昇する傾向を示した．

3.1.2 一軸圧縮強さと現場貫入試験

打設された流動化処理土が一定時間後にどの程度の強度を発現しているか，知りたいことがある．このような場合は，打設された地盤からコアを抜き一軸圧縮強さを確認する．一方，現場で貫入試験を行い，この値から一軸圧縮強さを推定

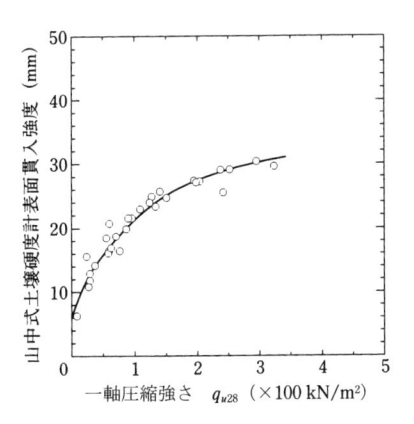

図3.4 一軸圧縮強さと土壌硬度計貫入量の関係

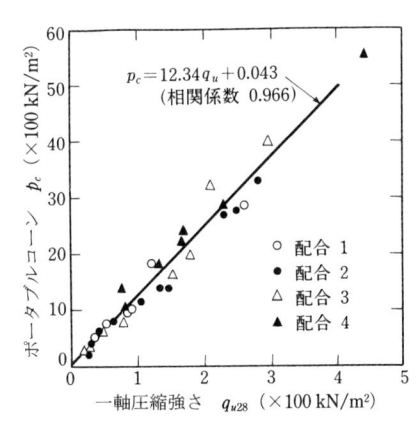

図3.5 一軸圧縮強さ（q_u）とポータブルコーン貫入抵抗（p_c）の関係

することができれば，現場の利便性にかなう．関連するデータを図 3.4, 図 3.5 に示す．

3.1.3 一軸圧縮強さと CBR

流動化処理土の室内 CBR 値は，道路下の構造物の埋戻しに使われるとき処理土が路床としての機能を求められるため，参照されることがある．流動化処理土の室内 CBR 試験の結果を図 3.6 に示す．ここに提示する流動化処理土は地盤材料の工学的分類によると SF (細粒分含有率 6～10％)，湿潤密度 1.87 g/cm³，乾燥密度 1.4 g/cm³，間隙比 1.0 の状態である．材齢 7 日の一軸圧縮強さは，平均 500 kN/m²，材齢 28 日は 1 000 kN/m² である．図に示すように材齢 7 日の室内 CBR 値は 20～30％の範囲に，材齢 28 日は 50～70％の範囲に納まる．後者の一軸圧縮強さとの関係は以下の式で表される．

$$室内 CBR (\%) = 0.062 \times q_{u28} / q_u^* \times 100 \qquad (3.1)$$

ここに q_u^*：無次元化のために設けた標準強度で 100 kN/m²．

一般に乾燥密度 1.4 g/cm³ 程度の土が発揮する CBR 値は 4～8％と推定される．また土の種類から推定すると 8～30％と考えられる[1]．実験値と比較すると乾燥密度から予想される CBR 値 4～8％に対して処理土の CBR 値は 50～70％ となり，固化材効果が CBR 値に寄与する割合は密度効果の 10 倍程度となる．土の種類による推定値に対しては固化効果により約 5 倍程度増加している．

一軸圧縮強さおよび湿潤密度の異なる流動化処理土の模擬地盤で現場 CBR 試

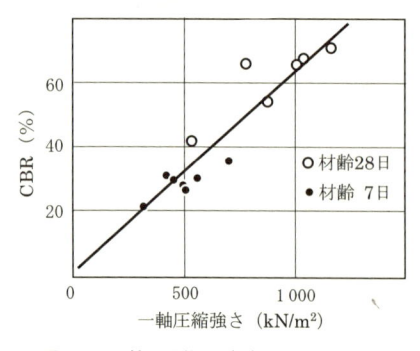

図 3.6 一軸圧縮強さ (q_u) と CBR の関係 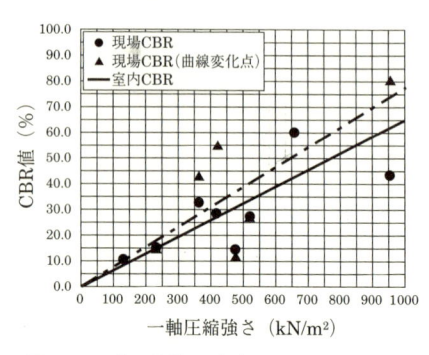　　図 3.7 一軸圧縮強さ (q_u) と現場 CBR の関係

験を行った[2]．結果を図3.7に示す．現場CBR試験において地盤に貫入ピストンを押し込むと荷重〜貫入量曲線が得られるが，流動化処理土地盤の貫入曲線は固化強度が破壊する前の初期の立ち上がり曲線と固化強度が破壊した後の比較的勾配の緩い残留変形を示す曲線の2本の線が得られる．両曲線の境は現場CBRを求める貫入量2.5mmと5.0mmを跨ぐ傾向にある．したがって5.0mmの荷重による現場CBR値は，固化強度が破壊する前の勾配による荷重と緩い勾配よる荷重が積み上げられた値となるため必ずしも固化強度本来が示す現場CBR値となっていない可能性があり，試験法（JSF T 721-1990 および JIS A 1211）どおり貫入量2.5mmの値を採用して固化強度を保持した状態をもってCBR値とする．実験で得られた結果から現場CBRと一軸圧縮強さの関係を以下に示す．

$$現場 CBR(\%) = 0.075 \times \frac{q_{u28}}{q_u{}^*} \times 100 \tag{3.2}$$

ここに $q_u{}^*$：無次元化のために設けた標準強度で100 kN/m²．

式（3.1）と式（3.2）の係数は0.062と0.075となり，室内CBR値は現場CBR値より小さくなる傾向を示した．両試験での係数の差は載荷速度を含めて同じ試験条件なので現場条件と地盤の境界条件が理由と推測される．流動化処理土はほぼ飽和状態にあり載荷荷重が加わると変形に伴い過剰間隙水圧が発生し分散するが，この過剰間隙水圧の発生具合が直接的な原因の一つと考えられる．

3.1.4 地盤定数

地盤を掘削したピットに流動化処理土を打設して平板載荷試験を実施した[3]．流動化処理土は一軸圧縮強さと湿潤密度が異なる5種類を用いた．地盤反力係数の結果を図3.8に示す．実験によるプロット数が少なく地盤反力係数と一軸圧縮係数の相関はやや分散する傾向にあるが，一軸圧縮強さが200から700 kN/m²の範囲に対して中心線を引くと以下の関係式（3.3）が得られる．

$$k(\text{kN/m}^2/\text{m}) = 500 \times q_{u28}(\text{kN/m}^2) \tag{3.3}$$

一般的に，地耐力は支持力理論に示す塑性すべり面に働くせん断応力と地盤のせん断強度との比較において説明される．この支持力理論による破壊形態は，滑り破壊により土粒子が荷重の加わる部分の周辺に移動して変形するメカニズムを仮定している[4]．流動化処理土の地盤で平板載荷試験をすると，写真3.1に示す

第 3 章　流動化処理土の工学的特性

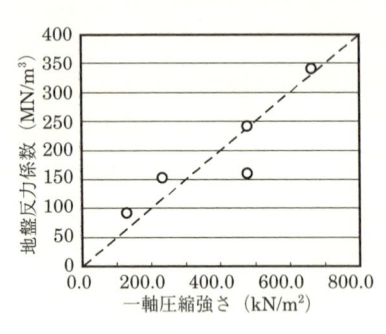

図 3.8　一軸圧縮強さ（q_u）と地盤反力係数（k）の関係

写真 3.1　平板載荷試験後の陥没跡

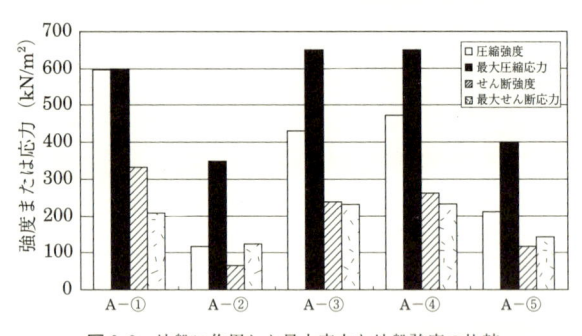

図 3.9　地盤に作用した最大応力と地盤強度の比較

ような陥没現象が見られる．この観察結果は支持力理論で仮定する周辺の地盤へ塑性すべり面が広がるメカニズムと明らかに異なる．

そこで実験で得られたデータを分析して，地盤内に加えられた最大せん断応力と処理土のせん断強度，および地盤内に働いた最大圧縮応力と処理土の圧縮応力を比較した．結果を図 3.9 に示す．図をみると固化強度の異なるすべての地盤（A①〜A⑤）において，載荷された圧縮荷重は地盤の圧縮固化強度を上回っていることがわかる．このとき地盤に加わったせん断応力はせん断強度に達していないか，ほぼ同程度で，圧縮破壊のようなせん断破壊は発生していないことがわかり，これが原因で陥没現象が起こったと考えられる．したがって，流動化処理土の一部分に固化強度を上回る荷重が加わると，せん断破壊ではなく荷重が加わった部分が圧縮破壊して圧縮による（圧密）沈下のおこるメカニズムが想定され

る．
　一軸圧縮強さ（q_u）と地盤反力係数（k）は関係式（3.3）で示されたが，鉛直方向の地盤反力係数は一軸圧縮試験で得られる E_{50} を用いて以下の換算式で求める方法が知られている[5]．

$$k_{V0}(\text{kN/m}^2/\text{m}) = \frac{1}{0.3} \alpha E_0 (\text{kN/m}^2) \tag{3.4}$$

ここに k_{V0}：平盤載荷試験の値に相当する鉛直方向地盤反力係数，
　　　α：地盤反力係数を推定する係数，
　　　E_0：一軸圧縮試験で得られる E_{50}．

　式（3.3）により求まる地盤反力係数と式（3.4）の係数を比較すると，前者が後者より小さな値となる．例えば流動化処理土の一軸圧縮強さが $200\,\text{kN/m}^2$ 程度の場合，E_{50} は経験的に $20\,000\,\text{kN/m}^2$ 程度の値となる．式（3.3）と式（3.4）から地盤反力係数 k を算出すると以下になる．

式（3.3）より：$k(\text{kN/m}^2/\text{m}) = 500 \times q_{u28} = 500 \times 200$
$$= 1.0 \times 10^5 (\text{kN/m}^2)$$

式（3.4）より：$k_{V0}(\text{kN/m}^2/\text{m}) = \dfrac{1}{0.3} \alpha E_0 = \dfrac{1}{0.3} \times 4 \times 20\,000$
$$= 2.7 \times 10^5 (\text{kN/m}^2)$$

以上のように式（3.3）の地盤反力係数は式（3.4）の 1/2 以下になる．これは後者がせん断すべりの破壊機構をもとにした式であるのに対して，前者は圧縮による破壊機構をもとにした関係式であるためと考えられる．流動化処理土の地盤反力係数を関係式により求めるときは自然地盤を想定した支持力機構とは異なる破壊メカニズムにあることに留意する必要がある．

3.1.5　圧縮強度/圧密降伏応力

　さまざまな目的で行われた $\overline{\text{CU}}$ 三軸試験の等方圧密試験を整理した結果を図3.10 に示す．図の縦軸は体積ひずみ（%），横軸は初期圧密等方応力を一軸圧縮強さで無次元化した値をとった．図中，整理した曲線を一軸圧縮強さと湿潤密度の処理土ごとにプロットした．凡例には各プロットに対する処理土の湿潤密度と一軸圧縮強さの値が示されている．

第3章　流動化処理土の工学的特性

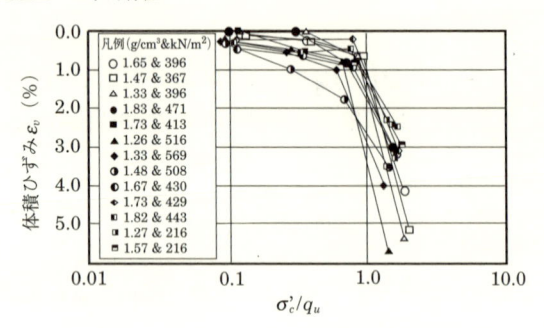

図3.10　一軸圧縮強さ（q_u）と圧密降伏応力の関係

　図から湿潤密度と一軸圧縮強さの異なる圧縮曲線が，比較的狭い範囲に位置しているのがわかる．無次元化した横軸上で圧密降伏応力は，比較的狭い範囲に収斂する傾向を示す．圧密試験の降伏応力の定義を用いると，等方圧密降伏応力と一軸圧縮強さの関係が近似的に以下の関係式で整理される．

$$\sigma_c' = (0.9 \sim 1.0) q_{u28} \tag{3.5}$$

ここに σ_c'：等方圧密試験により得られた圧密降伏応力，

$\quad q_{u28}$：材令28日の一軸圧縮強さ．

　なお，この図において湿潤密度と圧縮指数の間に特別な傾向を把握することはできない．

3.1.6　引　張　強　度

　複雑な形状に打設された流動化処理土には，周辺地盤の変形に伴い処理土内に引張り応力が発生することが想定される．このため引張り強度を検証する割裂破壊試験を実施した．供試体は沖積粘土泥水に，適宜，山砂とセメント系固化材を加え湿潤密度を 1.3 ～ 1.8 g/cm³ に，目標強度を q_u = 200 ～ 3 300 kN/m² に配合計画して供

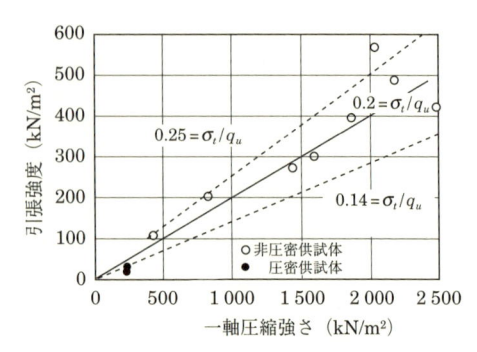

図3.11　一軸圧縮強さと引張強度の関係

試体を製作した．実験の結果を一軸圧縮強さと引張強度の関係で整理し図3.11に示す．図に示すように，引張強度は一軸圧縮強さの約0.2倍を中心とする相関を示した．

3.1.7 弾性係数，ポアソン比

処理土の弾性係数（E_{50}）を過去に実施した一軸圧縮試験のデータからまとめた．結果を図3.12に示す．図中，シルト（○）と沖積粘土（□）と砂質土（△），および関東ローム（●）と有機質土（■）は異なるプロット群を形成し，2つのグループの一軸圧縮強さと弾性係数（E_{50}）は各々，一次の相関関係を示した．一軸圧縮強さが200～500 kN/m² 程度の処理土について，前者の弾性係数は20 000～80 000 kN/m²，後者は50 000～190 000 kN/m² の範囲になる．

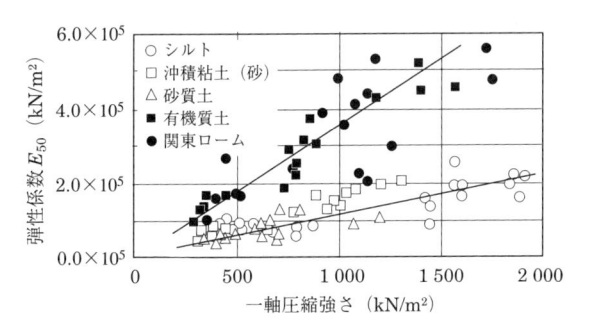

図3.12 弾性係数の試験結果

流動化処理土のポアソン比を求めるため$\overline{CD}$三軸試験を実施した．実験で得られた体積変化量と軸ひずみからポアソン比を算出した．結果を図3.13に示す．軸ひずみ 1～2%の範囲ではポアソン比は 0.1～0.2 となる．

図から湿潤密度が 1.78 g/cm³ で有効拘束圧 49 kN/m² のケースでは

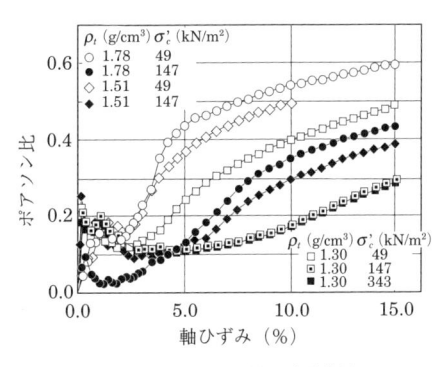

図3.13 ポアソン比の試験結果

セメンテーションが破壊してタイレイタンシーが発生して，ポアソン比が0.5以上になり体積膨張する傾向が現れた．

3.2 流動性

流動化処理土の流動性は，狭隘な空間の充填や流込みの施工に対する品質と位置づけられる．流動性は実務的にフロー試験（JHS A313，2.5.2 処理土の流動性試験 を参照）から求まるフロー値で評価される．流動化処理土のフロー値と施工で必要となる充填性，流動勾配，ポンプ圧送性との関係を実験や試験施工により調べた．

従来，流動性の評価はフロー試験が試験の容易さや実務上の精度を勘案して使用されてきた経緯がある．流動化処理土の流動性は，本来，物理的には粘性で定量的に定義されるので，流動性と粘性係数の関係についても実験を行った．

3.2.1 フロー値と充填性

地中埋設管や空洞などの狭隘で複雑な空間の埋戻し充填は確実な充填性が求められる．そこでフロー値と充填性の関係を調査するため，実物大模型実験を行った[6]．実験の概要図を図3.14に示す．実験で狭隘な空間を再現するため4m×1m×0.9mの大型型枠内に4mの通信ケーブル管を5条×6段に組み設置して埋戻し対象物とした（写真3.2）．管と管の間隔は最小で5（mm）となっている．実

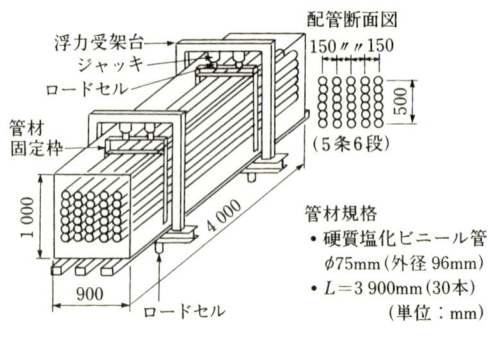

図3.14 モデル概要図

3.2 流動性

験では大型型枠と通信ケーブル管の上から流動化処理土をホッパーで直投打設し,その充填性を確認した(写真 3.3).

表 3.2 に実験で用いた流動化処理土の配合を示す.フロー値を変えた埋戻し実

写真 3.2 実験模型の外観

表 3.2 実験に用いた流動化処理土の配合

ケース	泥水 W_d (kg)		発生土 W_s (kg)			セメント系固化材 (kg/m³)	発生土利用率 (%)*
	関東ローム	水	関東ローム	山砂	砕石 (5〜20 mm)		
1	154	424	762	—	—	100	56.9
2	113	311	—	1.464	—	100	77.5
3	116	318	—	1.445	388	100	80.8

(注) * 発生土利用率(%)= $W_s \times 100/(W_s + W_d)$

表 3.3 充填試験結果

ケース	フロー値* (mm)	一軸圧縮強さ (kN/m²)		充填率 (%)
		σ_7	σ_{28}	
1	115	239	400	99.0
2	163	355	510	102.7
3	192	329	465	100.7

(注) * シリンダー法(JHS A 313-1992)による測定.

第3章　流動化処理土の工学的特性

験の結果を表3.3に示す．表にある充填率は，打設した流動化処理土の体積を大型容器内の空隙部分の体積で割ることにより計算した．その結果，形状が狭小な空間であってもフロー値が115 mm 程度以上あれば，ほぼ完全な充填ができることが確認された．写真3.4に型枠脱型後の実験模型の断面を示すが，目視でも完全な充填がなされていることがわかる．

　配合ケース3の打設実験は流動化処理土の硬化後に側面の一部をはつり出し

写真 3.4　流動化処理土の充填状況

写真 3.3　流動化処理土の打設状況

(注)　1. No.1〜4は，50mm(奥行)×100mm(幅)ではつり出し(目視)
　　　2. No.5は，100mm(奥行)×100mm(幅)で採取(重量測定)

図 3.15　砕石の分散状況確認位置

測定箇所	砕石分布百分率 (個数) (%)		砕石分布百分率 (重量) (%)	
	No.1〜4 の平均値	10　20	No.5	10　20
A	6.4		15.35	
B	9.1		9.06	
C	12.7		10.84	
D	9.1		8.78	
E	10.0		8.58	
F	7.3		6.33	
G	10.0		6.62	
H	10.0		8.12	
I	13.6		9.15	
J	11.8		17.17	

図 3.16　砕石の分散状況

(図 3.15),原料土中に混在する砕石(粒径 5～20 mm)の分散状況を確認した.結果を図 3.16 に示す.砕石はかなり均等に分散していて,砕石の沈降や砂との分離などは見られない結果となった.

3.2.2 フロー値と流動勾配

流動化処理土による埋戻しや充填は,流動化処理土を流し込む配管の筒先やシュートの打設位置を現場で順次,適切な位置に移動させながら施工する.打設された流動化処理土は打設位置付近で山となり,離れるに従って一定の流動勾配で低くなってゆく.流動化処理土を平均した一定の高さにそろえるには,流動勾配が緩やかであると有利で,急だと打設位置を移動させる必要がある.このためフロー値からおおよその流動勾配を予測することは,筒先や打設位置の移動を考える上で重要になる.坑道の埋戻しのように打設箇所が坑道入口のみに限られているような場合には,流動勾配の把握が特に重要になる.そこでフロー値と流動勾配の関係について実物大の坑道模型を用いて実験を行った[7].実験概要を図 3.17 に示す.

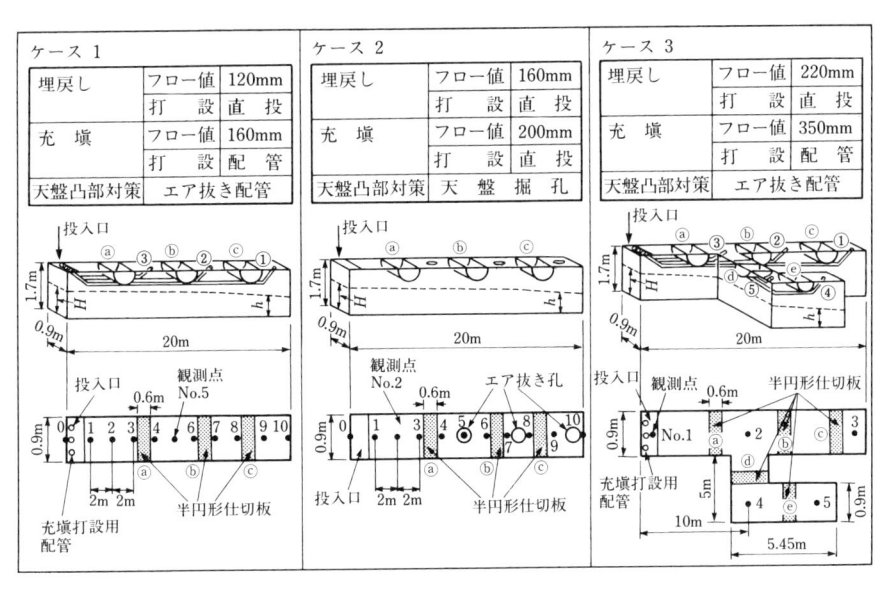

図 3.17 坑道模型実験の概要と流動化処理土の特性

第3章　流動化処理土の工学的特性

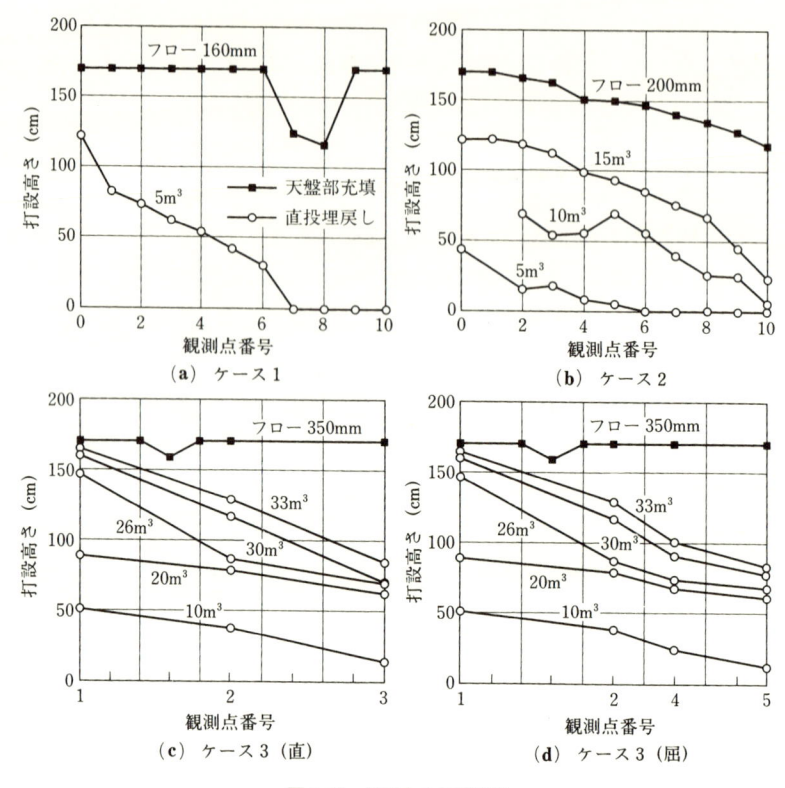

図3.18　処理土の打設高さ

表3.4　平均流動勾配

	フロー値 (mm)	流動勾配 (%)
ケース1	120	11.3
ケース2	160	2.3
ケース3　（直線） 　　　　　（L型）	220	1.9 2.0

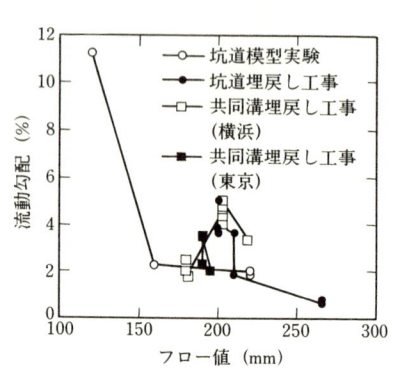

図3.19　流動勾配とフロー値の関係

流動勾配は，実物大坑道模型の端部から直投打設し，流れ込み処理土の勾配を測定し平均した．このときケース3に示すように，坑道に屈曲を設けて曲がって流れる流動勾配も調査した．

実験では，直投打設による流動勾配の測定のほかに，フロー値の異なる流動化処理土（160, 200, 350 mm）を用いて天端の充填性を調べる実験を行った．充填実験の条件として①坑道模型の天井に配管して圧送打設する，②直接投入し片押し流込み打設をする，③坑道天盤部に凹凸を有する障害物を設けて充填打設する，ことを計画した．

（1）流動勾配

結果を図3.18に示す．図の白丸で示したラインが，流動化処理土を模型端から直接投入したときの打設量毎のたい積高さとなる．各ケースで測定された平均流動勾配を表3.4に示す．フロー値が120 mmでは流動勾配が11%で20 m先の坑道の奥まで流れ込むことはなかった．フロー値が160～220 mmでは流動勾配が2%前後で自然に坑道奥へ流れ込む状況が観測された．坑道に屈折部がある条件では流動勾配に変化はみられなかった．2%程度の流動勾配が確保されると，坑道の屈曲の影響を受けずに流れ込む状況が示された．

上記の坑道模型実験とあわせて行われた実施工（坑道埋戻し工事，共同溝埋戻し工事）により測定された流動勾配を，フロー値毎にまとめた結果を図3.19に示す．実施工で得られた流動勾配はフロー値200 mm前後では2～5%程度の範囲になった．フロー値が200 mmより小さくなると流動勾配が徐々に大きくなり始め，150 mmを下回ると急激に上昇する傾向がうかがえる．

（2）坑道天盤部の充填

図3.18の黒四角で示したプロットが，直接打設した仕上がり高さとなる．充填が完全に行われると仕上がり高さは170 cmになる．

直投方式（ケース2，フロー値200 mm）による充填状況が図3.18の(b)に示されている．図から観測点No.3付近から仕上がり高さが急に低下して充填が天盤までなされていないことがわかる．これはNo.3付近に半円形仕切り板ⓐがあり（図3.17参照），この板が障害となって仕切り板より右側に処理土が流れ込みにくくなるためと考えられる．

配管充填方式でフロー値160 mmの場合（ケース1）の充填状況が図3.18の(a)

に示されている．この実験は図 3.17 の①の吐出し口から左側に向って充填打設を行い，その 24 時間後に吐出し口①から再度，充填打設を行っている．最初の充填で観測点 No.9 〜 10 の区間は完全に充填されたが，No.9 付近にある半円形仕切り板ⓒの左側の空間には処理土が回り込まず，No.7 〜 8 の区間は充填が不十分であった．次の充填では観測点 No.1 〜 6 の区間は完全な充填ができたが，No.7 〜 8 の区間（仕切り板ⓑ〜ⓒの間）には処理土が回り込まず充填が不十分であった．

配管充填方式でフロー値 350 mm（ケース 3）の充填状況が図 3.18 の (c) と (d) に示されている．処理土打設は図 3.17 の①，④，⑤，③の吐出し口から順番に行っている．この時，吐出し口②からは処理土を送らず，ⓑとⓒの半円形仕切り板に挟まれた部分に処理土が回り込む状況を観察された．その結果，ⓑとⓒに挟まれた部分も含めてほぼ完全な充填を行うことが確認された．なお硬化後の処理土の仕上がり面には極微小な空隙が点在していた程度で，充填性は十分であったことが目視で確認された．

この結果から，固化した既存の処理土と坑道天盤との空隙を充填するには，フロー値 350 mm 程度の処理土を配管打設で送り込めば天盤の凹凸にかかわらず完全な充填が可能であることが検証された．

3.2.3　フロー値とポンプ圧送性

都市部の工事では流動化処理土をポンプで圧送打設される施工が多い．流動化処理土のポンプ圧送試験を行い，フロー値と圧送圧力の関係および圧送距離と圧送圧力の関係を把握した[8]．実験の概要を図 3.20 に示す．コンクリートポンプ車に延長 112.5 m の配管を取り付け，コンクリートと流動化処理土を圧送し圧力を計測した．計測を終えた後，配管を先端部から順次切り離しながら，再び流動化処理土を圧送し配管の長さと圧送圧力の関係を測定した．

コンクリートと流動化処理土の比較した結果を図 3.21 に示す．コンクリートの単位体積重量は 21.0 kN/m^3，流動化処理土の湿潤密度は 15.8 kN/m^3 で，その比は 4：3 程度になる．図 3.21 より圧送圧力の比は 5：2 程度で流動化処理土の方がコンクリートより効率良くポンプ圧送できる傾向が示された．

図 3.22 および図 3.23 にフロー値と圧送圧力，圧送距離と圧送圧力の関係を示

3.2 流動性

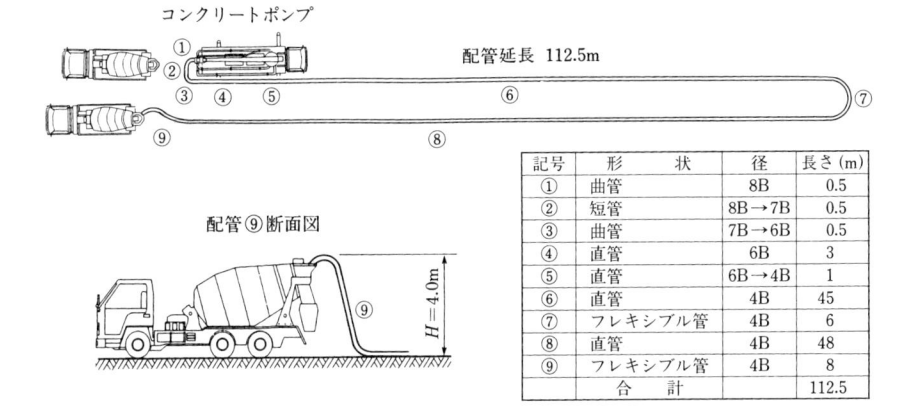

記号	形　状	径	長さ (m)
①	曲管	8B	0.5
②	短管	8B→7B	0.5
③	曲管	7B→6B	0.5
④	直管	6B	3
⑤	直管	6B→4B	1
⑥	直管	4B	45
⑦	フレキシブル管	4B	6
⑧	直管	4B	48
⑨	フレキシブル管	4B	8
合　計			112.5

図 3.20　試験概要図

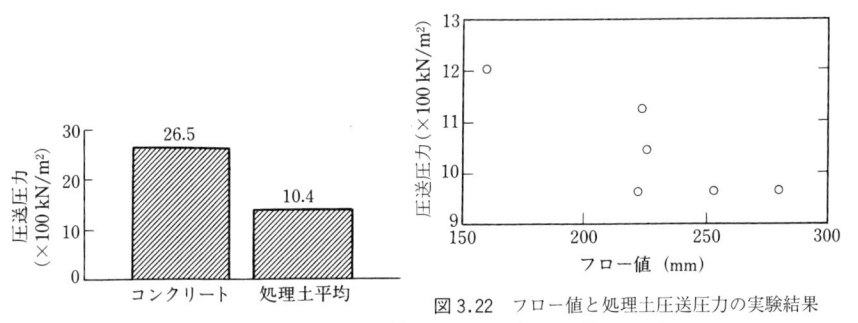

図 3.21　コンクリートと処理土の圧送圧力の比較

図 3.22　フロー値と処理土圧送圧力の実験結果（圧送距離 112.5m）

した．ポンプの最大圧送圧は 4 000 kN/m² であることから，フロー値 160 mm 程度の流動化処理土ならばコンクリートポンプ車で 200 m 以上まで十分に圧送できることが推定できる．

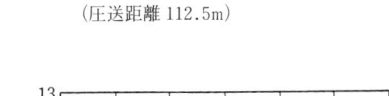

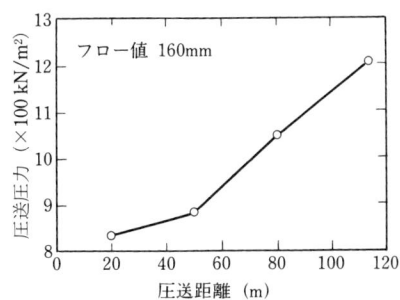

図 3.23　圧送距離と圧送圧力の実験結果（フロー値 160 mm）

3.2.4 経過時間に伴うフロー値の低下

流動化処理土の固化反応が始まると，粘性が増し流動性は低下しフローは時間が経過するにつれて低下する．固化反応は温度とも関係するのでフローの低下は冬より夏のほうが大きい．

フロー低下は流動化処理土を運搬する施工で配慮すべき重要な事項で，定量的な傾向の把握が必要になる．流動化処理土製造後のフロー低下を時間毎に室内で試験して調べた[9]．実験に用いた固化材添加量は 160 kg（処理土 1 m^3 当り），固化材は高炉セメント B 種を用いた．試験結果を図 3.24 に示す．

実験によるフロー低下は製造から 30 分程度経過後から現れ 120 分後にはほぼ自立するほどに至った．流動化処理土をミキサー車で運搬・移動するときは，ゆっくりとした攪拌状態下にある．ミキサー車を使った共同溝埋戻し工事において出荷時と打設のフロー値の差を，多数回，調査した．結果を図 3.25 に示す．初期フロー値の大小にかかわらず経過時間が 60 分間程度

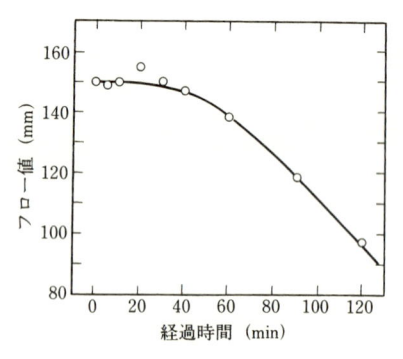

図 3.24 経過時間とフロー値の関係

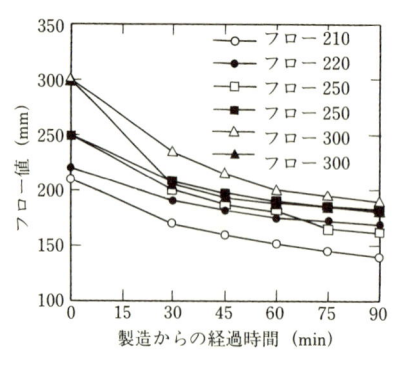

図 3.25 経過時間とフロー値

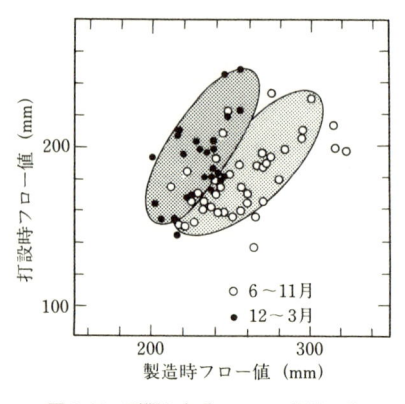

図 3.26 夏期と冬季のフロー値低下量

でフローの低下は止まり，その後3時間程度まで変化しない傾向が現れた．図で製造時のフロー値が300 mm前後のものと210 mm前後のものを比較すると，300 mmのほうがフロー値の低下が大きくなる傾向がうかがえる．

夏期と冬期のフロー値の低下量を図3.26示す．夏期のフロー低下は平均260 mmから平均180 mmへと約80 mm低下するのに対して，冬期のフロー値低下は平均230 mmから平均180 mmへと約50 mm低下し，夏期の方がフロー低下が大きい．

3.3 ブリーディングおよび材料分離

流動化処理土の品質基準として示されるブリーディング率は，2つの品質を規定している．一つは，まだ固まらない流動化処理土の表面に時間の経過とともに浮かび上がるブリーディング水の量を尺度として，水中で細粒土粒子が沈降して細粒土と水が分離する度合いを評価している．短時間での沈降がみられないときは，長時間の泥水の自重圧密を評価している．固化材を含む泥水からブリーディング水が分離すると，セメント成分が泥水中から溶脱するので好ましくない．このような現象が起こると，流動化処理土の表層部の含水比は高くなり，また固化材の強度発現も不十分なため，表面部の水分蒸発と乾燥による体積収縮応力が固化材の強度発現による引張り強度を上回り，表面には亀甲状のクラックが現れる．

二つ目は，泥水中の砂や礫が沈降して泥水と粗粒土が分離する度合いを評価している．砂が沈降すると打設した流動化処理土が砂分が少ない部分と砂の多い部分に別れ，結果として固化強度のバラツキとセメンテーション破壊後のダイレイタンシー効果の欠落が発生し，固化後に期待される均一な強度発現が得られない．

3.3.1 水と泥土粒子の分離

ブリーディング水が泥水から浮き上がることは品質を維持する観点から好ましくない．この品質を管理するためブリーディング試験（JSCE-F552）で流動化処理土の製造から3時間後に浮き上がったブリーディング水を測定して，この水量が全体体積の1%未満であることを確認して品質が満たされると判断する基準を設けている．この基準は過去の実績や経験を踏まえて決めた値であり，物理的な

第3章　流動化処理土の工学的特性

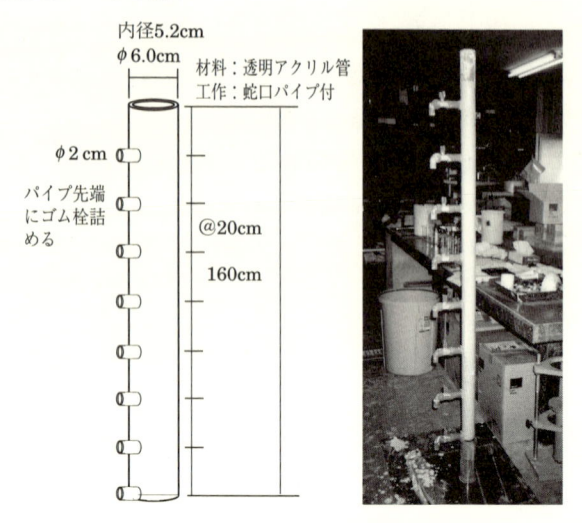

図3.27　密度変動測定用の長尺円筒容器の概要

特性については必ずしも解明されているわけではない．例えばブリーディング率1％未満ではなく2％未満では対象物の埋戻し材として不適格なのか，その理由は，といった問いには回答が曖昧になる余地が残っている．

そこでブリーディングが発生した泥水の密度の変化を実験により調べた．実験には図3.27に示す長尺円筒容器を使った[10]．長尺円筒容器は，外径6cm，内径5.2cm，長さ160cmの透明なアクリル円筒容器で，図にみるように20cm毎に泥水採取用蛇口が取り付けられている．一定時間が経過した時点で20cm区間毎の蛇口から泥水を上から順に採取することができ，体積と質量を測定して任意の時間における鉛直方向の泥水密度が算出される仕組みになっている．

実験はカオリン粘土を用いた．泥水密度はρ_t=1.1，1.2，1.3の3種類とした．測定時間は1時間後，2時間後，3時間後の3種類について行った．ブリーディングの進行に伴い変化する深さ方向の密度変動を，長尺円筒容器により測定した結果を図3.28に示す．横軸は（測定時密度－元密度）／元密度を百分率で示した値で変動率（％）とした．縦軸は測定位置で上から順に並べた．

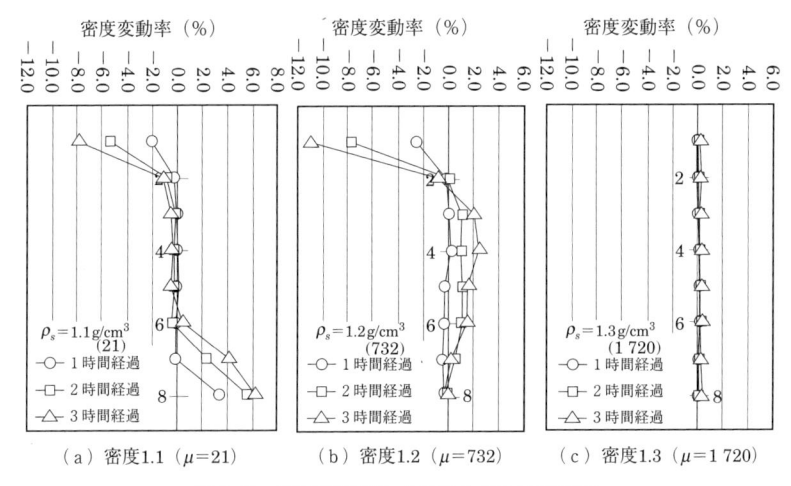

3.3 ブリーディングおよび材料分離

図 3.28 長尺円筒容器による深さ方向の密度変動

(a) 密度1.1 ($\mu=21$)　(b) 密度1.2 ($\mu=732$)　(c) 密度1.3 ($\mu=1720$)

同図(a)は泥水密度 1.1 のケースで，1 時間後の密度変動（○印）をみると，泥水表面にブリーディング水が浮き上がり水が多くなり測定点 1 区間の密度は 1.1 を下回り，測定点 2～7 は変動せず，測定点 8 の最下部で密度が増している．変動パターンから泥水中の土粒子が水中を沈降して，上から順に玉突き式に下に伝播し容器の底で滞留する状況が推察され，ストークスの法則が示す土粒子の沈降現象と類似する傾向がみられた．また測定区間 7-8 間は 20 cm であることから，土粒土の沈降が 1 時間で 20 cm 程度であることも推察される．

2 時間経過後の密度変動（□印）は，測定点 1 で密度 1.04 となりこの区間はほぼ水に置換されている．一方，測定区間 6-7 間の密度は増加して，土粒子が溜る位置が一段上に移行した．測定点 8 の密度は 1.25 に増した．この傾向は 3 時間経過しても継続した．

同図(b)は泥水密度 1.2 のケースで，1 時間経過後の密度変動（○印）をみると，ブリーディングの発生により測定点 1 の密度が 1.15 に低下したが，密度 1.1 のような玉突き式の密度変動パターンはみられない．

2 時間経過後の密度変動（□印）は測定点 1 で密度が 1.10 とさらに小さくなり，測定点 2 から 6 間の密度が一様に増加した．最下部の測定点 8 の密度変化はみられず，ストークスの法則が示す沈降パターンは，終始，観察されない．

同図(c)は泥水密度1.3のケースで，1時間，2時間，3時間経過後のブリーディングはなく，密度変動が起こらない結果となった．この状況では土粒子が水中で沈降することはなく，すべての土粒子は互いに接触してその自重は釣合い状態にあると推察される．

図(a)(b)の深さ方向で変動する泥水密度の結果が示すように，表層部でブリーディングが発生すると，時間を追ってその下の密度も低下して元の状態より水分が増えている．つまり表面に少なからずブリーディング水があると，下部も水分が増加していて泥水の品質として好ましくない状況にあったことがわかる．数%でもブリーディング水が発生することは，表面からその下部まで細粒土粒子の沈降現象が起こっていることを暗示している．望ましくは図(c)のように自重が粘性で釣り合うような状態にあることで，このとき密度変動は鉛直方向で変らない．表面で観察するブリーディング率1%未満は，その下部でも密度変動がないことを示している．したがってブリーディング率2%とか3%のような値で品質を許容することは，深さ方向で品質のばらつきを容認することにつながることに留意する．

同様の方法で泥水にセメントを混入したときの密度変動を測定した．結果を図3.29に示す．図には密度1.1と1.2の結果が示されている．密度1.3はセメントが添加され粘性が増加して密度変動がまったく起こらなかったので省いた．なお，図中にはセメント無添加のデータ（○印）を参考のため併記している．

図の○プロットは1時間後の密度変化で，白色と灰色はセメントの有無を示している．泥水密度1.1と1.2ともセメントを含む泥水（●印）のほうが表面のブリーディングが大きい傾向を示した．この傾向は図3.30で示したセメント無添加の2時間後の結果との比較においても，セメントを含むほうが表面のブリーディング量が大幅に増える傾向が示されている．

セメント添加によりブリーディングが促進されたことは，セメント粒子に土粒子が吸着して団粒化されることで，セメント土粒子が大きく重くなり沈降が促進される，いわゆるセメントの凝集効果に起因すると考えられている．ただし，この現象が起こるのは泥水状態でブリーディング率が数%発生する場合で，泥水状態でブリーディング率が1%未満の状態では，セメントを添加してもブリーディング率は1%未満となることが実験により確認されている．

3.3 ブリーディングおよび材料分離

(a) 泥水密度 $\rho = 1.1\,\mathrm{g/cm^3}$ の場合　　(b) $\rho = 1.2\,\mathrm{g/cm^3}$

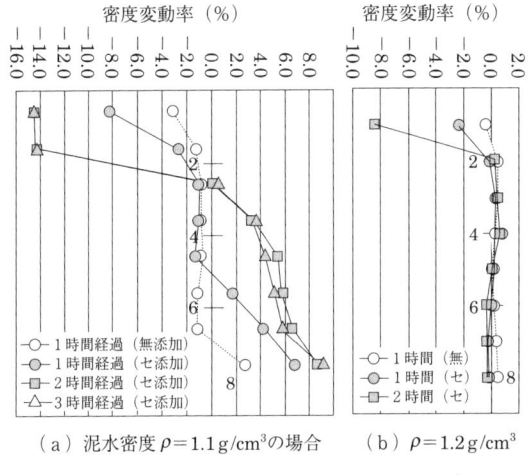

図 3.29　ブリーディング時の深さ方向の密度変化

3.3.2　泥水と粗粒土の分離

泥水中の粗粒土の沈降実験を，図 3.27 に示す長尺円筒容器を使い粘性の観点から実施した[10]．実験に用いる粗粒土混合泥水（混合泥水という）はカオリン粘土に水を混ぜ密度を調整した泥水に，粗粒土として 4.75 mm ふるいで分級した川砂を加えて製造した．実験に用いる混合泥水の配合は密度 $\rho_t = 1.1,\ 1.2,\ 1.3$ の泥水に川砂を混ぜ，密度 $\rho_t = 1.4,\ 1.6,\ 1.8\,\mathrm{g/cm^3}$ とした．カオリン粘土泥水は粘性係数を測定した．

実験結果のうち土粒子の粒径の違いによる沈降傾向について，例として密度 $1.4\,\mathrm{g/cm^3}$ の結果をあげ図 3.30 に示す．計測時間は 10 分後でふるい分け試験の結果を粗礫砂（$\phi\ 4.75 \sim 0.42\,\mathrm{mm}$）と細砂（$\phi\ 0.42 \sim 0.075\,\mathrm{mm}$）に分けて整理して示す．図から粘性係数が $21\,\mathrm{N/m^2 \cdot s}$ の

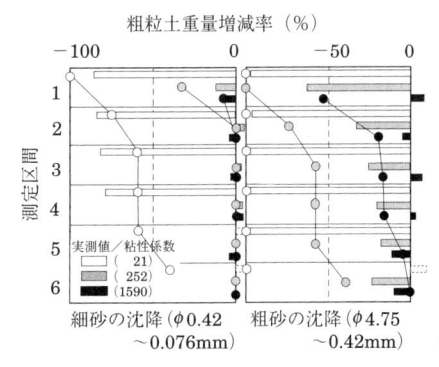

図 3.30　粒径による沈降分析結果

泥水中では細砂も粗礫砂も大きな沈降傾向を示したが，粘性係数が252 N/m²·s と上がると細砂の沈降は急激に減少する傾向が見られる．

一方，粗礫砂は細砂より沈降量は大きく，特に粘性係数が252 N/m²·s でも10分後に30％程度の粒子が沈降する傾向を示した．図中に折れた線で示したストークスの計算値は実測値の2倍以上となっている．粘性係数が1 590 N/m²·s では粒径が最大4.75 mm の礫でもその沈降は測定点2～5において5％未満で，沈降が強く抑制されている状況が読み取れる．

次に粗粒土の沈降傾向を時間により整理し分析した．沈降重量は密度による比較と同じ長尺円筒容器の測定点1～3の平均値を採用した．時間に対する平均沈降量の結果を図3.31に示す．図は粘性係数252 N/m²·s の泥水と1 590 N/m²·s の泥水に粗粒土を混入して，密度1.4 g/cm³ と1.6 g/cm³ とした混合物についての結果が示されている．図から粘性係数が252 N/m²·s のプロットは右肩下がりで，密度の違いにかかわりなく沈降が時間とともに徐々に多くなる傾向がうかがえる．

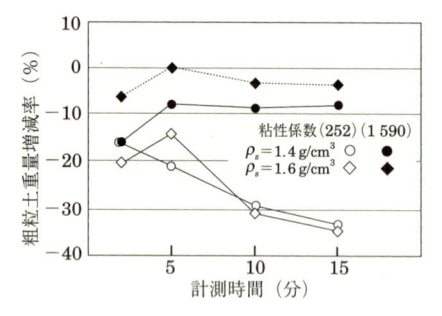

図3.31 時間経過と粗粒土の沈降の関係

粘性係数が1 590 N/m²·s になると右肩下がりの傾向は弱まり，時間の経過にかかわらず粗粒土の沈降はほぼ横ばいで沈降が強く抑制される傾向が見られる．ストークスの計算値との比較では，経過時間5分と10分と比較的短時間の結果について実測値とよく近似して，15分と20分と経過時間が長くなると計算値が大きくなり差が現れる傾向が示された．実測値においては時間が経過しても変動が少ない傾向が示され，ストークスの法則との乖離が現れた．

3.4 透水性

地下水の動水勾配が高い地盤にある流動化処理土は，水が処理土中を浸透する可能性がある．流動化処理土の透水試験を実施し透水性を調べた[11],[12]．実験で用

3.4 透 水 性

表 3.5 実験に用いた流動化処理土の配合

(a) 室内実験配合

泥水 W_d		泥水密度	発生土	混合比	処理土密度	処理方法
粘性土 (kg)	水 (kg)	ρ_t (g/cm³)	W_s (kg)	P	ρ_t (g/cm³)	
175.9	329.3	1.150	1 262.9	0.40	1.865	調整泥水式
120.1	374.9	1.100	1 237.5	0.40	1.829	
61.5	422.7	1.050	1 210.7	0.40	1.792	
147.1	183.6	1.200	1 653.2	0.20	2.081	
229.0	285.9	1.200	1 287.3	0.40	1.899	
344.1	429.5	1.200	773.5	1.00	1.644	
492.6	614.8	1.200	110.7	10.0	1.315	
517.4	645.7	1.200	—	—	1.260	泥水単体式

(b) フィールド試験工事配合

泥水 W_d		泥水密度	発生土	混合比	処理土密度	処理方法
粘性土 (kg)	水 (kg)	ρ_t (g/cm³)	W_s (kg)	P	ρ_t (g/cm³)	
234.9	303.9	1.250	1 197.4	0.45	1.833	調整泥水式
205.4	305.6	1.225	1 022.0	0.50	1.630	
1 377.0	220.6	1.650	—	—	1.694	泥水単体式
964.1	449.4	1.460	—	—	1.518	
808.6	508.1	1.360	—	—	1.414	

(注) $P=W_d/W_s$ W_d：泥水の重量 W_s：発生土の重量

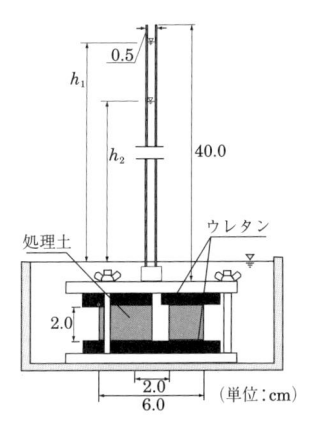

図 3.32 透水試験装置

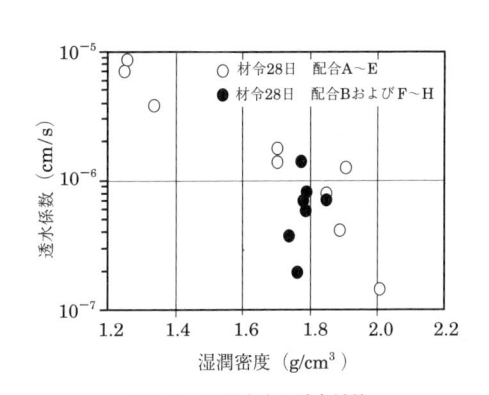

図 3.33 湿潤密度と透水係数

いた流動化処理土の配合を表 3.5 に示す．なお透水試験装置は図 3.32 に示すように，装置と流動化処理土の境界面からの漏水を完全に防ぐために放射状透水試験を考案して用いた．試験結果を間隙比と透水係数の関係で整理したものを図 3.33 に示す．この図から以下のことがわかる．

・流動化処理土の透水係数は $10^{-5} \sim 10^{-7}$ cm/s のオーダーに分布し透水性はかなり低い．
・間隙比が大きくなると透水係数も若干大きくなる傾向にあるが，10^{-5} cm/s 以下である．

3.5 体積収縮

体積収縮には，短期間に生じるものと長期にわたって進行するものがある．短期的な収縮は十分にブリーディングを抑制し，固化材を均等に攪拌し処理土中に分散させれば防ぐことができる．長期的な収縮は，流動化処理土の間隙水の蒸発や周辺の地下水位の影響を受けることによるものが原因となる．

短期間に生じる体積収縮を，図 3.34 に示す大型型枠に流動化処理土を打設し気中土構造物を作製してその変形を計測した[13]．実験に用いた流動化処理土の配合は表 3.2 のケース 2 となる．体積収縮に関連する流動化処理土のブリーディング率は 1 (％) 未満であった．

打設から一週間が経過した後，土構造体の型枠（側面は化粧側枠）を脱型した．

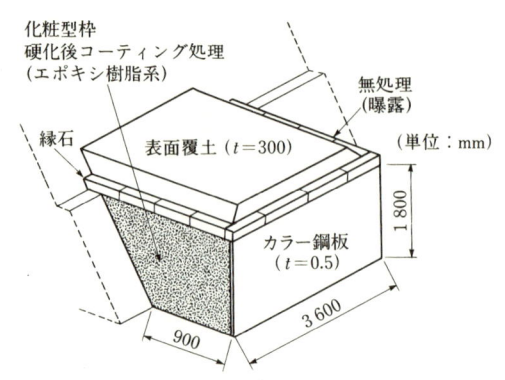

図 3.34 実験用流動化処理土の概要

3.5 体積収縮

このとき構造体の前面をカラー鋼板で，側面をコーティング処理して保護し，表面を 30 cm 覆土した．

体積収縮の計測位置を図 3.35 に示す．沈下は水準測量でひずみはスチールゲージで計った．計測期間は打設後 6 週まで実施した．この期間はセメントの固化反応がまだ進行している．観測結果を表 3.6 に示す．表の数字が示すように，半暴露状態にある流動化処理土は 6 週間まで体積収縮が微小である傾向を示した．なお，土構造物は打設後 3 年の経過時点でクラック等の変状は見られず，安定した状態を保っている．

長期的な流動化処理土の体積収縮は土中にあって湿潤状態であるため，乾燥による体積収縮は問題にならないと考えられる．気中に暴露するような条件では長

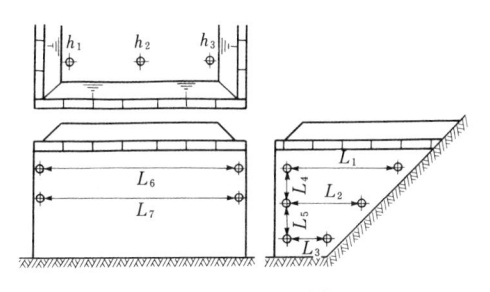

図 3.35 体積収縮測定位置

表 3.6 測定結果

	測点	打設後 1 週	打設後 2 週	打設後 3 週	打設後 4 週	打設後 6 週
沈下量 (mm)	h_1	0	-3	-3	-3	-3
	h_2	0	-2	-1	-2	-2
	h_3	1	-2	-1	-2	-2
ひずみ (mm)	L_1	0	1	-5	0	0
	L_2	0	0	3	-1	-1
	L_3	1	0	1	0	0
	L_4	1	1	2	1	1
	L_5	0	1	0	2	2
	L_6	0	2	1	5	—
	L_7	0	1	0	1	1

第 3 章　流動化処理土の工学的特性

写真 3.5　収縮外観（関東ローム外観）

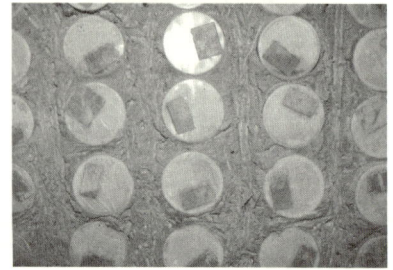

写真 3.6　収縮外観（関東ロームと山砂の外観）

3.5 体積収縮

期にわたる脱水で乾燥収縮が懸念されるため,試みに埋設管理戻し実験(3.2.1 フロー値と充填性 参照)の供試体を実験棟室内に長期間気中放置して状態の変化を目視により観測した.

3年後の状況を**写真3.5**に関東ロームを原料土とした流動化処理土,**写真3.6**に関東ロームと山砂を原料土とした流動化処理土について示す.関東ロームを原料土とした流動化処理土には表面にかなり大きなクラックが入っている.山砂を原料土とした流動化処理土には所々小さなクラックが認められるが,大きな劣化は認められない.

図3.36に流動化処理土の間隙比を示す.この実験で用いた流動化処理土は関東ロームを主体としたものがケース1,山砂を主体としたものがケース2となる.固化した流動化処理土の飽和度は96～98(%)と高く間隙中の空気量は少ない.したがって流動化処理土のクラックは,間隙中の水分の脱水による影響と考えられる.関東ロームのような粘性土を主体とした流動化処理土の場合(ケース1)は,間隙比が3.26と大きいため潜在的に水分の脱水量が大きく体積がかなり減少する傾向にある.山砂を主体とした流動化処理土の場合(ケース2)には,間隙比が0.86と小さく脱水量も少ないため体積収縮は気中でもごく少量であったと考えられる.

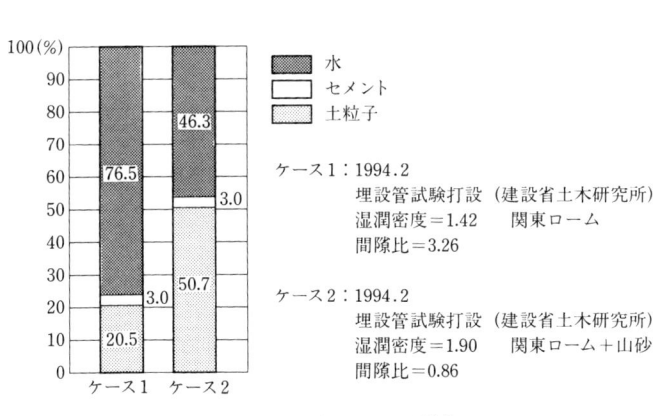

ケース1:1994.2
　埋設管試験打設(建設省土木研究所)
　湿潤密度=1.42　関東ローム
　間隙比=3.26

ケース2:1994.2
　埋設管試験打設(建設省土木研究所)
　湿潤密度=1.90　関東ローム+山砂
　間隙比=0.86

図3.36　流動化処理土の間隙比

3.6 流動化処理土の周辺地盤への影響

流動化処理土にはセメント系あるいは石灰系の固化材が添加されている．そのため流動化処理土が地下水に接すると，流動化処理土内部のカルシウムイオンが溶出し周辺地盤に拡散する可能性がある．土壌のアルカリ化に関しては，粘性土地盤については溶出されたイオンが粘性土の持つイオン吸着能力により土粒子に吸収され，処理土と粘土地盤の境界がアルカリで飽和されるため周辺地盤へのアルカリ化が進行しないことが実験で確認されている[14]．しかし砂地盤についてはイオン吸着能力が小さく周辺地盤への影響も懸念される．

一方，流動化処理土は前述のように透水性が低いため流動化処理土中を浸透する水量は少なく，カルシウムイオンの溶出による高い pH を示す地下水は，主に流動化処理土表面に接しておこると考えられる．このような状況を踏まえて，流動化処理土と周辺地盤の pH について，以下に示す実験を計画し調査した．

3.6.1 砂地盤の流動化処理土埋戻し工事に伴う周辺調査

硅砂層を採掘した廃坑を流動化処理土で埋戻しを行う工事を利用して，埋戻し後の周辺地下水 pH 調査を継続的に実施した[15]．廃坑の平面図と pH 調査位置を図 3.37 に示す．廃坑内の地下水位は季節により変動するが，工事の最中は坑道を歩くのに長靴が必要な程度の浸水がみられた．

廃坑端部の壁面に湧き水が連続して確認されていてこの部分を地下水流の上流と判断し，坑道に地下水が溜まる部分を下流側と判断した．標高は上流部が高く下流部が相対的に低く，坑道の底版面は地下水位に合わせて掘削した痕跡がうかがわれる．この廃坑の一部はすでにエアミルクで埋戻されていた．周辺地盤の pH 調査するにあたり工事着工前の坑道内の溜まり水を調査した．

上流の湧き水の pH は 6.8 前後であった．エアミルク埋戻し周辺 2 m 以内は 9.0 以上の値を示し，明らかにカルシウムイオンの溶出が確認された．

この事前調査を踏まえて pH の高い溜まり水周辺に深さ 50 cm 程度の簡易な孔を一定間隔で掘り，その中に浸透してきた水の pH を測定した．その結果，pH 9.0 の溜まり水の箇所から 1.7 m 離れた孔では pH 8.5， 3.5 m 離れると pH 7.0 と低

3.6 流動化処理土の周辺地盤への影響

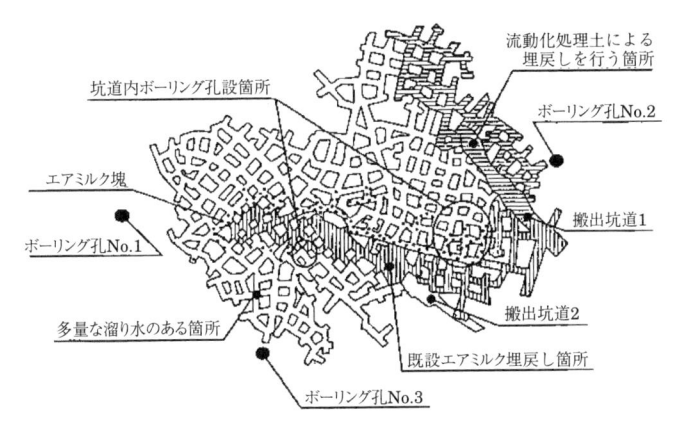

図 3.37 廃坑の平面図と pH 調査の位置

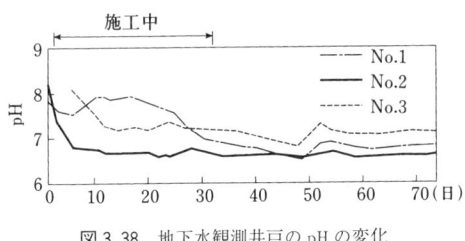

図 3.38 地下水観測井戸の pH の変化

下する傾向が観察された．当該砂質地盤においては，周辺地盤のアルカリ化は 3〜4 m 以内の限定された範囲でおこっていることが確認された．

埋戻し対象となる廃坑周辺 10 m 以内に地下水観測井戸を 3 箇所設け，工事着工から終了後 3 ヵ月までの期間について pH を測定した．硅砂地盤の透水係数を考慮すると，流動化処理土で埋戻された部分に接した地下水が地中を流れて観測井戸に流れ込むのに必要な期間は十分に確保されている．その結果を図 3.38 に示す．地下水の pH は坑道の埋戻し施工中にいったん上昇するが，施工後は中性を保ちほとんど変動せず周辺地盤の影響が認められない結果となった．

3.6.2 共同溝埋戻しに伴う周辺地下水の pH の変化

共同溝側部を流動化処理土で埋戻す工事に際し pH 観測井戸を設置し地下水の pH の経時変化を観測した．流動化処理土の埋戻しは延長 510 m で，観測井戸は

第3章　流動化処理土の工学的特性

この区間の共同溝の両側に5点，合計10点設けた．共同溝と観測位置の関係を図3.39に示す．地盤は地表から3m程度までシルト質土で，以深は沖積粘土層である．山留めには鋼矢板が使われた．

結果を図3.40に示す．工事着工前から着工後までの地下水はpH7.0前後を記録し，pH8.6〜5.8の環境基準値の範囲で推移する結果となった．

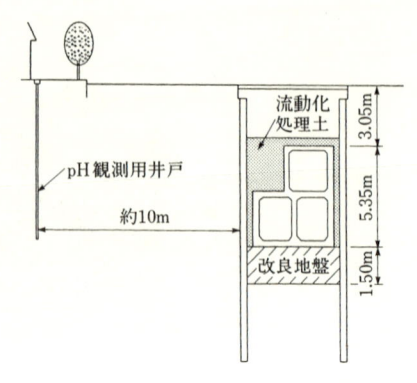

図3.39　共同溝と観測井戸の位置関係

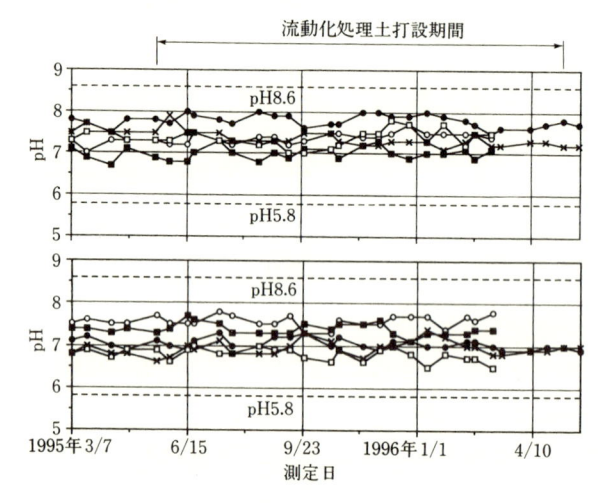

図3.40　地下水観測井戸のpHの変化

3.6.3　テストピットにおけるpH測定

屋外のテストピットを用いて流動化処理土による埋戻し部分周辺の地盤についてアルカリ化を調査した[16]．図3.41に試験の概要を示す．テストピット（縦3m×横3m×深さ1.5m）内に観測孔を設置した後，山砂で埋め戻した．1ヵ月放置した後，中央部を掘削し流動化処理土を打設した．このテストピットを用いて，降雨による流動化処理土からのカルシウムイオン溶出が周辺地盤に与える影響を

長期にわたって観測した．観測孔の底部土壌に対する pH の経時的な観測結果を図 3.42 に示す．

B4 点では採取土に流動化処理土が混ざり高い pH となったが，他は流動化処理土底部も含めて pH の上昇は観測されず，アルカリ化の現象は認められなかった．

さらに埋戻し後 1 年経過した時点で流動化処理土の両側を掘削し側面表層から水平方向に 50 cm までの pH 分布を確認した．結果を表 3.7 に示す．流

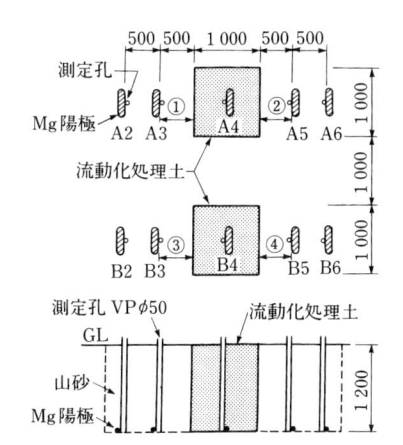

図 3.41 流動化埋戻し試験設備の配置（①~④は近傍土壌の pH 測定位置）

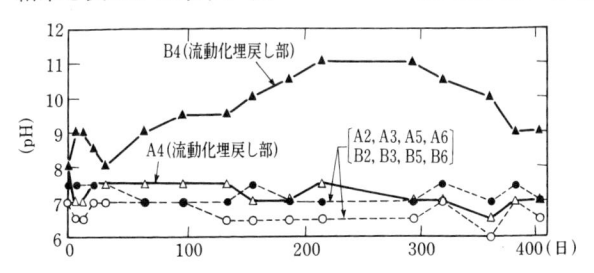

図 3.42 測定孔内土壌 pH の推移（流動化処理土初期 pH＝11.4）

表 3.7 流動化処理土近傍土壌の pH

測定位置			流動化埋戻し土表面からの距離*							経過日数
No.	方向	深さ	0 cm	1 cm	5 cm	10 cm	20 cm	30 cm	40 cm	50 cm	
①	A4 ⇨ A3	0.6 m	9.0	7.5	7.0	7.0	7.5	7.0	7.0	7.0	361
		1.0 m	10.5	7.5	7.0	7.0	7.0	7.0	7.0	7.0	
②	A4 ⇨ A5	0.3 m	11.5	7.5	7.5	7.5	7.0	7.0	7.0	7.0	293
		0.6 m	11.3	7.5	7.5	7.0	7.0	7.0	7.0	7.0	
③	B4 ⇨ B3	0.6 m	11.0	7.5	7.0	7.0	7.0	7.0	7.0	7.0	382
		1.0 m	11.0	7.5	7.0	7.0	7.0	7.0	7.0	7.0	
④	B4 ⇨ B5	0.6 m	11.0	7.5	7.5	7.5	7.0	7.0	7.0	7.0	319
		1.0 m	11.0	7.5	7.0	7.0	7.0	7.0	7.0	7.0	

（注） ＊ 0 cm は流動化処理土表面層，1 cm は同表層にほとんど接した山砂

動化処理土の表面は 1 年を経過した時点でも高い pH 値を示したが，他の部分では pH の上昇はほとんど見られない．

3.7 埋設管等に働く浮力

埋設管や地下埋設物を流動化処理土で埋戻すと埋設管に浮力が加わり浮き上がることが懸念される．そこで流動化処理土で完全に埋戻されたときに埋設管に働く浮力を実物大の模型実験により調査した[17]．実験装置は図 3.14 に，配合は表 3.2 に示されている．

埋設管は 5 条×6 段の形に配置し流動化処理土は密度と流動性の異なる 3 種類を用いた．実験はプラントで製造された流動化処理土をホッパーで投入し，逐次，装置の重量の増加と埋設管に働く浮力とをロードセルで計測した．結果を図 3.43 に示す．図には流動化処理土打設重量，実測浮力，および理論浮力が示されている．理論浮力とは，流動化処理土の湿潤密度と管体容積および管体重量から求め

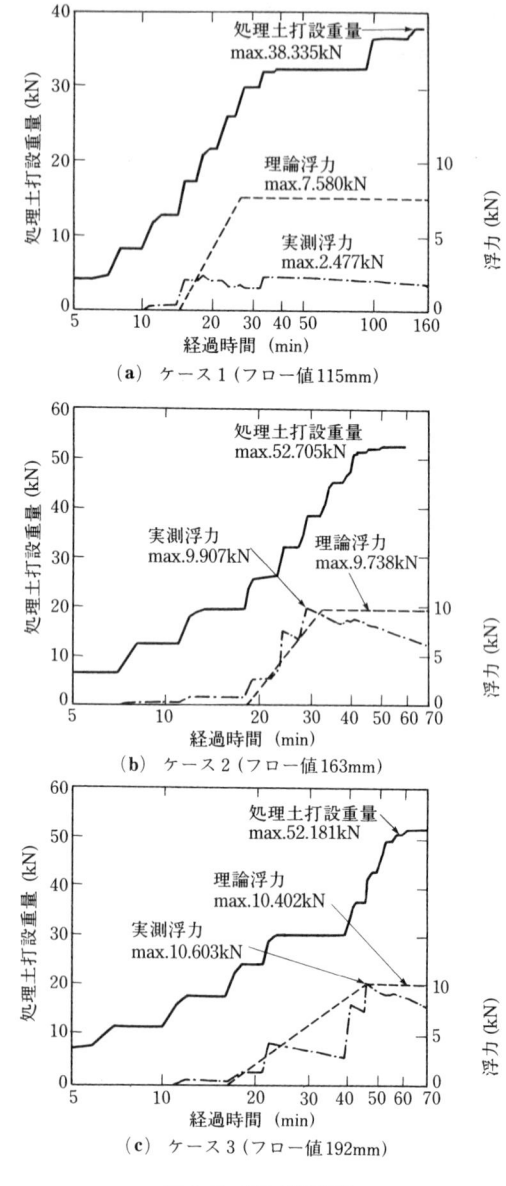

(a) ケース 1（フロー値 115mm）
処理土打設重量 max.38.335kN
理論浮力 max.7.580kN
実測浮力 max.2.477kN

(b) ケース 2（フロー値 163mm）
処理土打設重量 max.52.705kN
実測浮力 max.9.907kN
理論浮力 max.9.738kN

(c) ケース 3（フロー値 192mm）
処理土打設重量 max.52.181kN
理論浮力 max.10.402kN
実測浮力 max.10.603kN

図 3.43　浮力測定結果

た理論的に作用する浮力の最大値のことをいう．

この実験から以下の傾向が明らかになった．
- 管体総体積に対して30（％）程度の埋戻し時点ではまだ顕著な浮力は働かない．
- フロー値が115 mm 程度と流動性が低いと実際に管に働く浮力は理論浮力を大きく下回る．
- 一般によく使われるフロー値160 mm 程度の流動性があると管に働く浮力は理論浮力とほぼ等しい，ただしその浮力は打設完了後20分程度で急速に低下する．

以上の結果から，流動化処理土による埋設管および埋設物の埋戻しには浮き上がり対策をする必要がある．対応策として最も簡易な方法は，埋設物を一挙に埋め戻すことを避ける施工上の工夫を行うことにある．しかし埋戻しを短い時間で完了したいときなどには，高い流動性の流動化処理土を一気に投入する必要がある．このような場合には，あらかじめ埋設物をベルト等で固定するなどの対策を施す必要がある．

3.8 温度特性

流動化処理土は固化材を添加するため固化材の水和反応時に温度が上昇する．そのため流動化処理土を大量に埋戻し充填すると，温度上昇が懸念されることがある．一方，寒冷地で流動化処理土を打設するときに水和反応を維持するために，外気による流動化処理土の温度低下を考慮して打設厚さを調整することがある．このような場合，一般に熱伝導解析による事前の温度の変動予測が行われる．そこで解析に必要な流動化処理土の熱温度特性を実験により調査した[18],[19]．

試験では熱伝導率および熱拡散率を，コンクリートの温度試験で用いられるものと同一方法で求めた．図3.44に断熱温度上昇試験の結果を，終局断熱上昇量と固化材添加量および打設温度との関係で示す．図中の係数は以下に示す断熱温度上昇の近似式で使う係数である．

$$Q(t) = Q_{\max}(1 - \exp\{-r \cdot t^s\}) \tag{3.7}$$

ここに $Q_{\max}$：最終断熱温度上昇（℃），
　　　　t：経過時間，

第3章 流動化処理土の工学的特性

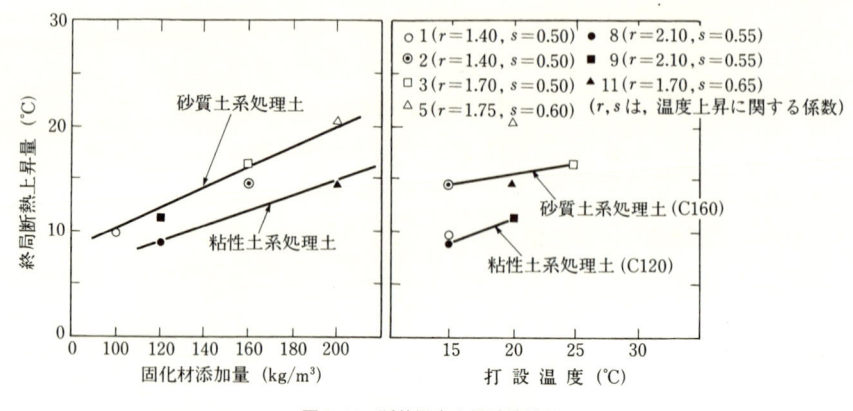

図3.44 断熱温度上昇試験結果

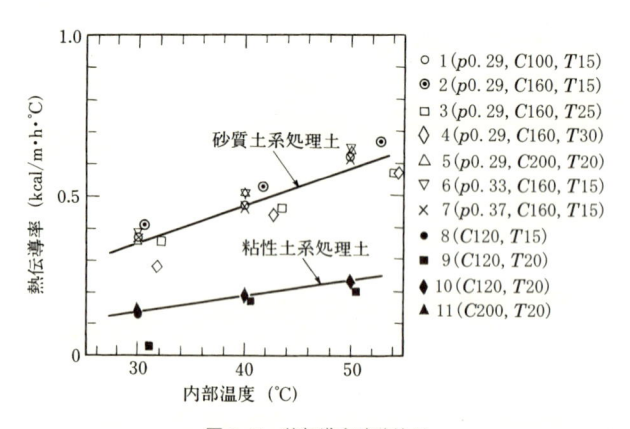

図3.45 熱伝導率試験結果

r および s：温度上昇速度に関する係数．

この図から砂質土系（砂質土に調整泥水を加えて製造）の流動化処理土と粘性土系（粘性土単体から製造）の流動化処理土とでは傾向が異なることがわかる．固化材添加量と打設温度が影響因子であることも理解できる．温度上昇量は流動化処理土 1 m³ に固化材添加量 10 kg で，砂質土を原料土とする流動化処理土で 1.0℃，粘性土を原料土とする流動化処理土で 0.7℃ 程度となった．

図 3.45 に熱伝導率の試験結果を示す．図中，$p=0.29$ は泥水混合比，C はセメント添加量（kg/m³），T は打設温度を表す．この図から流動化処理土の熱伝

表 3.8 熱拡散率試験結果

処理土の種類	泥水密度 (g/cm^3)	泥水混合比	固化材添加量 (kg/m^3)	打設温度 (℃)	熱拡散率 ($\times 10^{-5} m^2/h$)
砂質土系 (砂質土＋調整泥水)	1.11	0.29	100	20	190
		0.29	160	15	143
		0.29	160	25	140
		0.29	160	30	182
		0.29	200	20	180
		0.33	160	15	178
		0.37	160	15	165
粘性土系	1.30	—	120	15	66
		—	120	20	65
		—	160	20	69
		—	200	20	67

導率は,固化材添加量や打設温度にはあまり影響を受けないことがわかる.また熱伝導率は砂質土系の流動化処理土は 0.4〜0.6 の範囲となり,粘性土系の流動化処理土は 0.2 程度となる.

一般に土の熱伝導率は 0.5,コンクリートは 0.5〜0.6 程度であることが知られており,砂質土系の流動化処理土はこれらとほぼ同程度である.一方,粘性土系の流動化処理土は熱伝導率が土やコンクリートよりも低い傾向にある.

表 3.8 に熱拡散率試験の結果を示す.表から固化材添加量と打設温度は拡散率にあまり影響を与えないことがわかる.また砂質土系の流動化処理土は 140〜190 $\times 10^{-5} m^2/h$,粘性土系の流動化処理土が 70 $\times 10^{-5} m^2/h$ 程度となっており,コンクリートの熱拡散率 444 $\times 10^{-5} m^2/h$ 程度と比べて小さい値となっている.

3.9 耐 久 性

流動化処理土は地中の湿潤状態あるいは静水中・浸透水流中にあって固化成分中の水酸化カルシウム $Ca(OH)_2$ が解離($Ca(OH)_2 \rightarrow Ca^{2+} + 2OH^-$)して Ca の溶脱により固化強度が劣化する可能性がある.固化処理土が自然地盤中にあって地下

水位より上の湿潤状態にあれば，3.6.3テストピットにおけるpH測定の結果が示すように，水酸化カルシウムの溶脱は少なく安定した状態になる．同じ湿潤状態となる関東ロームの地盤に打設された流動化処理土の長期耐久性が1990年から追跡調査され，15年経過した時点での強度等の安定性がすでに確認されている[20]．そこで地下水位より上の湿潤条件と静水中条件で養生された両供試体について，さらに暴露条件科にある供試体について一軸圧縮試験等を実施して耐久性を検証した．

3.9.1 水中養生された流動化処理土の長期材齢実験（室内供試体）

3種類の配合で作製された流動化処理土を，土中および水中で長期にわたり養生して一軸圧縮強さを実施して固化強度の劣化を検証した．湿潤養生の方法は塩化ビニール容器（$\phi 5\,cm \times 10\,cm$ と $\phi 10\,cm \times 20\,cm$）に1週間材齢の流動化処理土を収め，上下約5cmを山砂で覆い密閉した．このとき内部の湿潤条件が保たれるよう適宜水が補給される仕組みを工夫した[14]．

水中養生の方法は$\phi 10\,cm \times 20\,cm$および$\phi 5\,cm \times 10\,cm$の使い捨て紙製モールドに処理土を打設して1週間，湿潤養生し脱型した後，剥き身のまま供試体をコンクリート水中養生容器に浸け長期間静置した．水中容器の水は蒸発するので長期養生の間には繰り返し水道水が追加され満水状態に保たれた．固化材は一般軟弱地盤用セメント系固化材を用いた．

湿潤養生期間と材齢および水中養生期間と材齢の関係を対比して図3.46に示す．湿潤養生の供試体は1年ぐらいまで強度発現が続き，その後，安定した強度が維持され耐久性が確認された．

水中養生期間と材令$\phi 5\,cm \times 10\,cm$および$\phi 10\,cm \times 20\,cm$の供試体の強度発現は3ヵ月程度で終了した．1年を経過した時点で$\phi 5\,cm$の供試体が徐々にその強度を低下させる傾向を示し，3年後には土中養生条件に比べて大きな強度低下が確認された．一方，$\phi 10\,cm \times 20\,cm$の供試体については大きな劣化が見られなかった．このことから水中養生条件での流動化処理土は，その表面が水と反応して水酸化カルシウム・$Ca(OH)_2$が解離（$Ca(OH)_2 \rightarrow Ca^{2+} + 2OH^-$）して劣化が進行する傾向が伺える．直径の小さな供試体はその影響が相対的に大きくなるため強度低下し，一方，断面が大きいと水酸化カルシウムが溶脱する部分は相対

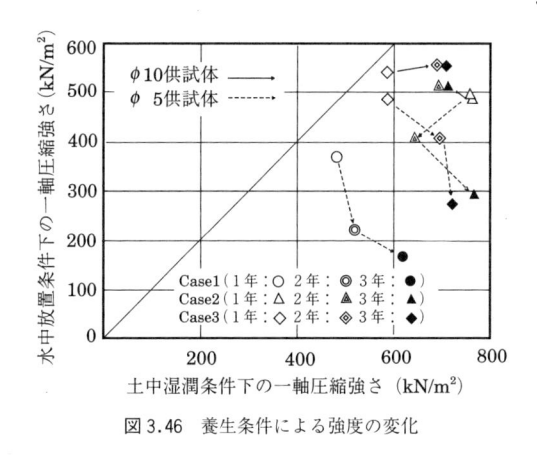

図3.46 養生条件による強度の変化

的に小さいので強度への影響が小さい結果となった，と考えられる．

3.9.2 流動化処理土の長期材齢実験（野外土構造物供試体）

流動化処理土の野外での長期材齢を調査する目的で平成6年2月に気中と地中に暴露状態で流動化処理土を設置し，同時に土構造物を作製し気中に放置した[21]．これらの構造体を製造から3年経過した平成9年2月に供試体のコア抜きをして，一軸圧縮試験等の土質試験を実施した．固化材は一般軟弱地盤用セメント系固化材で外割り質量で160 kgとなっている．

暴露用軀体から採取された供試体の試験結果を表3.9に示す．軀体は地中および気中の状態とも結果に差が無く，また打設当初の品質管理試験の値とも差が無かった．大気中の軀体は外寸 80 cm × 80 cm × 80 cm のブロック状でコアはその

表3.9 暴露供試体の土質試験結果

	密　　度 (g/cm^3)	含　水　比 (%)	一軸圧縮強さ (kN/m^2)	pH
気中養生	1.81 (1.93)	31.2 (27.1)	2 070 (2 070)	11.3
土中養生	1.84 (1.93)	31.2 (31.2)	2 050 (2 050)	11.3
土構造物	1.73* (1.95)	41.2* (28.8)	2 690* (940)	11.3

第3章　流動化処理土の工学的特性

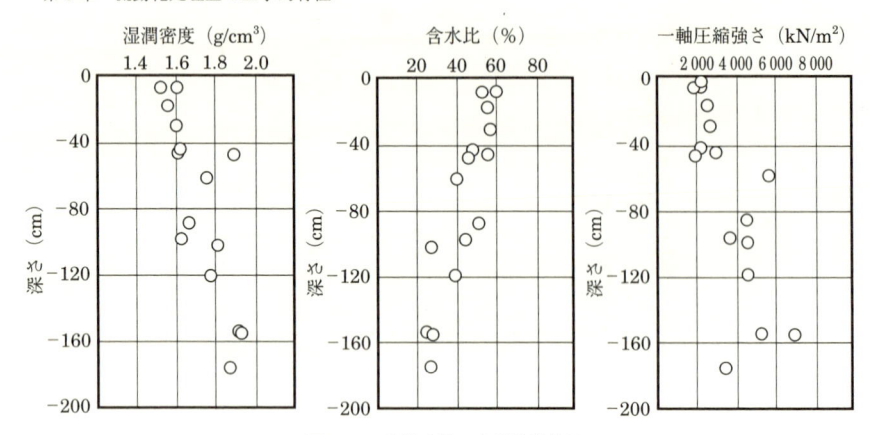

図 3.47　土構造物の土質試験結果

中心から採取された．3年間放置された状態で中心部の品質に劣化が発生しない結果となった．

　土構造物の供試体について試験をまとめた結果を図 3.47 に示す．湿潤密度は土構造物の天端が初期値より若干，低く，深さ方向に向かって増加している．これは流動化処理土中の粗粒土が分離して沈降し下部の砂分が相対的に多くなり密度が増加したためと推測される．

　含水比も同様に下にゆくほど低くなるが，初期値が 30% 程度であるため全体的に天端から 50 cm くらいの処理土の含水比が当初と比べて大きくなっている．これは雨水の浸透で含水比が増加した可能性がある．

　一軸圧縮強さは土構造物の天端から深さ方向に直線的な増加が見られる．これは材料分離により下の層に砂分が多くなったことによるためと推測される．初期値は $2\,000\,kN/m^2$ であったが，天端付近から 40 cm くらいにある処理土は，若干，固化強度の低下が見られる．含水比が増え固化強度が低下していることから，天端から 40 cm 程度の深さまで劣化が進行したと考えられる．

参考文献

1) 内田一郎著：道路舗装の設計法，pp.30～31，p.50，森北出版，1976
2) 岩淵常太郎，三ツ井達也，横山知章，安部浩，岩橋亮，大森祥二郎：打設された流動化処理土の

参考文献

現場性能実験～現場 CBR 試験～，第 41 回地盤工学会研究発表会，平成 18 年 7 月

3) 岩淵常太郎，安部浩，三ツ井達也，岩橋亮，市原道三，勝田力：打設された流動化処理土の現場性能実験（平板載荷試験），第 41 回地盤工学会研究発表会，平成 18 年 7 月

4) Karl Terzaghi, Ralph B. Peck："Soil Mechanics and Engineering Practice"，John Wiley & Sons，1948

5) 例えば，土と基礎の設計計算演習改訂編集委員会：新・土と基礎の設計計算演習，p.107，(社)地盤工学会，1997 年 11 月

6) 久野悟郎，三木博史，持丸章治，岩淵常太郎，竹田喜平衛，加々見節男，大山正：発生土の利用率を高めた流動化処理土の充填性に関する実物大実験，第 29 回土質工学会研究発表会，平成 6 年 6 月

7) 久野悟郎，三木博史，森範行，岩淵常太郎，三ツ井達也，市原道三：流動化処理土による坑道埋戻し充填に関する実物大打設実験，第 30 回土質工学会研究発表会，平成 7 年 7 月

8) 久野悟郎，三木博史，森範行，吉池正弘，隅田耕二，高橋秀夫：流動化処理土のポンプ圧送性試験，第 51 回土木学会年次学術講演会，平成 8 年 9 月

9) 久野悟郎，三木博史，森範行，岩淵常太郎，小池賢司，寺田有作：流動化処理工法による路面下空洞充填試験施工の概要報告，第 50 回土木学会年次学術講演会，平成 7 年 9 月

10) 久野悟郎，岩淵常太郎，三ツ井達也，和泉彦夫，吉原正博，齋藤英樹：流動化処理土のブリーディング・材料分離に関する 2，3 の考察，セメントおよびセメント系添加材を用いた固化処理土の調査・設計・施工方法と物性評価に関するシンポジウム論文集，地盤工学会，平成 17 年 6 月

11) 久野悟郎，佐久間常昌，神保千加子，岩淵常太郎，高橋信子：流動化処理土の透水試験，土木学会第 50 回年次学術講演会，平成 7 年 9 月

12) 久野悟郎，三木博史，森範行，吉池正弘，神保千加子，岩淵常太郎：共同溝に埋戻された流動化処理土の透水性，第 31 回地盤工学研究発表会，平成 8 年 7 月

13) 久野悟郎，三木博史，竹田喜平衛，沢村一朗：発生土の利用率を高めた流動化処理土の諸性状，第 49 回土木学会学術講演会，平成 6 年 9 月

14) 久野悟郎，岩淵常太郎，金城徳一，市原道三，佐原千加子，吉原正博：流動化処理土（セメント系材料を用いた固化処理土）の長期耐久性に関する 2，3 の考察，セメントおよびセメント系添加材を用いた固化処理土の調査・設計・施工方法と物性評価に関するシンポジウム論文集，地盤工学会，平成 17 年 6 月

15) 久野悟郎，平田健正，神保千加子，岩淵常太郎，その他：流動化処理土による坑道埋戻しに帰因する周辺環境への影響に関する一考察（その 1），第 30 回地盤工学研究発表会，平成 7 年 7 月

16) 塚本克良，安部浩，勝田力，神田慶昭：流動化処理土の pH と陽極電位への影響試験，第 30 回地盤工学研究発表会，平成 7 年 7 月

17) 久野悟郎，持丸章治，竹田喜平衛，加々見節男：発生土の利用率を高めた流動化処理土の浮力に関する実物大実験，第 49 回土木学会学術講演会，平成 6 年 9 月

18) 久野悟郎，岩淵常太郎，市原道三，神保千加子，本橋康志：流動化処理土の温度上昇に関する一考察（その 1），第 30 回土質工学会研究発表会，平成 7 年 7 月

19) 久野悟郎，岩淵常太郎，市原道三，神保千加子，本橋康志：流動化処理土の熱的特性，第 50 回土木学会年次学術講演会，平成 7 年 9 月

第3章　流動化処理土の工学的特性

20) 地盤改良マニュアル（第3版），(社)セメント協会，p.41～42，技報堂出版，2003年9月30日
21) 久野悟郎・三木博史・神保千加子・市原道三・手島洋輔・安部浩：流動化処理土の経年試料における一軸圧縮強さ，土木学会第53回年次学術講演会，pp.628～629，平成10年10月

第4章 配合設計

4.1 配合設計と品質

　流動化処理土は発生土（建設発生土および建設泥土・汚泥）を主材として使う．このときリサイクルの観点から発生土の種類を選別して受け入れたり，土性がばらつくものの受入れを拒んだりすることは難しい．一方，流動化処理土は埋戻し・充填材として使われるのでその品質は安定したものであることが望ましい．ばらつきのある主材から安定した品質の埋戻し・充填・裏込め材を製造する技術が流動化処理工法で，埋戻し材の品質は以下の4つがあげられる．

① 一軸圧縮強さ
② 湿潤密度（流動化処理土の密度）
③ ブリーディング率
④ フロー値

　これら品質は表5.5に示される性能数値が埋戻し・充填・裏込めの対象構造物毎に決められている．この4つの品質を指定された要求数値の範囲に納める発生土と水と固化材の量を決める方法が流動化処理工法の配合設計となる．一般の固化処理土の配合設計が一軸圧縮強さだけを品質として規定しているのに比べ，湿潤密度など3つの品質が加わる点で従来の土質安定処理方法と異なり，また特徴となっている．

4.1.1　一軸圧縮強さと湿潤密度

　流動化処理土は，締固めが困難な狭隘な空間に，流込み施工で埋戻しや充填するのに使われる．その品質は，周辺の構造物や地山との間にあって，圧縮荷重やせん断荷重を受けたときに変形や破壊をしない強度が求められる．このとき打設

された流動化処理土の強度発現にムラがあると，固化強度の強い部分に応力が集中する傾向があるので，処理土の強度発現は可能な限り均等でなければならない．

流動化処理土の強度には圧縮強度とせん断強度がある．圧縮強度は，構造物と地山の間にあって圧縮荷重に対して体積収縮に対抗する強度をいう．せん断強度は，土構造物の一部としてせん断荷重を受けるときせん断破壊しないための強度をいう．強度発現のムラがあると，前者は沈下や圧縮が起こるが破壊に直接関連することがないのである程度許容されるが，後者は均等な強度発現が重要になる．

次に流動化処理土の強度の源は，固化材によるセメンテーションによる固化強度と，処理土に含まれる砂による強度がある．せん断荷重に対して両者は強度として同時に働くことはなく，処理土のセメンテーションによる固化強度が破壊された後に，砂による強度が発揮される．固化強度は一軸圧縮試験で求める．固化強度のうち，圧縮強度は一軸圧縮強さの約90％程度となることが実験により示されている．せん断強度は一軸圧縮強さの1/2となる．

一方，砂による強度は三軸圧縮試験による応力-ひずみ曲線にみることができ，前章で示したように，流動化処理土に含まれる砂分が多くなり湿潤密度 ρ_t が 1.6 g/cm^3 を超えるようになると，セメンテーションが破壊された後に砂のインターロッキングに起因するじん性を伴うせん断抵抗が発揮される．インターロッキングの効果が発揮されじん性的なせん断挙動があると，セメンテーション破壊後に応力は周辺に伝達されるので，荷重を点で支えるのではなく面で支えるメカニズムが期待される．しかし流動化処理土の強度は基本的に固化強度が担うこと，および三軸圧縮試験を配合試験毎に実施するのは難しいこと，により砂分の強度は直接，性能として規定することなく，湿潤密度を規定してせん断時のじん性の性能を担保している．

したがって，強度の仕様は一軸圧縮強さと湿潤密度で規定される．これらの値は埋戻し・裏込め・充填の対象となる構造物から伝達される荷重や，地山の強度の条件を力学的に考慮して任意に決めることができる．例えば，ハンドショベルで容易に掘削可能な $q_u=100\sim600$ kN/m^2 程度から構造物支持地盤として用いる $q_u=7\,000\sim10\,000$ kN/m^2 程度まで，容易に設定することができる．

強度の一般的な基準値は，表5.5に示されている．埋戻し充填材としては，周辺の地山強度より大きな強度は必要ないため地山強度を参考にして，また埋戻さ

れた処理土に加わる土被り圧による圧密沈下を考慮して決める．また埋戻し材として用いられると再掘削して再利用することが必要になるため，再掘削が容易な強度が上限値として決められることがある．一般に，一軸圧縮強さで $600 \mathrm{kN/m^2}$ 以下，または現場 CBR 値 30% 以下であると再掘削が可能となる．配合設計では，これらの目標値を満たす固化材量等を室内試験により求める．

4.1.2 ブリーディング

ブリーディングについては 2.5.3 処理土の材料分離抵抗性試験 に詳しい説明がある．流動化処理土の材料分離は，固化材と細粒土が団粒化して沈降しブリーディング水が分離して浮き上がる現象と，泥水中の砂が沈降して下部に溜まり細粒土が上部に残り分離する現象の 2 種類があり，ブリーディング率はこの両者の沈降を抑制して密度を深さ方向で均一に保つことを目的に設定されている．

ブリーディング水が浮き上がると，流動化処理土の表面部分は含水比が高くなり表面部分の固化強度が低下する．このような現象が起こると固化後に処理土の表面に亀甲上のキレツが現れ，表層付近の固化強度の低下を目視によりうかがうことができる．このような状態でブリーディングが発生した部分に圧縮荷重が加わると部分的な沈下や圧縮変形が起こる可能性があり，またせん断荷重が加わると部分的に十分なせん断抵抗を発揮することができない可能性がある．

ブリーディング水の発生を抑制するためには泥水の粘性を増やす必要があり，泥水中の細粒土の割合を高めることにより目的がかなう．なお，泥水の粘性を高めると粗粒土の沈降を抑制することができる．配合設計では，規定されたブリーディング率を下回るよう泥水（泥状土）密度等を室内試験により求める．

4.1.3 フ ロ ー 値

流動性の評価は 2.5.2 処理土の流動性試験 に詳しい説明がある．3 種類の試験方法が紹介されているが，土木学会関連基準によるフロー試験は，相対的に粘性が高く粗粒土を多く含む処理土の流動性の評価に適用される．流動性の高い泥水（泥状土）に適用されたＰロート試験は，流下時間と泥水（泥状土）の粘性に相関関係が確認されていて，製造段階での品質管理に役立つと期待されている．

流動化処理土の流動性は，**写真 4.1** に示すフロー試験で評価する．フロー試験

第4章 配合設計

写真4.1 フロー試験

による流動性の評価は，処理土とフロー板の摩擦がフロー値に大きく影響するので，処理土本来の物理的な流動性が正確に評価されているか否かといった点に留意する必要がある．現実には，現場で打設した際の処理土の流動性とフロー値には経験的な予測が成り立ち，また何度でも簡単に繰返し試験ができるため相対的な品質の変化を把握するのに役立つなど実務的な利点があり，流動化処理土の流動性の品質を規定するのに使われている．

　流動性の評価は，打設された流動化処理土の流動勾配を知りたいといった，施工上の目的で必要となる．処理土の粘性が大きくなると流動勾配は高くなり，逆に粘性が小さくなると勾配は低くなる．施工上の優位さの観点からすると，自ずと流動勾配が水平になり，流れが広がるセルフレベルの流動性が望ましい．しかし粘性が低いと水の配合が多くなり，密度が低く材料分離しやす処理土となる．そこでフロー値は，ブリーディング率を考慮して上限値を規定することもある．下限値については，粘性が高くても施工が許容されるギリギリの流動性（フロー値）を考慮して決められる．ただしフロー値の下限値は施工の工夫で対応が可能で，フロー値が120 mmを下回ると流動勾配が10％を超える可能性があるが，このような場合は流込み施工は困難だがホッパーなどを使い直投打設で打設エネルギーを加えるなどの施工上の配慮で対応することもできる．

4.2　材　　料

　流動化処理土に使用する材料は，主材となる発生土（建設発生土および建設泥

土・汚泥）に水を加えて解泥し，固化材を加えて混練して製造する．主材の粒度構成により製造された処理土の湿潤密度が確保できないときは，発生土と水を解泥した泥水に砂質土を含む発生土を加えて，目標湿潤密度を満たすよう配合設計する．以下に流動化処理土に使う材料について述べる．

4.2.1 主　　材

主材とは流動化処理土の原料土となる土砂であり，建設事業に伴って発生する土のほぼすべての土質区分の土が主材として適用できる．ただし，土質安定処理をせず直接再利用できる良質土，例えば第1・2種建設発生土は，従来どおりの再利用の方法がコスト面で有利になることが多い．一方，従来，捨土として扱われていた細粒土を多く含み，含水比が40〜80％の粘土・シルトや泥土（第4種建設発生土および建設泥土），土取り場から採取した細粒土や有害物質を含まない浄水場の汚泥，河川，湖沼等の底質土は，その処理・処分にコストが発生する．これを流動化処理土の主材として用いると，処分費が不要となり結果として製造に必要な事業費が軽減される．一例として表4.1に，連続地中壁等の掘削現場から発生する泥土の土質試験結果を示す．このような泥土は細粒分が80％を超えていて，流動化処理土の原料として有用になる．

表4.1　泥土の物理性状

試料	土粒子密度 (g/cm³)	自然含水比 (％)	粒度分布(％)			コンシステンシー			
			砂	シルト	粘土	液性限界	塑性限界	収縮限界	塑性指数
A	2.67	594.4	12	12	76	119.0	28.4	28.6	90.6
B	2.68	61.5	8	65	27	36.4	25.5	26.4	10.9
C	2.62	415.4	2	37	61	128.9	39.4	50.8	89.5
D	2.66	455.5	5	33	62	117.3	28.5	37.5	88.8
D′	2.59	254.8	0	5	95	204.8	47.7	—	160.1
E	2.65	1011.1	—	—	—	236.9	54.7	45.1	182.2
F	2.66	56.9	9	56	35	44.4	23.1	29.7	21.3
G	2.85	113.6	1	38	61	87.8	29.7	32.6	58.1
H	2.60	102.0	3	45	52	110.6	54.3	46.8	56.3
J	2.67	285.0	4	40	56	83.4	32.4	—	51.0

礫や砂を含む良質の発生土を使うには，十分な細粒土を確保する必要がある．細粒土が不足すると，ブリーディングが起こり固化強度が安定しない．このとき礫の粒径については，最大 40 mm 程度のものまで主材として利用できる．また，主材は有害物質を含まないこと，建設汚泥を使う場合は廃棄物処理法に基づき産業廃棄物処分業の許可の取得や自ら利用等に従う必要がある．

埋戻しなどに利用された後に再掘削された流動化処理土は，建設発生土として扱うことができる．これらを再度，流動化処理土の主材として利用することもできる．ただし再掘削された処理土の強度が $q_u = 600$ kN/m² 程度であればそのまま利用できるが，それ以上では粉砕する必要がある．建設泥土・汚泥を主材として使うときは，泥状土の pH を確認する．pH が高いものは固化材混入後の凝結等が懸念され，水で希釈するなどの処理をして再利用する必要がある．

4.2.2 泥状土と調整泥水

細粒分を多く含む主材に水を加えて解泥し，泥水の密度を配合設計で決められた値に整え，所要の粘性を保持したものを泥状土と呼ぶ．この泥状土に配合設計で決められた固化材量を加えて，混練して流動化処理土を製造する．

泥状土は一定の粘性を確保して材料分離を防止する役目を果たす必要があり，このため粘土やシルトの細粒分を十分に含む主材が求められる．粗粒分を多く含む土で粘性が不足するときは，気泡やベントナイト・カオリン等の人工粘土を混入して，粗粒分の分離の見られない粘性に調整することもできる．

配合設計で決められた密度に製造された泥状土は，その粘性を現場で確認する．粘性を簡易的に把握するためには，「プレパックドコンクリートの注入モルタルの流動性試験方法（P ロート：JSCE-1986）」やファンネル粘度計などで流下時間を測定する方法がある．

一方，主材の砂分が不足すると泥状土の密度が所要のレベルに達しないことがある．このような場合，細粒土を多く含む泥水に，別途，砂質土系の土を加え密度が所要のレベルを上回る泥状土を製造する必要がある．この砂質土系の土に加える泥水を調整泥水とよぶ．

このような場合，配合設計は泥水の配合（土と水の量）と粗粒分を多く含む土の主材の混合量を規定する．具体的には両者の混合割合を以下に示す泥水混合比

あるいは泥水混合率で指定する．定義については 2.2 流動化処理土の基本的諸量の定義，記号，相互の関係 に詳しい．

泥水混合比 p ＝(調整泥水の質量)／(砂質土系主材の湿潤質量)
泥水混合率 P ＝(調整泥水の質量)／(砂質土系主材の湿潤質量
　　　　　　　　　　　　　　　　　＋調整泥水の質量)

なお，細粒分の多い土と粗粒分の多い土が製造現場のストックヤードに安定的に供給される場合は，製造プラント内で泥水と粗粒分の多い土を混練り段階で混合するのではなく，配合設計で得られた混合比あるいは混合率を参考に両者材をストックヤードで，適宜，混合して土性の安定した粒度調整材をつくりこれを単一主材とする工夫も製造現場で行われている．

4.2.3 固化材

固化材は，普通ポルトランドセメント，高炉セメント，フライアッシュセメント，石灰などの他，土質安定処理等に用いられるセメント系固化材，石灰系固化材などを強度，耐久性，環境への影響を考慮して選ぶ．

配合設計により決まる固化材の量は固化材添加量と呼ぶ．これは泥状土の単位体積 1 m^3 当りに製造時に添加する固化材の添加量のことで，以下の割合で表す．

　　　　固化材添加量（固化材の質量）：泥状土の体積

セメントを主とする固化材は，発生土と反応した固化処理土の六価クロム溶出量が環境基準以下となる種類を選定することに留意する．

4.2.4 混和剤

混和剤は，流動性や固化時間等の調整のために添加する．流動化処理土は時間の経過とともに固化材の硬化が進むので，プラントから出荷され打設現場へ運搬する間に流動性が低下する．気温が高い夏期や 1 時間以上の運搬を伴うときは，流動性の低下が大きくなるので流動性を一定に保つ保持剤が，あるいは固化の進んだ流動化処理土の流動性を回復する分散剤が用いられる．

一方，供用中の道路下にある埋設管の埋戻しのように，埋戻し後の復旧が急がれるときは，固化速度を増進させる速硬性混和剤が用いられる．また流動化処理土の透水係数を小さくするための混和剤，水中打設で使う材料分離を抑制する増

第4章 配合設計

粘剤など，いろいろな要求性能を適えられるよう各種混和剤が開発されている．

4.3 製造工程と配合設計の関係

流動化処理土の製造プラントを現場に設置して現場発生土を主材とする流動化処理土の製造工程と，その配合設計の関係を図4.1にフロー図で示す．図の手順にみるように，与えられた主材と与えられた施工条件に対して要求される品質の埋戻し・裏込め・充填材料を製造する流れになっている．主材の条件や施工条件が限られると，埋戻し材料の品質も制約を受ける．例えば関東ロームのみを主材とするような条件では，処理土の密度が所定の基準に達しないこともあり，現場条件と製造される処理土の品質は表裏一体の関係にある．

一方，恒常的なストックヤードをもつ常設プラントは埋戻し・裏込め・充填の材料品質が購入者から指定されるため，主材を選択することも含めプラントの性

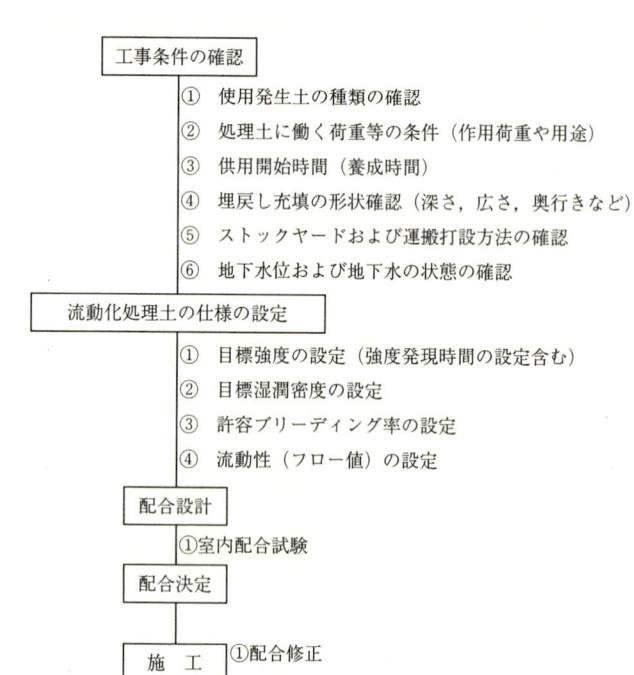

```
┌─────────────────┐
│  工事条件の確認  │
└─────────────────┘
    ① 使用発生土の種類の確認
    ② 処理土に働く荷重等の条件（作用荷重や用途）
    ③ 供用開始時間（養成時間）
    ④ 埋戻し充填の形状確認（深さ，広さ，奥行きなど）
    ⑤ ストックヤードおよび運搬打設方法の確認
    ⑥ 地下水位および地下水の状態の確認
┌───────────────────────┐
│  流動化処理土の仕様の設定  │
└───────────────────────┘
    ① 目標強度の設定（強度発現時間の設定含む）
    ② 目標湿潤密度の設定
    ③ 許容ブリーディング率の設定
    ④ 流動性（フロー値）の設定
┌─────────┐
│  配合設計  │
└─────────┘
    ①室内配合試験
┌─────────┐
│  配合決定  │
└─────────┘
┌─────────┐
│  施 工   │  ①配合修正
└─────────┘
```

図4.1 製造工程と配合設計の関係

能や製造工程を品質に合わせて任意に設備計画する必要がある．したがって，常設プラントの製造フロー図は，図4.1に示す「工事条件」が「設備条件」になる．そして工事条件に合わせて設備を決めるのではなく，安定した品質を得るため，また必要な製造能力を確保するように条件を選定する．

4.3.1 工事条件の確認/設備条件

①は配合設計する対象土を用意して土の種類を判別する，

②と③は材料品質として求められる性能を決定するのに必要になる，

④～⑥は流動化処理土を製造施工するのに必要なプラントの能力やヤードの広さ，運搬打設などの施工計画に必要な条件を割り出している．

流動化処理土の製造と配合設計にとって重要な項目は①で，土の種類と配合設計は常に1対1の関係がなりたって役割を果たす．現場の土が変わったにもかかわらず，前と同じ配合を用いると製造した処理土の品質は異なってしまう．したがって，配合設計が有効であるための前提条件として，使用する発生土を現場で目視により見極め，対象土が適切に供給されているか管理することが非常に重要となる．しかし現場のヤードには複数の主材がストックされ，必ずしも厳密に分けて保管管理されることはないので，潜在的に配合と現場の土が一致しなくなる可能性が絶えずあることに留意する必要がある．配合設計を有効に保つための現場の目視管理は，決して怠ることのない現場管理作業であることを認識する必要がある．

4.3.2 仕様の設定

埋戻し・裏込め・充填の対象が決まると材料としての性能を規定する．①から④の項目については4.1配合設計と品質 に説明がある．一般に表5.5に示すような仕様が求められるが，流動化処理工法は配合設計法により材料品質を任意に再現することができる．仕様は一般に下限値または上限値が決められているが，製造された処理土の品質はある程度の分散が必至で，例え同じ土を同じ配合で製造しても，土本来の不均一さや製造プラントの許容誤差により配合どおりに計量して製造しても配合の目標値を安定して確保することは難しい．したがって配合設計の目標値は，製造プラントの許容誤差等や製造者の能力を考慮して，各種仕

様で示された下限値あるいは上限値に対して若干割増して（割引いて）設定することもある．また，製造段階で仕様を満たすべく配合修正を行うことで対応する手法も提案されている．配合設計を行うにあたり留意する点を以下に示す．

（1） 強度設定の留意点

① 自重や載荷重により流動化処理土が圧縮沈下やせん断破壊しない

流動化処理土が自重や載荷重により圧縮沈下したり破壊したりしないために，強度は土被り圧よりも十分に高く設定する必要がある．例えば，単位体積重量 16 kN/m^3 の流動化処理土を 10m の厚さ打設したとする．すると最下部の流動化処理土には 160 kN/m^2 の土被り圧が，水平方向の変位が拘束された条件のもとで加わることになる．偏差応力は土被り圧の約 50％ 程度となると推定される．この応力状態を考慮して一軸圧縮強さは，土被り圧による偏差応力に対して十分に安全なせん断強度が確保されるように配慮して設定し，同時に圧縮変形（破壊）に対して十分に安全な圧縮強度が確保されるように設定する．この場合，一軸圧縮強さを 200 kN/m^2 以上確保しておけばよいことになる．

② 路床，路体としての要求強度を満足する

路床部に用いる場合には，所要の現場 CBR を満足する必要がある．路体の場合には，周辺の地山と同程度以上の強度を確保する必要がある．

③ 再掘削が可能にする

埋設管の埋戻しなどで再掘削がある場合には，強度が大きくなりすぎて再掘削が困難にならないよう注意する必要がある．バックホーで容易に再掘削可能な強度は，一軸圧縮強さで 500 ～ 900 kN/m^2 程度までが実験により確認されている．

（2） 密度設定の留意点

流動化処理土は土工の補助工法として開発され，土工の施工が十分に行われない狭隘な場所において締固めを伴わない特長を生かして用いられる．流動化処理土を埋戻しに適用する場合，「良質土を十分に締め固めて土粒子の間隙を小さくし密実化させることで，将来的にも沈下の少ない安定した土構造物を構築する」という土工の基本的な考え方を踏襲することが望ましい．流動化処理土は固化強度の化学的安定により載荷荷重等に抵抗する点が，これは「物理的安定をもって

4.3 製造工程と配合設計の関係

各種外力に抵抗する」良質土の埋戻しと異なる．つまり物理的安定に代わり化学的安定をもって性能を確保することになるが，長期的な安定が確認されていない現在，何らかの方法で性能を担保しておくことは重要と考えられる．

密度の高い密実な流動化処理土は，地盤中の拘束応力条件下のせん断破壊時において一軸圧縮強さ以上のせん断抵抗を示すことや，破壊ひずみが大きく変形特性が改善され密度効果によって荷重分散効果が高まることが，実験により確認されている．以下の事項に留意して湿潤密度を設定する．

① 良質土が用いられている埋戻し・裏込め部に適用する場合は将来的な圧縮沈下が少ない

載荷重により圧縮沈下しないためには，短期的には固化強度を大きくすることで対処できる．しかし，長期的には何らかの事由で強度が劣化するとも限らない．間隙比が小さな流動化処理土と間隙比が大きな流動化処理土に載荷したとき，図4.2に示すように密実な流動化処理土の方が広範囲に変形が及び荷重が分散されることがわかる．したがって，構造物に作用した力が周辺地盤へスムーズに伝達されると考えられる．

そこで，重要な構造物の埋戻し等に用いる場合には，長期的な安定性も重要であることから，せん断破壊時において強度変形特性に優れる間隙比 $e = 1.5$ 以下（密度に換算するとおおむね $1.6\,\mathrm{g/cm^3}$ 以上）の流動化処理土を適

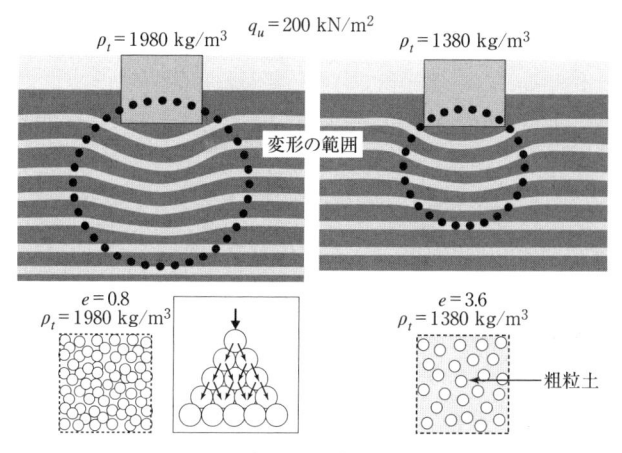

図4.2 密度による荷重分散効果

用する．
② 構造物の埋戻しに適用する場合は，対象構造物の設計に使用している土質定数を満たす

埋戻しに必要な性能として，周辺地盤と同等の強度変形性が要求される．特に，構造物の設計において用いられる周辺地盤の地盤反力係数を確保することが必要となる．
③ 作用する載荷荷重が十分に小さい充填等に適用する場合は，所定の固化強度を満たす

所定の固化強度を確保すれば作用荷重に対して固化強度が十分に大きくなるから，例え長期的な劣化を考慮しても安定性に余裕があると考えられるため，化学的安定のみを考慮すればよい．なお，密度は圧縮やせん断強度としての性能だけでなく，耐久性や透水係数や熱伝導率に関連するため，乾湿繰り返し試験や透水試験，地中送電線周辺の埋戻しに用いる土壌固有熱抵抗試験（G 値または熱抵抗値）により規定されることもある．

（3） 流動性（フロー値）の設定の留意点

狭隘空間への充填性や施工のしやすさからみた流動性の適否は，流動化処理土の密度や粘性・摩擦抵抗と，埋戻し空間の周面摩擦や打設時の落下高さや打設圧力によって左右される．流動性の設定は流動化処理土を適用する場所や打設状況も考慮することが望ましく，安易に施工の容易さを求め流動性のみを高めたとき，固化後の間隙比が周辺地盤に比べて大きくなりやすく，発生土の利用率低下といった課題を生じることも理解しておく必要がある．

埋戻しや空洞充填に用いる場合の流動性の目安としては，ポンプ圧送性や施工性，空洞の形状などを考慮してフロー値で 160 mm 以上とすることが多い．ただし，現場にホッパーなどを用いて直接投入する場合や，打設箇所の形状が狭小・複雑でなくそれほど高い流動性が必要とされない場合には，これよりも低いフロー値でも施工可能である．

例えば，写真 4.2 に示すようにシリンダー法によるフロー値 200 mm の処理土は，コンクリートのスランプ試験用コーンを用いるとフロー値 500 mm 程度が得られ，高流動コンクリートのように狭小な空間でも良好な充填性が期待できる．

また，坑道の埋戻しなどで通常の流動性の流動化処理土で埋戻しを行った後に

4.3 製造工程と配合設計の関係

写真 4.2 スランプ試験用コーンでのフロー値

残された非常に狭小な隙間などを充填して仕上げる際などは，フロー値 200 mm 以上の流動化処理土をポンプ圧送すると高い充填性が得られる．高いフロー値を設定する場合は，材料分離抵抗性（ブリーディング率）に留意する必要がある．参考のため**表 4.2** および**表 4.3** にフロー値と流動化処理土が流れる勾配の関係を示す．フロー値とポンプ圧送圧力，圧送距離と圧力の関係は，**図 3.22** と**図 3.23** に示されている．

なお，流動化処理土の流動性は，固化材の水和反応が進むにつれて低下する．水和反応は 30 分程度経過すると流動性に影響が現れ始め，フロー値が低下する．このフロー値の低下分をフローロスと呼んでいる．処理土を運搬し現場で打設するとき性能として求めるフロー値は現場で処理土を打設するときのフロー値なので，配合設計で設定するフロー値はフローロスを差し引いた値を決めて

表 4.2 実物大坑道模型実験でのフロー値と流動勾配

	フロー値 (mm)	流動勾配 (%)
CASE-1	120	11.3
CASE-2	160	2.3
CASE-3 （直線） （L 型）	220	1.9 2.0

表 4.3 実工事でのフロー値と流動勾配の関係

工事の種類	打設方式	フロー値(mm)	平均流動勾配(%)
坑道埋戻し	直接投入	220	4.19
	配管打設	210	2.77
共同溝埋戻し	直接投入	265	0.71
	配管打設	190	2.60

おくことが望ましい．フローロスについては 3.2.4 経過時間に伴うフロー値の低下 に説明がある．

4.4 配合設計

発生土が与えられ，主材が決まり材料としての品質仕様が決められると，主材を流動化処理により材料を製造する配合を設計する．流動化処理土の配合設計のフローを図 4.3 に示す．

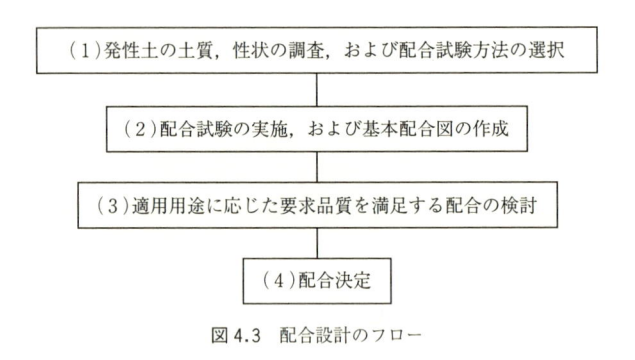

```
（1）発性土の土質，性状の調査，および配合試験方法の選択
          ↓
（2）配合試験の実施，および基本配合図の作成
          ↓
（3）適用用途に応じた要求品質を満足する配合の検討
          ↓
（4）配合決定
```

図 4.3　配合設計のフロー

4.4.1 発生土の土質，性状の調査，および配合試験方法の選択

主材が細粒土(粘土・シルト分含有量 40～60％以上)か，砂質土か，により流動化処理土の製造方法は異なる．そのため発生土の判別分類試験を行い土の種類や粒度分布を求める．特に細粒分と粗粒分の質量百分率は判別分類の重要なパラメーターになる．

4.2.2 泥状土と調整泥水 の項で述べたように，ブリーディングを防ぐ目的で主材には一定量の細粒分が必要であると同時に，密度を確保する目的で一定量の粗粒分が必要になる．両者が満足される発生土は，水を加えて解泥すれば所要の性能を満たす泥状土ができる．一方，粗粒分が不足するかあるいは細粒土が不足すると，所要の調整泥水に砂質土系の発生土または細粒土系の発生土を加える混

合率（混合比）を配合設計で決める必要がある．両者の混合方法は処理土の混練り段階で混練槽で行うこともあり，また細粒土と粗粒土の2種類の主材をヤードに確保して，その場で混合して粒度調整土をつくることもできる．一般に，砂質土は土質安定処理することなくそのままの状態で再利用が容易なため，流動化処理土の主材は細粒土が主体の発生土が供給されることが多く，密度調整のために砂質土系の土を加えることが多い．

　細粒分が主体の主材であっても土の土性がばらつき，製造バッチ毎に土性が変動するときは，安定した調整泥水を確保して，これに主材を加える製造工程を選択すると品質が安定することが経験的に知られていて，製造工程の選択は画一的に決められることはない．参考のため**表4.4**に製造工程選択のための主材の特徴を示す．

表4.4　主材と製造工程の知見

主材	特長
細粒土	製造が容易，土のばらつきの影響を強く受け，品質が不安定になりやすい
粗粒土	製造が多少難しい，調整泥水と混合することで，土のばらつきへも対応でき品質が安定する

4.4.2　配合試験の実施

　配合試験は主材に対して行う．主材が複数あれば配合試験もそれに応じて1対1で実施する．複雑に混じった主材が対象となり配合試験と1対1の関係がハッキリしない場合は，代表的な主材の粒度構成を調べて何種類かに主材を分類する．これらを主材A，主材Bなどと呼び，配合試験を各々に対して行う．配合設計が決まれば，製造段階で，適宜，主材Aに対する配合設計Aなどと1対1の関係を守りながら，複雑に土の種類の入り混じった主材に対応していく．このとき，後述する製造時の配合修正を参照することが施工上重要になる．

4.5　配合試験

　配合試験の手順を図4.4に示す．配合試験の手順は3つのプロセス，(1)ブリーディング率および流動性による最小泥水密度設定，(2)最低強度の固化材添加量

第4章 配合設計

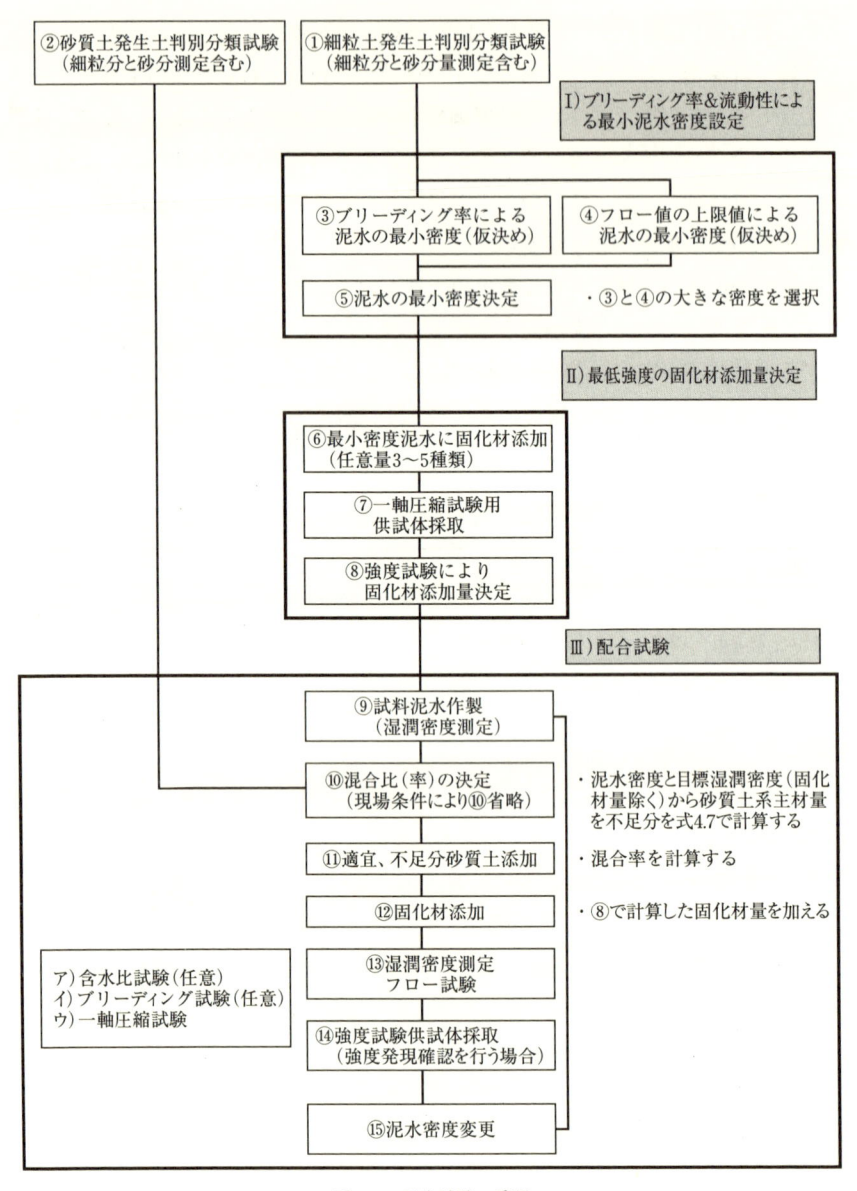

```
②砂質土発生土判別分類試験              ①細粒土発生土判別分類試験
 （細粒分と砂分測定含む）              （細粒分と砂分量測定含む）

                                    ┌─ I）ブリーディング率＆流動性による
                                    │   最小泥水密度設定
                                    │
                        ┌─────────────────────────────────┐
                        │  ③ブリーディング率による    ④フロー値の上限値による │
                        │    泥水の最小密度（仮決め）   泥水の最小密度（仮決め）│
                        │                                                     │
                        │  ⑤泥水の最小密度決定        ・③と④の大きな密度を選択│
                        └─────────────────────────────────┘

                                    II）最低強度の固化材添加量決定

                        ┌─────────────────────────────────┐
                        │  ⑥最小密度泥水に固化材添加                          │
                        │    （任意量3～5種類）                               │
                        │  ⑦一軸圧縮試験用                                    │
                        │    供試体採取                                       │
                        │  ⑧強度試験により                                    │
                        │    固化材添加量決定                                 │
                        └─────────────────────────────────┘

                                    III）配合試験

         ┌─────────────────────────────────────────────┐
         │            ⑨試料泥水作製                                            │
         │              （湿潤密度測定）                                        │
         │                                    ・泥水密度と目標湿潤密度（固化  │
         │            ⑩混合比（率）の決定        材量除く）から砂質土系主材量 │
         │              （現場条件により⑩省略）  を不足分を式4.7で計算する   │
         │                                                                     │
         │            ⑪適宜、不足分砂質土添加   ・混合率を計算する           │
         │                                                                     │
         │            ⑫固化材添加              ・⑧で計算した固化材量を加える│
         │                                                                     │
         │  ア）含水比試験（任意）  ⑬湿潤密度測定                             │
         │  イ）ブリーディング試験（任意） フロー試験                          │
         │  ウ）一軸圧縮試験       ⑭強度試験供試体採取                        │
         │                         （強度発現確認を行う場合）                  │
         │                         ⑮泥水密度変更                              │
         └─────────────────────────────────────────────┘
```

図 4.4 配合試験の手順

決定，（3）配合試験，からなる．以下に各プロセスについて説明する．

4.5.1 ブリーディング率および流動性による最小泥水密度設定プロセス

ブリーディング率を確保する最小密度仮決めの手順を図4.5に示す．第一に主材として細粒土を含む発生土が必要になる．この発生土について「①発生土判別分類試験」を予め実施する．このとき土粒子の比重と細粒土と粗粒土の割合を求める．土質試験を行うのが好ましいが，簡易に砂分計で細粒土と粗粒土の体積の割合を求め，次に土粒子の比重を仮定して対応することもできる．対象となる発生土の土粒子の密度は，文献等に記載されていることが多い．

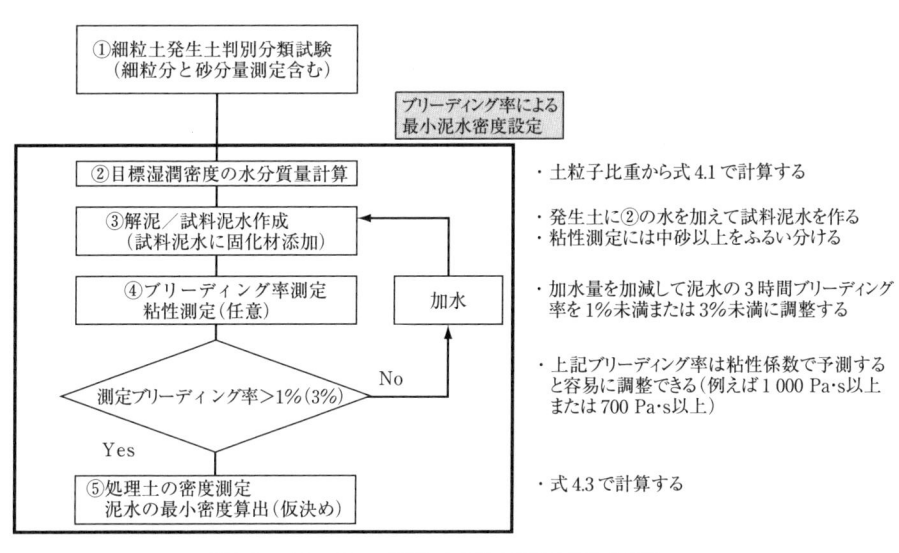

```
①細粒土発生土判別分類試験
  （細粒分と砂分量測定含む）
           ↓
  ┌─────────────────────────┐  ブリーディング率による
  │                         │  最小泥水密度設定
  │ ②目標湿潤密度の水分質量計算 │              ・土粒子比重から式4.1で計算する
  │           ↓             │
  │ ③解泥／試料泥水作成 ←──── │              ・発生土に②の水を加えて試料泥水を作る
  │ （試料泥水に固化材添加）    │              ・粘性測定には中砂以上をふるい分ける
  │           ↓             │
  │ ④ブリーディング率測定      │              ・加水量を加減して泥水の3時間ブリーディング
  │   粘性測定（任意）    加水  │                率を1%未満または3%未満に調整する
  │           ↓         ↑   │
  │       ◇──No──────────   │              ・上記ブリーディング率は粘性係数で予測する
  │   測定ブリーディング率         │                と容易に調整できる（例えば1 000 Pa·s以上
  │     >1%(3%)             │                または700 Pa·s以上）
  │          Yes            │
  │           ↓             │
  │ ⑤処理土の密度測定         │              ・式4.3で計算する
  │   泥水の最小密度算出(仮決め) │
  └─────────────────────────┘
```

図4.5　ブリーディング率による最小密度の仮決め手順

「②目標湿潤密度の水分質量計算」は，処理土の目標密度 ρ_t から土粒子比重 G_s と固化材添加量 M_c を仮定すると②の M_w の値が以下の式により求まる．このとき固化材添加量が100 kg前後のときは，外割り/内割りのどちらの添加質量を用いても M_w の計算精度は大きく変化しない．

第4章 配合設計

$$M_w(\text{kg}) = \left\{ 1\,000 \times G_s - M_c \times \frac{G_s}{G_c} - \rho_t + M_c \right\} \div (G_s - 1.0) \quad (4.1)$$

ここに，M_w：1m³ 当りの水の質量（kg）

M_c：1m³ 当りの固化材添加質量（例えば 100 kg と仮定する）

G_s：土粒子比重（①より求める／または 2.5〜2.8 の値を仮定する）

G_c：セメント粒子の比重（3.0 と仮定する）

ρ_t：流動化処理土の目標湿潤密度（例えば 1 500 kg/1 000 L として標記する）

M_w が求まると，以下のように目標密度での土粒子の質量も求まり，主材の含水比が既知の場合，配合試験で使う主材の質量も求まる．

【計算例】

1) 流動化処理土の目標湿潤密度 $\rho_t = 1\,650$ kg/1 000 L，
2) 1m³ 当りの固化材添加量 $M_c = 100$ kg，
3) 主材の土粒子比重 $G_s = 2.757$，
4) セメント粒子の比重 $G_c = 3.0$，

とすると目標密度に対する 1m³ 当りの水量 M_w は以下の計算のように約 634 kg となる．

$$M_w(\text{kg}) = \left\{ 1\,000 \times 2.757 - 100 \times \frac{2.757}{3.0} - 1\,650 + 100 \right\}$$

$$\div \{2.757 - 1.0\} = 634 (\text{kg})$$

目標密度に対する土の質量は式（4.2）により約 916 kg となる．

$$M_s(\text{kg}) = (\rho_t \times 1\,000 - M_w - M_c)$$

$$= \left\{ \frac{1\,650}{1\,000} \times 1\,000 - 634 - 100 \right\} = 916 (\text{kg}) \quad (4.2)$$

このとき目標密度に対する固化材を除いた泥水密度 ρ_f^* は，以下の式（4.3）で求めることができる．

$$\rho_f^* = (M_w + M_s) \div \left(\frac{M_w}{\rho_w} + \frac{M_s}{G_s \times \rho_w} \right)$$

$$= (634+916) \div \left\{ \frac{634}{1} + \frac{916}{2.757 \times 1} \right\}$$

$$= 1\,604/1\,000 \tag{4.3}$$

主材の含水比 ω を 10% とすると配合試験に必要な主材の質量は以下の式により 1 007 kg となる．

$$M(\mathrm{kg}) = M_s \times \left(1 + \frac{\omega}{100}\right) = 916 \times \left(1 + \frac{10}{100}\right) = 1\,007\,(\mathrm{kg})$$

上記の数量は 1 m³ 当りの質量なので，配合試験で用いる数量に換算する必要がある．配合試験で作製する流動化処理土の体積を 5 L とすると 1 m³ に対して 5/1 000 となり，各々の値を 5/1 000 すれば質量が求まる．

「③解泥／試料泥水作製」は，上記の方法で求まった添加水質量を計算で求めた主材質量に加えて解泥する．主材の含水比が高いときは，添加水から発生土に含まれる水量を差し引いて，必要量を加えて解泥する．作製した試料泥水に，固化材 1 m³ 当り 100 kg を試料泥水当りに換算した質量を加えて処理土を作製する．固化材を加える目的は，土の種類により泥水と固化材が反応し粘性が変動し，ブリーディング性能が変化することが予想される．泥水単独と固化材混入泥水で異なる粘性とブリーディング性能を見極めるために，ここで添加する固化材は試薬として役割を担っている．

「④ブリーディング率測定」は，ブリーディング試験(JSCE-F552)によりブリーディング試験を行う．

ブリーディング試験の代わりに，粘性係数を測定してブリーディング率を予測することも技術的に可能と考えられている．ブリーディング試験は 3 時間かかるが，粘性測定は数分で終了するので利便性がある．ただし泥水中の粗粒土は粘性の変動に寄与しないので，泥水中に粗粒土が多く含まれるときは 250 または 480 μm のふるいで中砂以上の粗粒土取り除くと精度が上がる．測定した結果に関してブリーディング率 1% 未満に対する粘性係数は 1 000 N/m²·s 以上が，また 3% 未満に対する粘性係数は 700 N/m²·s 以上が相当する，という実験結果が得られている[1]．

この第一回目のブリーディング試験は，目標密度に対して計算した水を添加し

試料泥水を作製しているが，この段階での泥水中の水分量は細粒土質量に対して少なく，粘性が高くブリーディングが発生する可能性は低い．そこで適当に水量を増やしながら，ブリーディング率が1%未満あるいは3%未満になる泥水密度を求める．この繰返し手順により，ブリーディング率の基準をギリギリで満たす最も水が多くなる固化材を含む泥水の「⑤最小密度 ρ_{min}」を測定する．

最小密度 ρ_{min} が測定されると以下の式 (4.4) と式 (4.5) を使い 1 m³ 当りの水の質量 $M_{w_{min}}$ と土の質量 $M_{s_{min}}$ が求まり，最後に固化材を含まない泥水の最小密度 $\rho_{f_{min}}$ が導かれる．この泥水の最小密度は一連の試験の最後に得られる数値で，この状態に対して配合試験を行うので重要な値になる．

$$M_{w_{min}}(\text{kg}) = \left\{1\,000 \times G_s - M_c \times \frac{G_s}{G_c} - \rho_{min} + M_c\right\} \Big/ \{G_s - 1.0\} \quad (4.4)$$

$$M_{s_{min}}(\text{kg}) = \{\rho_{min} \times 1\,000 - M_{w_{min}} - M_c\} \quad (4.5)$$

$$\rho_{f_{min}} = (M_{w_{min}} + M_{s_{min}}) \Big/ \left(\frac{M_{w_{min}}}{\rho_w} + \frac{M_{s_{min}}}{G_s \times \rho_w}\right) \quad (4.6)$$

主材に含まれる細粒土と粗粒土の割合が土質判別試験によりわかっているので，泥水の最小密度 $\rho_{f_{min}}$ の 1 m³ 当りに含まれる細粒土だけの質量 $M_{s_{min}}$ は下式で導き出される．この細粒土と水の量から固化材を含まない，かつ，粗粒土を含まない状態での泥水密度 ρ が，以下のような計算により求まる．この細粒土泥水密度 ρ は，ブリーディング率を基準以内に抑制するときの目安としてなるので算出しておくと役に立つ．

$$M_{sc}(\text{kg}) = M_{s_{min}} \times \theta / 100$$

$$\rho = (M_{sc} + M_{w_{min}}) \Big/ \left(\frac{M_{sc}}{G_s \times \rho_w} + \frac{M_{w_{min}}}{\rho_w}\right)$$

θ (%) は粒径加積曲線で示された細粒土質量百分率となる．砂分計は細粒土と粗粒土が体積で求まるが，両者の土粒子比重が同じと仮定すると，質量百分率 θ と同じ扱いになる．

ブリーディング性能から決定する泥水の最小密度 $\rho_{f_{min}}$ と同様に流動性に上限値 (許容される最も流動性が大きい状態) を定めると，この値から流動性を上限値とした最小密度 $\rho_{f_{min}}$ が求まる．この最小密度とブリーディング率の最小密度と比較して，大きな値を最終的な泥水の最小密度 $\rho_{f_{min}}$ として選択する．図4.6に

4.5 配合試験

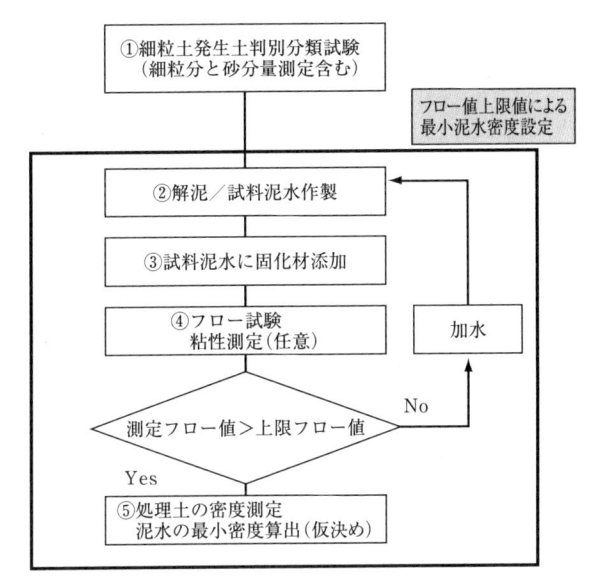

```
①細粒土発生土判別分類試験
（細粒分と砂分量測定含む）
         │
         ▼                    ┌─ フロー値上限値による
  ┌──────────────────────┐    │   最小泥水密度設定
  │  ②解泥／試料泥水作製  │◄──┐
  └──────────────────────┘   │
         │                    │
  ┌──────────────────────┐   │
  │  ③試料泥水に固化材添加 │   │
  └──────────────────────┘   │
         │                    │
  ┌──────────────────────┐   │
  │  ④フロー試験          │  ┌────┐
  │   粘性測定（任意）      │  │加水│
  └──────────────────────┘  └────┘
         │                    ▲
         ▼                No  │
  ◇測定フロー値＞上限フロー値◇─┘
         │ Yes
  ┌──────────────────────┐
  │  ⑤処理土の密度測定    │
  │   泥水の最小密度算出（仮決め）│
  └──────────────────────┘
```

図4.6 流動性による最小密度の仮決め手順

流動性による最小密度仮決めの手順を示す．

「②解泥/試料泥水作製」，「③試料泥水に固化材添加」はブリーディング手順と同じで，固化材を加える目的もブリーディング試験と同じになる．ブリーディング試験の代わりに「④フロー試験」を行う．徐々に試料泥水への水添加量を増やしながらフロー値の増加を確認し，品質で規定された測定フロー値が上限フロー値を上回った状態の泥水に対して密度を測定して最小密度を仮決めする．ブリーディング試験が3時間後の値から判断するのに対し，フロー試験は短時間で結果が得られるので利便性は高い．

4.5.2 必要強度の固化材添加量決定

流動化処理土の固化強度は，泥水密度 ρ_f と固化材添加量の関係で決まることが実験により確認されている[2]．この固化強度は品質基準として下限値が規定されている．そこで固化材添加量は，ブリーディング率と流動性から求めた泥水の最小密度 $\rho_{f_{min}}$ に対して求める．最小密度は許容される品質を確保して，かつ最も多い水分量を含んでいる状態で，固化材添加を添加したとき強度発現が最も小

さくなる．それ以上の泥水密度 ρ_f は水の質量が少なくなり密度が高くなるため，強度発現が大きくなり規定された強度品質を確実に上回るので，最小密度 $\rho_{f_{\min}}$ で固化材添加量を規定すると品質が確実に満足されることになる．ただし，この段階の固化材添加量は，配合設計で決定した泥水密度と強度試験の結果を踏まえて修正することもできる．

固化材量の決定手順は，図4.4に第二のプロセスとして示されている．泥水の最小密度 $\rho_{f_{\min}}$ に対して固化材添加量を，例えば泥水 1 m³ 当りに対して 60 kg 〜 80 kg 〜 100 kg 〜 120 kg の範囲で 3 〜 5 種類を決めて，決めた量の固化材を加え混練して流動化処理土を作製する．一軸圧縮試験用のモールドに試料を採取して養生し，一軸圧縮試験を行う．一軸圧縮強さと所要の固化強度の発現を整理してまとめ，必要な固化強度の発現に必要な固化材量を決定する．

4.5.3 配合試験

配合試験により流動化処理土の密度を決める手順が，図4.4の下半分に示されている．「⑨試料泥水作製」では，フロー値の下限値（許容される最も流動性が低い状態）を参考に，水の添加量を適宜予想して，水を加え土を解泥して泥水を作製する．例えばフロー値 140 mm を採用し，少しずつ発生土に水を加えて泥水状態に近づけフロー試験を試みて，フロー値 140 mm の泥水を作製する．次にこの泥水の密度を測定する．

「⑩混合比（率）の決定」では，⑨で測定した泥水の密度 ρ_f と品質で要求される目標密度の泥水（固化材を除く） $\rho_f{}^*$（式4.3参照）を差し引いて，1 m³ 当りの砂質土系の主材の不足量を以下の式により計算する．

$$\Delta M_s (\mathrm{kg}) = (\rho_f{}^* - \rho_f) \times 1\,000 \tag{4.7}$$

混合率 P は以下の式で求める．砂質系の主材の含水比が高いときは，適宜，補正する．

$$P = \frac{\rho_f \times 1\,000}{\Delta M_s + \rho_f \times 1\,000}$$

この添加量を「⑪砂質土添加」で行う．砂質土を添加する必要がないときはこの工程を省く．

続いて「⑫固化材添加」では，「⑧強度試験により固化材添加量決定」で求め

た固化材量を加え混練りする.「⑬湿潤密度測定／フロー試験」で流動化処理土の湿潤密度とフロー値を測定する.このとき含水比とブリーディング試験を任意で実施する.

「⑭強度試験供試体採取」は,処理土の密度が最も大きな一回目の流動化処理土について,一軸圧縮試験用の供試体を作製して強度試験を実施することが推奨される.ここで得られた固化強度と「⑧強度試験により固化材添加量決定」で求めた固化材添加量で実施した強度試験を比較すると,固化材添加量の修正が可能になる.泥水の最小密度 $\rho_{f_{min}}$ に対する固化材添加量での一軸圧縮強さと,ここで採取した湿潤密度の一軸圧縮強さは同一固化材添加量となっているが,密度に差がある.つまり一軸圧縮強さの差は密度差によるものなので,密度増による一軸圧縮強さの増加を正比例の関係と仮定すると,**4.5.2 必要強度の固化材添加量決定** で得られた固化材添加量と強度発現の関係を整理して,得られたグラフから固化材添加量を修正することが可能になる.

「⑮泥水密度変更」では,「⑨試料泥水作製」に水を加えて密度を低下させ,一連の手順を繰り返す.

4.5.4 試 験 方 法

配合試験で用いる各種土質試験等の標準的な試験方法について**表4.5**にまとめ以下に説明する.

(1) 試料調整および必要量

配合試験に用いる土砂は,事前に5 mm ふるいにかけ異物や礫を除去するとともに,均一に調整する.一軸圧縮試験,フロー試験,ブリーディング試験の供試体用に,同一配合条件の流動化処理土が3〜4 L 程度必要になる.

(2) 材料の混合方法

調整泥水は往復回転式撹拌機などにより5分程度,固化材を添加した流動化処理土はホバート型ミキサなどにおいて5分程度の混合撹拌を行うことを原則とする.固化材混合は通常のハンドミキサーなどで3〜5分程度でも,十分に混練することができる.

(3) 密度測定

密度測定は配合試験を行ううえで重要な数値となる.**写真4.3**に示すように,

第4章 配合設計

表4.5 土質試験等の標準的な方法

試 験 名	試 験 方 法
判別分類試験	粒度試験（JIS A 1204T） コンシステンシー ｛液性限界試験（JIS A 1205） 　　　　　　　　　塑性限界試験（JIS A 1206） 土粒子の密度試験　$\rho_s = \rho_w \times (\gamma_s/\gamma_w)$　（JIS A 1202） 配合時の含水比測定(ω)（配合のつど測定）（JIS A 1203）
Pロート試験	非常に緩い状態の流動性試験方法(JSCE)
含水比試験	含水比(ω)（JIS A 1203）
単重試験	一定体積の容器に流動化処理土を入れ重量を計り求める
フロー試験	日本道路公団基準「エアモルタル及びエアミルクの試験法」1.2シリンダー法（JHS A 313）．なお，非常に緩い状態の流動化処理土においてはPロートによる方法(JSCE-1986)を採用する．
ブリーディング試験	土木学会規準「プレパックドコンクリートの注入モルタルのブリージング率及び膨張率試験法」(JSCE-1986)（測定は測定開始より3時間経過後の値を採用する）
一軸圧縮試験	地盤工学会基準「一軸圧縮試験」（JIS A 1216）

内容量が一定で既知の容器に流動化処理土を空気の混入を防ぎながら静かに流し込み，ガラス板ですり切り，その質量を測定するようにすると精度よく密度を測定でき，この方法が一般に用いられる．このとき測定誤差が 0.01 g/cm³ 以下であることが，測定精度の判断基準となる．

(4) 一軸圧縮試験用の供試体作製

モルタル試験用の $\phi 5$ cm × $h10$ cm または $\phi 35$ mm × $h70$ mm 程度の小型モールドを配合毎に3～5本（標準3本）用意する．主材の最大粒径が 10 mm 程度の場合，$\phi 10$ cm × $h20$ cm の型枠を用いる場合もある．なお，供試体への流動化処理土の充填は，なるべく空隙を残さないようにモールド外部より軽い衝撃を与えるなどして行う．

写真 4.3 密度測定

(5) 供試体の養生

気密な湿潤箱中での湿潤雰囲気養生を原則とし，養生温度は通常 20℃ ± 2℃ の

部屋で養生し，日数は28日を標準とする．また必要に応じて，実施工時期が夏季，冬季の場合は実温度に近い温度，例えば30℃，5℃などで養生する場合や1日，3日および7日の養生日数による試験を行うこともある．

（6） 一軸圧縮試験

一軸圧縮試験に先立って，供試体の湿潤密度を測定する．試験後に試料の含水比測定を行う．養生中の流動化処理土の物性の変化を観察する．配合試験で用いる一軸圧縮強さは，原則として材齢28日時の値とする．

4.5.5 試験結果の整理

沖積粘土を主材として，
①ブリーディング率と流動性から泥水の最小密度を求め，
②固化材添加量を決める試験を実施した後，
③配合試験を行った結果を使い，

試験結果の整理方法の例として説明する．泥水の最小密度は，ブリーディング率1%未満に対して$1.50\,\mathrm{g/cm^3}$，フロー値350 mmに対して$1.45\,\mathrm{g/cm^3}$，フロー値300 mmに対して$1.52\,\mathrm{g/cm^3}$とする試験結果が得られているとする．これに対して，泥水の最小密度をフロー値の上限規定300 mmから$1.52\,\mathrm{g/cm^3}$と決定する．

次に固化材添加量を4種類として最小密度の泥水$1\,\mathrm{m^3}$に対して60 kg，80 kg，100 kg，120 kgを加え強度試験を実施した．一軸圧縮試験の28日養生した結果を固化材添加量を横軸に，縦軸に一軸圧縮強さにとりプロットして図を作成する．この図を配合基本図（固化材と強度）と呼び図4.7に示す．この図から一軸圧縮強さ（28日養生）の下限値を$200\,\mathrm{kN/m^2}$とすると，条件を満たす固化材添加量は泥水$1\,\mathrm{m^3}$当り100 kg以上と判断される．そこで，この固化材添加量を100 kgと決定する．

配合試験の流動化処理土の目標湿潤密度ρ_tを$1.5\,\mathrm{g/cm^3}$と仮定する．すると泥水の最小密度は$1.52\,\mathrm{g/cm^3}$で，固化材

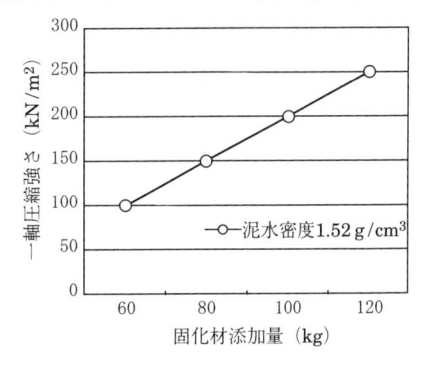

図4.7 配合基本図（固化材添加量と一軸圧縮強さの関係）

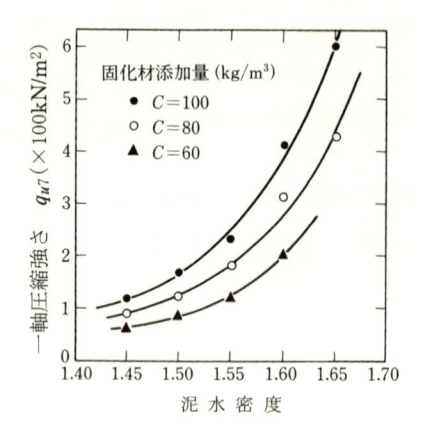

図4.8 基本配合図（一軸圧縮強さと泥水密度の関係）

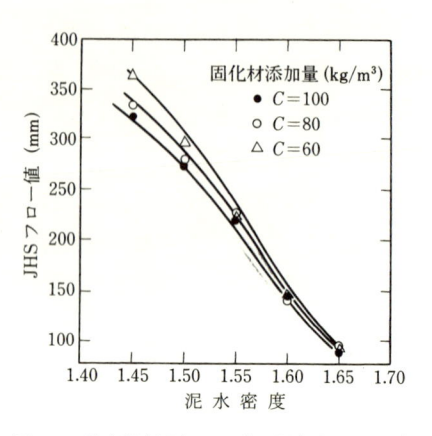

図4.9 基本配合図（フロー値と泥水密度の関係）

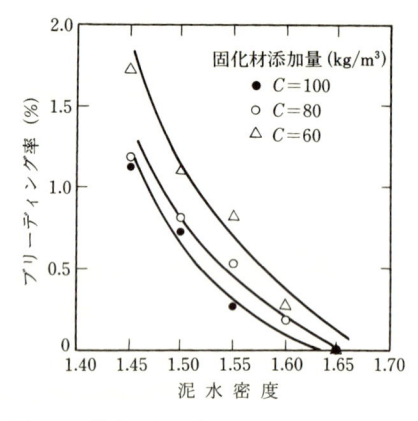

図4.10 基本配合図（ブリーディング率と泥水密度の関係）

を含まない目標湿潤密度 ρ_f^* より確実に大きいので，密度補正の必要がないことがわかる．砂質土系の主材を加えなくてもよいと判断されるので，配合試験の混合率はすべて1となる．

配合試験により泥水の密度を変化させてフロー試験と一軸圧縮試験を実施する．このとき固化材添加量は試料泥水 $1\,m^3$ 当り $100\,kg$ とする．泥水（泥状土）の密度を横軸にとり，一軸圧縮強さやフロー値，またはブリーディング率を縦軸にプロットすると泥水（泥状土）の密度と各品質の関係が明瞭になる．例として，固化材添加量が $60\,kg$，$80\,kg$，$100\,kg$ を含めた試験結果を図4.8〜図4.10に示す．これらの図を基本配合図と呼ぶ．

図4.8に示すように，泥水密度が大きくなると一軸圧縮強さは上昇する．この要因の一つは，固化材添加量一定の条件で泥水密度が大きくなると，相対的に泥水中のセメント濃度は高くなり，水-セメント比が小さくなるためと考えられて

いる．図4.9にみるように，フロー値は泥水密度が大きくなると低下する．それは相対的に水の含有量が低下して，細粒土泥水に濃度が高くなり粘性が大きくなるためと考えられている．また最少泥水密度 $\rho_{f\min}$ を「4.5.1」で示したが，図4.10をみると，ブリーディング率と泥水の密度の関係を検証することができる．

4.5.6 配合決定

求める配合は，配合設計基準図を作成することにより決まる．作成例を，配合試験で示した沖積粘土の配合試験結果により作成した配合設計基準図を使い図4.11で示す．この図は，基本配合図のフロー値と一軸圧縮強さの両曲線を，泥水密度を横軸に共有してプロットして作成する．

フロー値と一軸圧縮強さについては，要求品質（性能）として，上限値と下限値が指定されることが多い．指定された上限と下限の数値を配合設計基準図の縦軸にマークして，この数値に対する泥水（泥状土）密度の範囲を求め2つの品質の重複する範囲を絞り込む．固化材は 4.5.2 で決定された添加量または 4.5.3 で修正された添加量に対して図のような配合設計基準図をつくる．

図を使い，配合決定の手順を固化材添加量 100 kg について説明する．まず現場の要求品質を打設時のフロー値 150 〜 250 mm，材齢 28 日時の一軸圧縮強さ 150 〜 300 kN/m^2 とする．この要求品質の範囲を配合設計基準図に線引きする．するとフロー値 150 mm 〜 250 mm に対して泥水（泥状土）の密度が 1.595 g/cm^3 〜 1.52 g/cm^3 として得られる．この範囲がフロー値の条件を満たす泥水（泥状土）の密度になる．次に一軸圧縮強さ 150 〜 300 kN/m^2 に対して 1.49 〜 1.57 g/cm^3 が得られる．この範囲が強度の条件を満たす密度になる．この結果，両者の条件を同時に満たす範囲は 1.52 〜 1.57 g/cm^3 となり，この

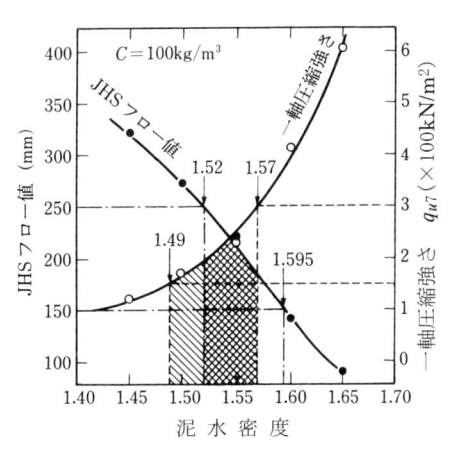

図 4.11 配合設計基準図（泥水混合率 100％の場合）

泥水（泥状土）密度に対する発生土と水，および固化材の質量が目的の配合となり，示された範囲の中心値をもって配合が決定される．

4.6 強度の安全率

流動化処理土は，室内配合試験で得られる固化強度と現場で養生され発現される固化強度の差異が，他の安定処理方法と比べて小さい傾向にある．そこで構造材料として用いられるなどの特殊な場合を除き，室内強度と現場強度の比をもって現場強度を確保する，いわゆる安全率といった考え方を採用していない．

安全率を設けず，現場で製造された流動化処理土の固化強度が，埋戻し材として求められる必要強度を確実に満たすと考える根拠は，主に2点にある．

第一は，埋戻し材として求められる必要強度 f_c に対して，用途別品質規定で示される設計基準強度 F_c を任意に割り増して，かつラウンドナンバーで決めることにある．例えば，地下 10 m に埋め戻された流動化処理土を考慮して，設計基準強度 F_c を 200 kN/m² と設定したとする．静止土圧の条件を仮定すると流動化処理土には，鉛直方向に土被り圧 ($\sigma_v = \gamma_t \times z$) と水平方向に静止土圧 ($K_0 \times \sigma_v$) が作用する．この状態で平均圧縮応力は，以下にようにして求まる．

$$\sigma_p = \frac{|\gamma_t \times z + 2 \times K_0 \times \gamma_t \times z|}{3} = \frac{|16 \times 10 + 2 \times 0.5 \times 16 \times 10|}{3}$$

$$= 107 \text{ (kN/m}^2\text{)}$$

一方，流動化処理土の体積圧縮強度は，式（3.5）により以下となる．

$$\sigma_c' = (0.9 \times q_{u28}) = 0.9 \times 200 = 180 \text{ (kN/m}^2\text{)}$$

つまり平均圧縮応力 (107 kN/m²) < 体積圧縮強度 (180 kN/m²) となり，設計基準強度 F_c が十分な安全性を確保していることになる．せん断応力とせん断強度についても同様の関係がなりたち，十分なクリアランスが確保されていることになる．第一の根拠は，設計基準強度を任意に割り増して設定するので，製造され打設された流動化処理土の現場強度発現が発生土等に起因する品質のばらつきなどで強度低下しても，埋戻し材として求められる必要強度 f_c を確保することができる点にある．

第二は，流動化処理土の配合決定の方法と製造管理基準値にある．図 4.11 に

4.6 強度の安全率

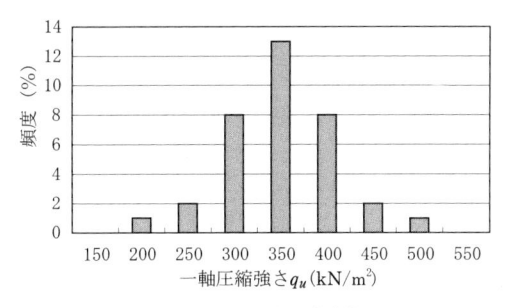

図 4.12 現場強度の試験結果

示した配合設計基準図と配合決定の手順で述べたように，流動化処理土の配合（泥状土密度の決定）は，一軸圧縮強さとフロー値の要求品質を同時に満たす密度の範囲を決めて，その中心値をもって標準配合としている．この方法によれば，例えば図に示すように，流動化処理土の固化強度の範囲は 150 ～ 300 kN/m² になっていて，その泥状土密度の中心値を採用する標準配合の固化強度は 225 N/m² となる．標準配合により誘導される中心強度 q_u は設計基準強度 F_c より相対的により大きな値となっている．

製造現場では配合設計基準図の泥状土密度の範囲を管理理基準値として採用するが，できるだけ中心値を目標に製造するので，現場で製造された流動化処理土の固化強度は，相対的に設計基準強度 F_c より高くなる仕組みとなっている．これが安全率を設けない第二の根拠となっている．

泥状土の密度管理による品質管理試験結果（現場強度）の例を図 4.12 に示す．必要強度 f_c は 106 kN/m² が想定されている．設計基準強度 F_c は 200 kN/m² とした．流動性から決まる固化強度の上限値は 500 kN/m² となっている．最後に，配合設計による泥状土密度の中心固化強度は 350 kN/m² となる．これに対して現場強度は，配合設計の固化強度を中心として正規分布を描いて，すべての測定結果が必要強度を満たしている．この正規分布品質管理結果の分布にみるように，流動化処理土の主材となる発生土や泥土等の原材料はばらつき，また製造時の計量誤差や調整誤差等は避けられないが，配合設計にもとづき泥状土を十分に管理すれば，必要強度 f_c は十分に確保される．

なお，構造材料として用いる場合など，流動化処理土の適用用途によっては安

全率を設定することがある.このようなときは,配合設計の設計基準強度 F_c を変動係数や不良率を考慮して,必要強度 f_c に対して安全率を 3 倍以上に設定して配合強度とする.安全率は,変動係数が主に土質や要求強度に依存する傾向にあることを念頭に,また用途の特性を考慮して決める.

参考文献
1) 岩淵常太郎,吉原正博,吉田雅彦,齋藤英樹,道前大三,関口昌男:泥水の粘性とブリーディングの相関に関する実験,土木学会第 60 回年次学術講演会,平成 17 年 10 月
2) 久野悟郎,三木博史,吉原正博:流動化処理土の一軸圧縮強さに関する一考察,第 32 回地盤工学研究発表会,pp.2453〜2454,1997.

第5章 施 工

5.1 施工の概要

流動化処理工法の「施工」は，建設発生土を用いて流動化処理土を製造し，土工の対象となる隙間を直接あるいはポンプ圧送などで流し込みにより埋戻し・裏込め・充填する工事を実施することである．この章では流動化処理プラントを現場に設営し流動化処理土を製造し施工する，現地プラント方式を中心に説明する．

5.1.1 施工の手順

標準的な施工の手順を図5.1に示す．

5.1.2 施工計画

(1) 現地調査

現地調査は主に以下に示す項目について行う．

1) 埋戻し施工箇所

埋戻し施工箇所における現地調査では，埋戻し対象物の埋設位置や周辺状況を観察し，作業スペースが確保できるかについてもその際に確認する．なお道路占有許可時間や作業時間帯などもあわせて調査する．

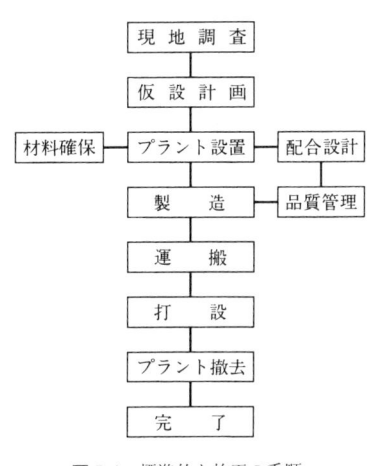

図5.1 標準的な施工の手順

2) 埋戻し周辺地盤

ボーリング資料などにより，周辺地盤の強度などの情報を入手する．本体工事設計図書などから，地下埋設物などを確認する．現地踏査により周辺の地形，地

質，地下水，地下埋設物などの状況を確認する．

3) プラントヤード

打設現場近くにおいて，プラントヤードとして利用可能な面積を調査する．必要面積が打設現場近くで確保できない場合は，代替地を用意する必要がある．その場合には，打設現場とプラントヤードまでの距離，運搬時間，交通渋滞などの道路事情について調査する．

4) 発生土および使用水の調査

発生土を調査する．埋土の場合は埋め立ての経緯を，聞き取り調査により確認する．重金属などの有害物が混入しているおそれのある場合は，化学分析などの調査を実施する．用水には水道水，工業用水，河川水（海水），地下水などが使用可能であるが，使用数量の確保が容易な用水を選択する．河川水などを使用する場合には，用途に応じて，強度発現に影響しないかどうかの確認が必要となる場合もある．

(2) 仮設計画

都市部において流動化処理土を製造する場合は，安全かつ確実に作業を遂行するため，周辺環境にも十分に配慮しながら，仮設計画を行う．

1) 仮囲い

作業中に泥水や処理土が飛散する場合があるので，製造プラントや打設箇所周辺には仮囲いを設けて，周辺への材料の飛散を防止する．

2) 保安要員

ダンプトラックによる建設発生土の運搬や，アジテータ車などによる流動化処理土の運搬を行う場合には，工事用運搬車両の出入りが多くなるので，出入口などに保安要員を適切に配置し，交通災害防止に努める．

3) 埋戻し区画

プラントでの製造能力，ポンプやアジテータ車による運搬能力などを考慮して，打設箇所を仕切壁により適切な規模に分割する．仕切り壁には，流動化処理土の圧力に十分に耐える構造の土嚢や型枠などを用い，流動化処理土が漏れ出さないように留意する．

4) 打設用配管

コンクリートポンプ車などを用いて流動化処理土を打設箇所に圧送する場合，

埋戻し作業前に配管を設置する．なお，坑道などの閉塞した空間を埋戻す場合には，天端に空気抜き用の配管もしくは空気孔を設置する必要がある．

(3) プラント設置
1) プラントの選択

流動化処理土の製造プラントには，製造量に応じて3種類の形態が考えられる．大量の流動化処理土を恒常的に製造する場合には現地常設プラント(**写真5.1**)，発生土のストックヤードなどで一定期間に限って流動化処理土を製造するような場合には現地仮設プ

写真5.1 現地常設プラント外観例

写真5.2 現地仮設プラント外観例 (a)日製造量500~1000 m³の仮設プラント

写真5.2 現地仮設プラント外観例 (b)日製造量300 m³程度の仮設プラント

写真5.3 小型簡易プラント外観例

ラント(**写真 5.2**),スポット的な小規模の埋戻しなどを行う場合には小型簡易プラント(**写真 5.3**)が適用される.

製造能力は,常設プラントが 30～145 m³/h,現地仮設プラントが 25 m³/h 程度,小型簡易プラントが 12.5 m³/h 程度である.なおプラントは,泥水製造・流動化処理土製造・積載・運搬・打設の各程における施工能力ができるだけ均一になるように設備を選択し配置する.

2) プラント配置および占有面積

現地仮設プラント(製造能力 25 m³/h)の標準的な配置例を図 5.2 に示す.この例では,アジテータ車により流動化処理土を打設現場に運搬する場合を想定している.占有面積は縦15 m×横 20 m＝300 m² 以上が必要となる.なお,建設発生土のストックヤードおよびアジテータ車の回転場所や洗車場,品質管理室などは別途考慮する必要がある.

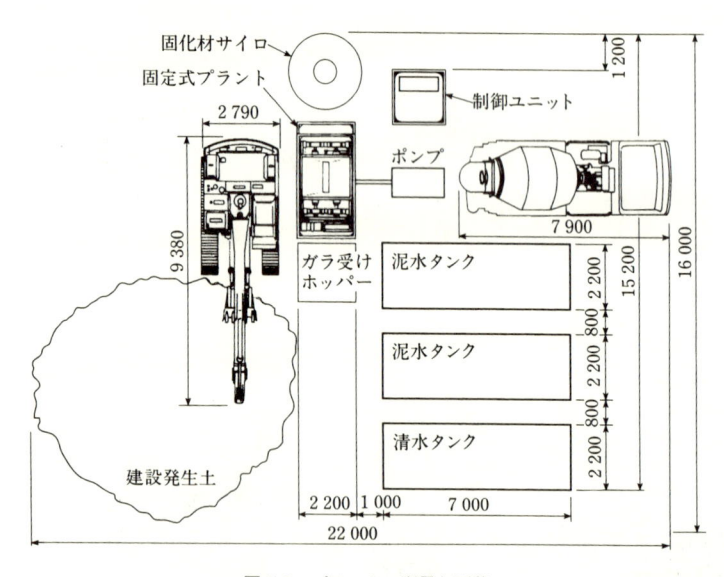

図5.2 プラントの配置と面積

(4) 常設プラント

都市部およびその周辺など,あるいは需要の大きい地域において,不特定多数の顧客に対し販売を目的に設置された常設プラントの例を示す(**写真 5.4** および

5.1 施工の概要

写真5.4 建設発生土再生流動化処理常設プラント概要例

写真5.5)．製造能力は，30〜145 m³/h 程度である．

（5） 流動化処理土の製造

1） 製造フロー

流動化処理土の標準的な製造フローを図5.3に示す．

2） 製造上の留意点

① 密度の変動

写真5.5 建設泥土再生流動化処理常設プラント概要例

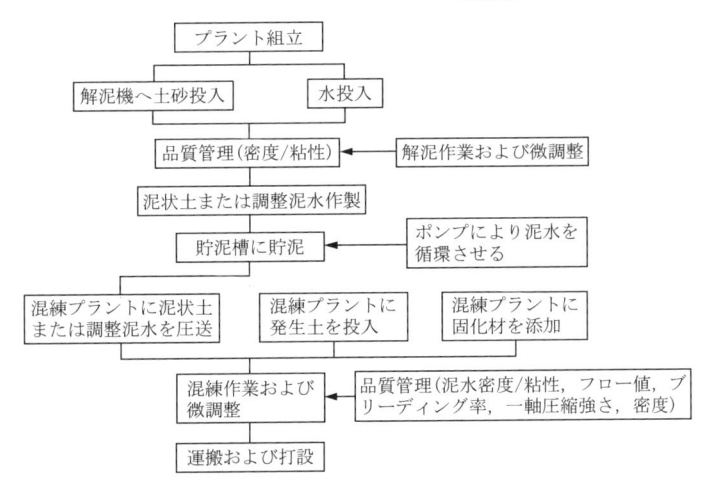

図5.3 流動化処理土の製造フロー図

123

プラントに所定の量の粘性土と水を同時に投入して解泥および密度調整を一度に実施する場合，配合どおりに量を加えても土の含水比のばらつきにより，密度が異なる場合がある．粘性土は，同一種類に分類することはもちろん，含水比も管理対象となる．

② 粒度分析

粘性土中に含まれる粗粒分率が変わると泥水密度が敏感に変化し，品質を安定させるのが難しい．外見上同一に見える粘性土でも，粒度構成を事前に試験するほうがよい．特に互層地盤を掘削した土，あるいは異種土質が混合した土を主材とするときは，粒度構成が刻々と変化するため品質の不安定化につながる．

過去の施工例では，主材の細粒分含有率 F_c が8%以上異なると，同一配合であっても要求品質を満たさない，ことが判明している．したがって，原料土の粒度を常に正確に把握することが求められるが，しかしこれは理想的だが現実的ではない．このようなときは泥水または泥状土の粘性に着目し，原料土の粒土構成の変化を泥水の粘性で把握する方法が適している．例えば，泥水または泥状土の密度とＰロートの流下時間の関係を予めデータとして用意しておき，ある密度のときの粘性が当初よりも大きいか小さいか，によって細粒土の増減を把握して，泥水または泥状土の密度を調節する．これにより流動化処理土の品質の安定化を図ることができる．

③ 貯泥水槽

貯泥水槽は，作製した泥水または泥状土を単にストックするばかりではなく，最終的に泥水または泥状土の密度や粘性を調整するのに役立ち，流動化処理土の品質確保と安定化のうえで重要な役割を果たす設備となっている．

貯泥水槽で泥水または泥状土を循環させていても，翌日には水槽底面には礫などが沈澱し，所定の泥水または泥状土の密度を維持できないことが多い．再び水槽内を攪拌循環させても，泥水または泥状土は分離したままで調整直後の密度になりにくい．このような時は，再攪拌後の泥水または泥状土が，目標とする密度になるように，新たな泥水または泥状土を追加し再調整するか，または１日の作業終了時に，調整泥水は水槽内に多量に残らないように製造量をコントロールする．

④ 騒　　音

　流動化処理プラントの機械構成の中には特定建設作業に規定されている機械および作業はないが，都市部での施工を考慮した場合，振動騒音の値を規制値以下におさえる必要がある．施工計画の立案に際しては，低振動，防音形の機械を選定するなど配慮が必要となる．

（5）運　　搬

製造された流動化処理土は，主にアジテータ車を使い運搬する．アジテータ車は，運搬経路中の急な坂道などでも，こぼれ出すことのないように留意する必要がある．アジテータ車の積載量は 5 m^3 が一般的である．アジテータ車などを用いて流動化処理土を運搬する場合の経路は，所轄官庁と協議のうえ決定する．運搬時間は，基本的に通勤・通学時間帯を避けることが望ましい．

（6）打　　設

　流動化処理土の打設方法には，自重落下を利用した直接投入方式と，コンクリートポンプなどを利用したポンプ圧送打設方式がある．これらの選択は，埋戻し箇所の形状，作業スペース，打設量，周辺状況などを考慮して決める．また打設位置が数箇所にまたがる場合には，直接投入方式とポンプ圧送打設方式を併用する場合もある．打設コストは，一般的にシュートやパイプなどを介して流し込む直接投入方式の方が安価である．

　打設箇所に大量の水が溜まっている場合は，原則として水を排水してから打設を行う．ただし，配合設計時に水中打設を考慮して配合を決定した場合などはこの限りではない．

　なお，アジテータ車などから流動化処理土を排出する場合，シートなどによる飛散防止処置が必要となる．

5.2　主材の管理方法

5.2.1　発生土の留意点

流動化処理土では第1種発生土から泥土まで幅広い土質の発生土が利用可能であるが，発生土の利用にあたっては以下のような点に留意する必要がある．

第5章 施　工

(1) 木片・鉄線などの異物の混入

流動化処理土は解泥プラントから貯泥槽，混練プラント，運搬車両へとパイプで圧送される場合が多い．そのため，処理土中に異物が混入するとパイプの閉塞，プラント機械の故障などを誘発することがある．プラントで発生するトラブルのうち最も多いのは，木片や鉄線などの細長い異物の混入による．したがって，発生土に木片や鉄線などの異物の混入を極力避けるよう，十分に留意する必要がある．特に，表土やビルなどの解体現場からの発生土には，このような異物の混入が多くみられる．このような異物の除去には，プラント設備に振動ふるい機を設け調整泥水をふるいにかけるか，調整泥水製造時に人力によって取り除く方法を採用するとよい．

写真5.6　発生土に混入した異物

写真5.6は，関東ロームの掘削土から流動化処理土を製造した際に混入していた異物であり，木片，塩ビ管，木根，布片などが見える．

(2) 固化材を用いた地盤改良土の混入

固化材を用いて地盤改良した箇所からの掘削土は，多くの場合団粒化しており，プラントのトラブルやパイプ閉塞の原因となることがある．特に，強度が$q_u=600\,\mathrm{kN/m^2}$以上のものを用いる場合には，あらかじめ粒径を40 mm程度以下に破砕してから用いる必要がある．一方，$q_u=600\,\mathrm{kN/m^2}$以下のあまり強度の高くないものについては，製造過程における混練機内での粉砕が可能で，そのまま使用しても支障はない．また，地盤改良で生じる泥水または改良土で，まだ硬化中の固化材分が混入しているような場合には，未反応の固化材分を考慮して配合を行わないと強度が極端に大きくなる場合があるので，注意が必要になる．

(3) ストックヤードでの発生土

ストックヤードは十分な面積を確保することが望ましい．流動化処理土は，土の種類毎にその配合が異なるので，可能であればストックヤードに十分な面積を確保し，土の種類毎に分けて保管するのが望ましい．しかし，市街地の場合など

はストックヤードに必要な面積を確保することが困難であり，道路などに沿った細長い形状となることが多い．

十分な面積のないストックヤードでは土を分別して保管することが困難で，異なった種類の土が連続的にストックされる．写真5.7は，細長いストックヤードに奥から順に発生土をストックした例になる．このストックヤードの土を採取してその粒度を調べた結果を図5.4に示す．土を採取した間隔は約20m程度であるにもかかわらず，粒度は大きく変化している．このような土質の違いは，処理プラントで配合を変更して目的にあった処理土を製造するが，作業効率と品質の安定性に影響がする場合がある．したがって，製造時に速やかに土の変化に対応できるように留意する必要がある．

写真5.7　細長いストックヤードの例

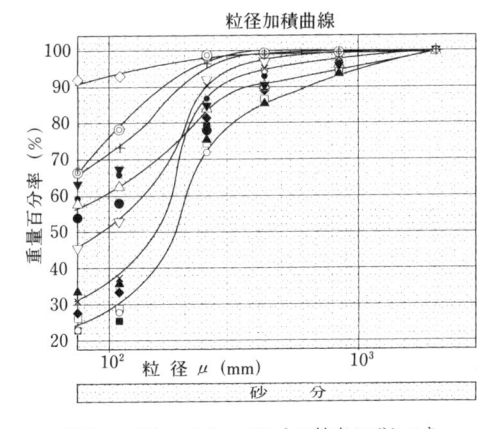

図5.4　ストックヤードの土の粒度のばらつき

5.2.2　発生土の土質

原料として用いられる発生土の土質が変化すると，プラントでの泥水・発生土・固化材の添加量もその都度変更する必要が生じ，プラントの稼働効率が低下したり，製造される流動化処理土の品質も不安定になったりしやすい．したがって，できるだけ同一種類の発生土を安定的に確保することが重要となる．その際，発生土の状態を把握するための主な管理項目としては，土の種類，含水比，発生場所や掘削工法などの履歴がある．

第5章 施　工

　土の種類は，細粒分の量でおおむね判断できる．現場で簡易に細粒分の大小を判定する方法としては，土を水で解泥してから，Pロート試験器でその粘性を調べる方法や，砂分測定器（**写真5.8**）による方法などがある．

　ストックした発生土の含水比は，降雨の影響などにより変動する．一般に粘性土の場合は含水比の変動が

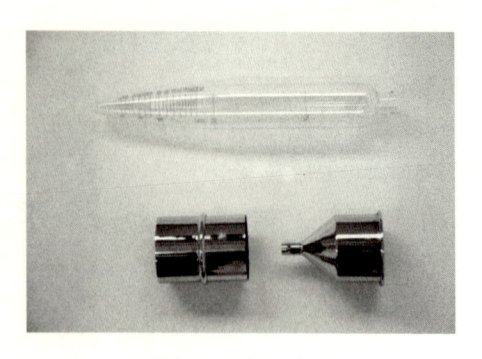

写真5.8　砂分測定器

少ない．また粘性土単体で流動化処理土を製造する場合には，解泥した泥水の密度で品質を管理するので，粘性土の含水比の変化はあまり問題にならないことが多い．しかし，掘削した粘性土を長期間仮置きする場合には，仮置き直後の半年程度は含水比が低下し続けることもあり，次第に解泥しにくくなるとともに未解泥が多くなることで，結果的に流動化処理土の品質にばらつきが生じる[1]．このような場合には，定期的に粘性土の含水比を測定すれば，解泥の容易性の程度を推測する重要な情報となる．

　一方，砂質土やシルトなどの場合には，降雨時および降雨後の含水比の測定・管理が必要となる．

　また，搬入される発生土については，発生場所，発注者，工種，掘削土の状態などを記録しておく必要がある．これらの情報は，発生土への固化材や異物などの混入を推測するのに重要な情報となる．

　常設プラントの場合は，ある程度原材料を選択できる自由度もあることから，発生土や泥土の管理を実施しない場合が多い．製造過程においては，泥水または泥状土に調節する段階で，密度・粘性・砂分含有率・pHなどを適切に管理する方法を一般的に採用している．

5.3 製造方法

5.3.1 製造工程

製造工程のフローを図5.5に示す.

(1) 前処理

ストックヤードに搬入される発生土は，前処理が必要な場合がある．そこで以下のような処理を行う．

- ガラなどの異物および礫が混入している場合は，簡易なふるい分けで排除する．
- 地盤改良土（600 kN/m² 程度以上）は，粒径40 mm 程度以下に粉砕する．

このうちガラなどの異物の排除については，発生土が砂質土の場合には，製造プラントに投入する際に，バックホーにスケルトンバケットなどを装着して行う方法や，簡易なふるい（バースクリーン）を使う方法がよく用いられる（写真5.9参照）．この前処理により，40〜100 mm 程度以上の異物および礫を排除することができる．一方，発生土が粘性土の場合には，解泥後の状態の方が効率よく異物を除去できるため，解泥作業中にふるいで排除することが多い．

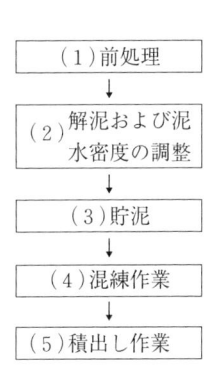

図5.5 製造工程のフロー図
(1) 前処理
(2) 解泥および泥水密度の調整
(3) 貯泥
(4) 混練作業
(5) 積出し作業

写真5.9 簡易なふるいで発生土のガラを排除

なお，発生したガラなどの処分については，別途検討が必要である．

(2) 解泥作業

解泥方法にはバッチ式と連続式がある．

第5章 施　工

写真 5.10　バッチ式解泥装置(サンドポンプ使用)

写真 5.12　バッチ式解泥装置(パドル式強制二軸ミキサー使用)

写真 5.11　バッチ式解泥装置(ミキサー付きスケルトンバケット使用)

1) バッチ式の解泥

写真 5.10 は，貯泥池などに堆積した柔らかい粘土を解泥するために工夫された装置である．所定量の粘土と水を解泥槽に投入した後，サンドポンプで粘土と水を循環させ泥状土を製造する．泥状土の密度を測定することにより，粘土と水の追加量を調整して，所定の密度となるよう管理を行う．

写真 5.11 は，原位置混合機械などにより攪拌を行う解泥装置である．この装置では，所定量の粘土と水を解泥槽に投入し，バックホーの先にミキサーまたはローターの付いたスケルトンバケットを装着した原位置混合機械で，強制攪拌を行う．この場合も異物除去のため，解泥槽の排出口に 40 mm のふるいを設け，泥状土中の異物が除去されるように工夫している．

写真 5.12 は，強制二軸ミキサーを搭載した解泥機に粘性土と水を直接投入し，一定時間攪拌混合した後，振動ふるいを通して異物を除去することが，一連の作業として行うことができるように工夫している．

2) 連続式の解泥

写真 5.13 に，連続式の解泥装置でよく用いられるパドル式ミキサーを示す．

(a) (b)
写真5.13 連続式解泥装置(パドル式ミキサー使用)

この装置は解泥能力が高く,粘性土も解泥可能である.また発生土が地盤改良土であっても,強度が $q_u=600\ kN/m^2$ 程度以下の低強度のものであれば解泥が可能となる.

(3) 貯　　泥

製造された泥状土を,直接,混練機に送らず貯泥槽でストックする場合は,土粒子の沈降を防止し,密度を均一に保つ必要がある.そのため水中攪拌機,アジテータ付き貯泥槽,横型水中ポンプなどにより貯泥槽内の泥状土を循環させながら貯泥する.

泥状土中の粗粒土は沈降しやすく,ストック中に泥状土密度が小さくなることがあるため,混練機に送泥する泥状土が,所定の粘性を確保されていることが最も重要である.

(4) 混練作業

混練作業とは,解泥作業で作製した泥状土と固化材および発生土を混合して流動化処理土を作製する作業である.混練方法には解泥方法と同様に連続式とバッチ式がある.連続式とバッチ式のそれぞれの利点を表5.1に示す.

一般に,連続式は材料の投入から排出まで,混練機が停止することなく連続して稼働できるのに対し,バッチ式では材料の投入と排出時に混練機が一時停止するため製造効率が劣る.一方,連続式は,発生土の土質のばらつきなどにより配

第5章 施　工

表5.1　混練方法の比較

連続式の利点	バッチ式の利点
・製造能力や製造効率が高い ・施工の省力化が可能	・多種類の配合に対応可能 ・品質管理が容易

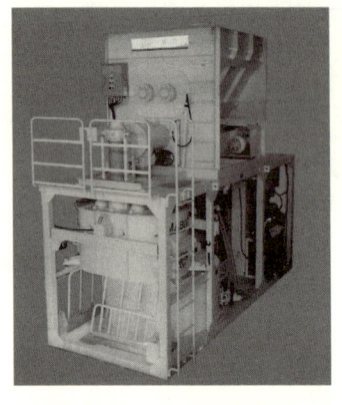

写真5.14　バッチ式混練装置（パン型強制ミキサー使用）

写真5.15　連続式混練装置（パドル式ミキサー使用）

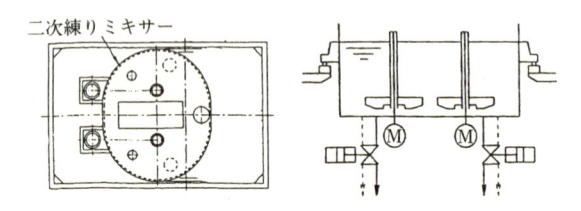

図5.6　パン型ミキサーの構造

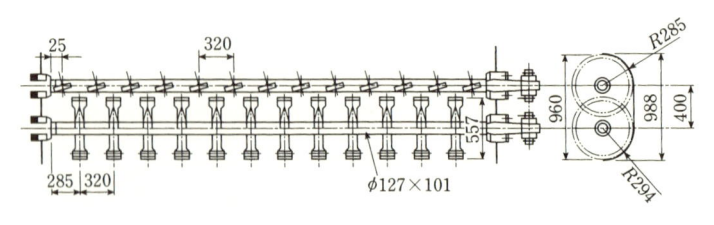

図5.7　パドル式ミキサーの構造

合が頻繁に変化する場合などは正確な製造管理が難しくなることがあるが，バッチ式では，1バッチ毎に材料計量を行うため比較的管理が容易である．したがって一般的に，連続式はほぼ均一な発生土を用いて大量に流動化処理土を製造する場合に有利であり，バッチ式は多様な土質を用いて流動化処理土を製造するような場合に有利で，現在では主流の設備である．

混練機には，**写真5.14**および**写真5.15**と，**図5.6**および**図5.7**に示すようなタイプがある．

5.3.2 製造プラントの形態

上記のような解泥，混練装置を組み合わせた流動化処理土の製造プラントの例を図5.8および図5.9に示す．図5.8は土砂ホッパー，解泥槽，混練槽を上から順に鉛直方向に配置したバッチ式プラントの例である．図5.9は連続式プラントの例で，解泥・混練ともに横型二軸のパドルミキサーが用いられている．

5.3.3 土量変化率

原料土の地山土量1m^{3}から製造される流動化処理土の量について，共同溝の埋戻し試験工事で調査した例を示す．ここでは，調整泥水をあらかじめ製造しておき，それに発生土（砂質土）および固化材を添加する製造方法の場合と，発生土（粘性土）に水と固化材を直接添加し混練する製造方法の場合について，その配合および土量変化率を**表5.2**に示す．土量変化率とは，流動化処理土と原料の体積比のことである．

表5.2 土量変化率の例

	泥 水		発生土 (kg)	地 山		土量変化率
	粘性土 (kg)	水 (kg)		粘性土量 (m^3)	発生土量 (m^3)	
調整泥水＋発生土（砂質土）の場合	205[*1]	305	1022[*3]	0.142	0.587	1.37
発生土（粘性土）単体の場合	891[*2]	445	—	0.594	—	1.68

(注) 地山の密度は，*1 $\gamma_t = 14.21\,\mathrm{kN/m^3}$，*2 $\gamma_t = 14.70\,\mathrm{kN/m^3}$，*3 $\gamma_t = 17.05\,\mathrm{kN/m^3}$

第5章 施　工

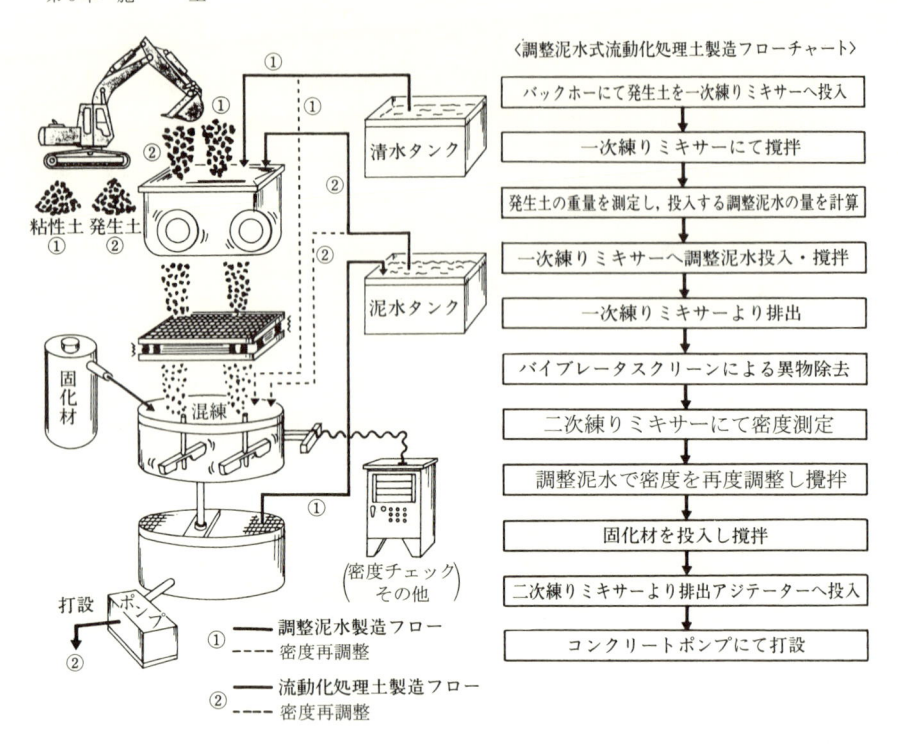

〈調整泥水式流動化処理土製造フローチャート〉

```
バックホーにて発生土を一次練りミキサーへ投入
          ↓
一次練りミキサーにて撹拌
          ↓
発生土の重量を測定し，投入する調整泥水の量を計算
          ↓
一次練りミキサーへ調整泥水投入・撹拌
          ↓
一次練りミキサーより排出
          ↓
バイブレータスクリーンによる異物除去
          ↓
二次練りミキサーにて密度測定
          ↓
調整泥水で密度を再度調整し撹拌
          ↓
固化材を投入し撹拌
          ↓
二次練りミキサーより排出アジテーターへ投入
          ↓
コンクリートポンプにて打設
```

① ―― 調整泥水製造フロー
　　 ---- 密度再調整
② ―― 流動化処理土製造フロー
　　 ---- 密度再調整

図5.8　バッチ式プラント

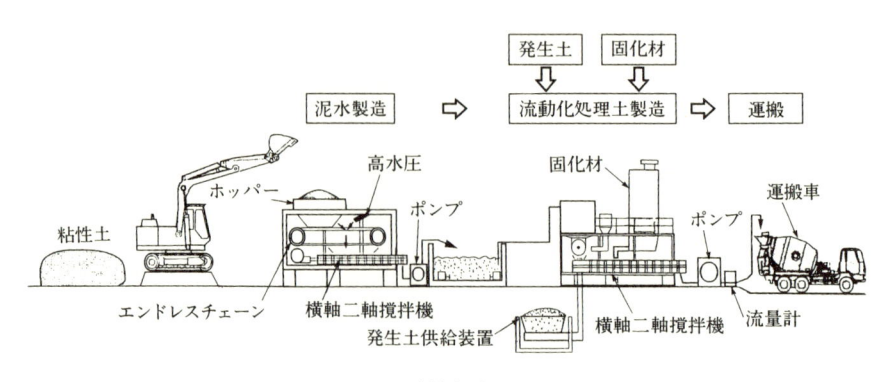

図5.9　連続式プラント

134

5.3 製造方法

5.3.4 プラントの騒音・振動

プラント稼働時の騒音・振動・粉塵については，試験工事のたびに実測して影響を評価している．ここでは，共同溝の埋戻し試験工事において臨海地区に設けたプラントでの調査結果を示す．

（1） 測定箇所

測定箇所を図5.10に示す．

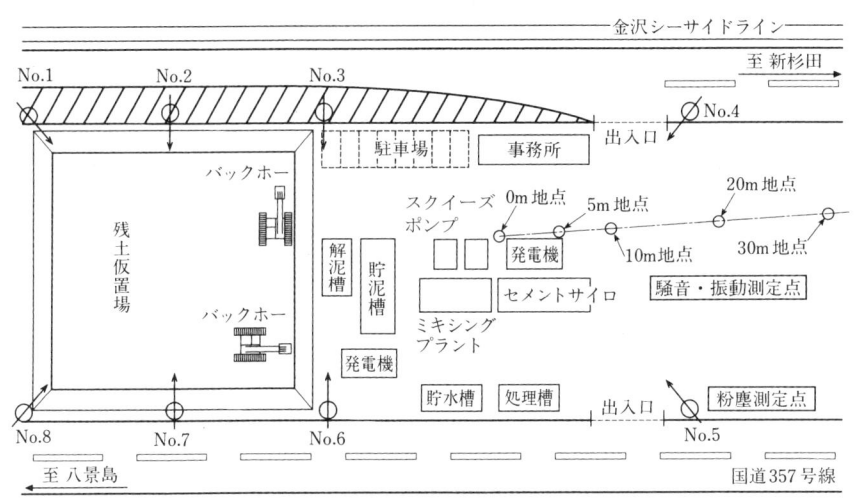

(注) スクイズポンプ×2台(CM-2000)／発電器125kVA×2台(NES150SH)
バックホー0.7m^3×2台(KOBELCO SK200)

図5.10 測定箇所位置図

（2） 騒音測定結果

騒音レベルと騒音源との距離の関係を図5.11に示す．主な騒音源であるスクイズポンプおよび発電機の設置地点では，プラント非稼働時の騒音（暗騒音）よりも10dB程度大きい騒音が記録されたが，30m離れた地点ではほぼ暗騒音と等しくなり，プラント稼

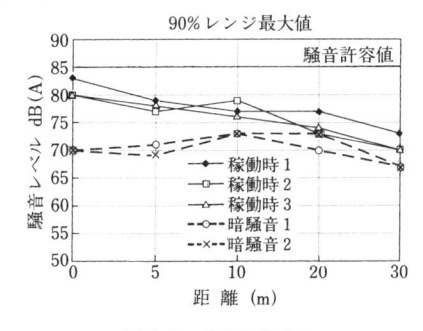

図5.11 騒音測定結果

働による騒音の影響はなくなる．

特定建設作業における騒音基準（作業場所の境界線において，85 dB 以下）は満足しているものの，都市部の住宅地などにプラントを設置する場合には騒音発生源の機器の配置に配慮したり，防音型の機械を選定するなどの配慮が必要である．

なお，騒音対策としては，以下の4つが考えられる．
① 防音型の機械の使用：騒音を出しにくい防音型の機械（発電機やバックホー）を使用する．
② 壁やシートによる音遮断：壁に当たった音を反射して通さない材料で仕切るか，覆うことによって，音の透過を防ぐ．
③ 吸音材による音の減衰：壁やシートの代わりに吸音材で音源を囲うことによって，音の透過を減衰する．
④ 距離による減衰：音の大きさは音源から距離が遠くなればなるほど小さくなるため，境界線や住宅地からなるべく遠い場所に音源（プラント）を設置する．

(3) 振動測定結果

振動レベルと震動源との距離の関係を図5.12に示す．騒音測定結果と同様，スクイーズポンプおよび発電機の設置地点では，プラント稼働時の振動の発生が記録されたが，10 m 離れた地点ではほぼプラント非稼働時の振動（暗振動）と等しくなっている．特定建設作業における振動基準（作業場所の境界線において75dB以下）は十分に満足しており問題はないが，都市部の住宅地などでは，低振動型の機械を選定するなどの配慮をするとよい．

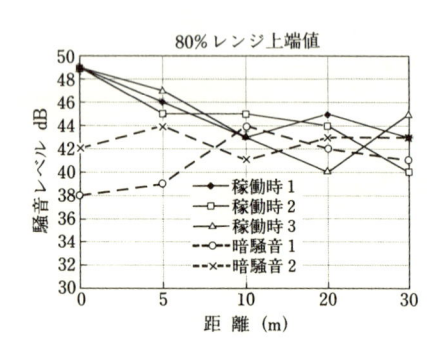

図5.12 振動測定結果

5.4 運搬方法

流動化処理土の運搬には,材料分離を防止するためコンクリート運搬に用いられるアジテータ車(10t)を使用することが多い.また,材料分離防止対策を有する場合は,建設汚泥運搬用の天蓋車やバキューム車の利用も可能である.アジテータ車以外で運搬するときは,運搬中の材料分離を防止することが必要である.材料分離は,荷卸し開始直後と終了直前の処理土の密度差が $0.05\,\mathrm{g/cm^3}$(ブリーディング試験においてブリーディング率1%相当の処理土に見られる密度差)を超えなければ,製造時の品質が維持されていると考えられる.

表5.3に示すような各運搬車の特長を考慮して,施工条件に合った運搬車を利用することが必要である.

表5.3 運搬車の特長

運搬車	積載量	長所	課題
アジテータ車	$4\sim5\,\mathrm{m^3}$	・材料分離が防止できる ・流動性が維持できる ・若干の混練効果がある	・積載量がやや少ない
天蓋車	$6\sim7\,\mathrm{m^3}$	・積載量の増加 ・直投打設が容易 ・清掃が容易	・材料の沈降分離対策が必要
バキューム車	$6\sim7\,\mathrm{m^3}$	・積載量の増加 ・ポンプ圧送が可能 ・直投打設が容易 ・打設時の飛散が減少	・毎回チャンバー内の清掃が必要 ・材料の沈降分離対策が必要

そのほか,運搬に関する一般的な留意点を以下に示す.
① 運搬経路は,所轄官庁と協議のうえ,検討して決定する.
② 付近に学校などの公共施設がある場合は,道路利用状況を把握し注意を図る.
③ 渋滞の可能性のある道路は,状況を調査し,運搬時間を推定する.
④ 運搬時間は通勤・通学時間帯を避けるほうがよい.
⑤ プラントの出入り口付近には交通誘導員を配置し,周辺交通の円滑化を図る.

⑥ 粒子状物質排出基準（ディーゼル車の排出ガス規制）を遵守する．

5.5 打設方法

流動化処理土の打設方法には，ポンプ圧送方式（**写真 5.16** および **写真 5.17**）と直接投入方式（**写真 5.18** および **写真 5.19**）がある．

ポンプ圧送方式は写真にみるように，コンクリートの打設と同様に打設位置の変更が圧送管の筒先の移動だけ済み，施工が容易である．特に打設現場の作業スペースが狭く制約を受けるような場合には，離れた場所から流動化処理土を圧送し打設することもできる．

直接投入方式は，打設現場の作業スペースが比較的広く，あまり制約のないような場合に有効で，埋設管の埋戻しや共同溝の頂版部の埋戻しなどに適している．写真のようなホッパーを使

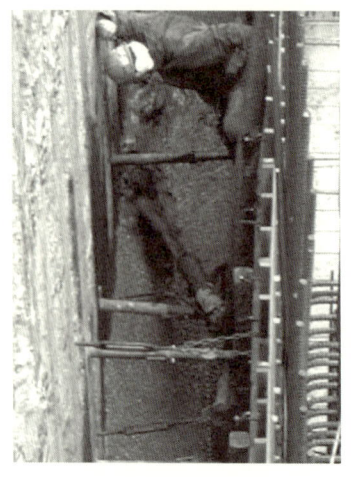

写真 5.16　ポンプ圧送打設

(a)　　　　　　　　　(b)

写真 5.17　コンクリートポンプ車による圧送打設

5.5 打設方法

(a) (b)

写真 5.19 直接打設(朝顔ホッパー使用)

用すると打設箇所を正確に管理でき，施工がしやすい．なお，直接投入方式はポンプなどの装置を必要としないため，打設作業用のスペースさえ確保できれば，ポンプ圧送方式よりも安価である．

打設時に降雨がある場合には，流動化処理土の品質に影響を与える可能性があるので，打設を中止するかシートで覆うなどの対策を講じる必要がある．

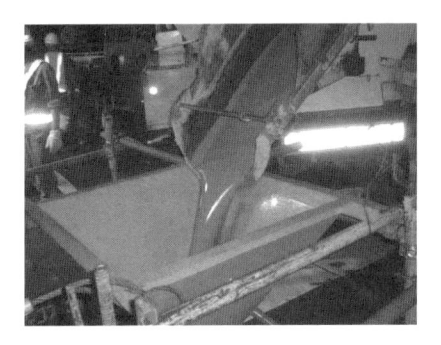

写真 5.18 直接打設(コンクリートミキサー車からの流し込み)

打設後，養生中に強い降雨がある場合も同様で，品質を確保するための対策を講じる必要がある．

打設箇所に大量の水が溜まっている場合は，原則として水を排水してから打設をする．ただし，配合設計時に水中打設を考慮して配合を決定した場合や，適切な対策を講じて打設を行う場合はこの限りではない．

埋設管などの埋戻しに流動化処理土を打設する場合は，打設前に埋設管に発生

する浮力を検討して，浮き上がり防止のための適切な対策を講じなければならない．

空洞などの閉塞した空間の充填に流動化処理土を用いる場合，天井部分に空気溜まりが発生するおそれがある．そこで完全な充填を行うためには，適切な箇所に空気抜き用配管や空気孔を設置するなどの対策を講じる必要がある．

5.6 施工（品質）管理

5.6.1 品質管理

流動化処理土は，コンクリートと異なり一般的に原材料の品質の変動が大きな建設発生土や泥土を用いるため，その影響を受けやすい．

流動化処理工法では，一定の品質を確保するために，図5.13に示すような用途に応じた適切な品質仕様の採用と，原材料の化学的原因と物理的原因に着目した品質管理方法を採用している．

発生土や泥土の物理的なばらつきに対しては，泥水または泥状土の粘性を調節する方法を適用し，固化材の硬化に影響を及ぼす化学的要因のばらつきに対しては，土質変化毎の配合設計を実施し適正配合をその都度決定することで，流動化処理土の品質の安定化を図っている．

流動化処理土は，転圧や締固めを必要としない土質改良工法であることから，まだ固まらない未固結の状態で品質を判断することが重要となるため，製造過程における泥水または泥状土の管理を重要視する．具体的には，泥水若しくは泥状土について密度および粘性を測定する．なお，発生土などのばらつきを有する場

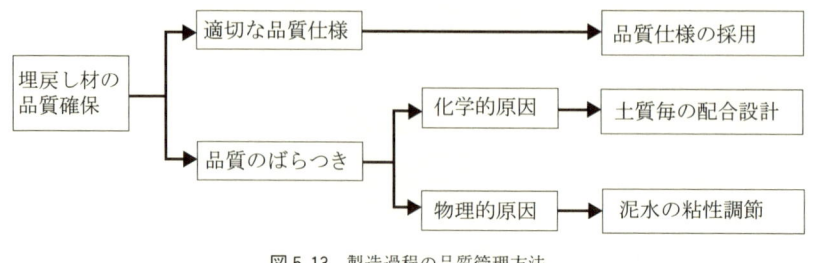

図5.13 製造過程の品質管理方法

5.6 施工（品質）管理

合には，処理土の品質を安定化させるためには，泥水もしくは泥状土の粘性を十分に管理する．

（1） 使用土砂の管理

使用する土砂の含水比は，土砂の性状が変化したときに測定するだけでなく，中断した工事を再開するときにも測定して追加水量を決定する必要がある．さらに，長期にわたるストック期間中や，砂質土を使用する場合は降雨後にも含水比を測定する．

なお，常設プラントにおいては，泥水と発生土を混合した「泥状土」について管理する場合には，使用土砂は管理対象外となる．

（2） 使用材料の管理

配合設計と同一の流動化処理土が製造されているか確認できるように，使用土砂，固化材，水の使用量を記録しておき，製造数量，流量計による打設数量あるいは出来形と照査する．

（3） 泥　状　土

流動化処理土は，製造された泥状土の品質が，すなわち処理土の品質となるため，製造過程における泥状土管理または調整泥水と発生土などを混合した後の泥状土管理が重要となる．

泥状土管理は，配合設計と同一の密度が確保されているかを確認することである．このとき，土質一定が前提条件となる．

過去の施工例では，泥状土の細粒分含有率F_cがおおむね5～8%程度異なると，配合試験で設定した密度に調節しても，流動化処理土の品質確保が困難な場合があった．このように土質の物理的なばらつきがある場合には，配合設計と同じ密度に調節しても所定の品質が得られなくなるから，流動化処理土の泥状土管理は，土質の変化に対応しながら，適正な品質が得られるように泥状土を調整する必要がある．

土質の変化が頻繁に発生する場合の泥状土管理として，Pロート試験器による粘性管理とロードセルを利用した密度計による密度管理を併用し，しかも測定頻度を多くすることで，所定の品質確保に効果を発揮している．

このように密度管理では対応しにくい発生土の物理的なばらつき（特に粒度構成）に対しては，粘性管理を併用すると，流動化処理土の品質の安定化を図るこ

とができる．

（4） 流動化処理土の密度，フロー値，ブリーディング率の管理

　流動化処理土の製造時および製造後のまだ固まらない状態において，泥状土密度，流動化処理土の湿潤密度，フロー値，ブリーディング率について，それぞれ試験を行い，品質を管理する．標準的な品質管理方法を**表5.4**に示す．

　流動化処理土は，泥状土の品質が即，処理土の品質につながるので，泥状土の品質管理方法は非常に重要になる．泥状土の管理は，従来，密度により管理されてきた．しかし，刻々と原料土の粒度構成がばらつく場合には，泥状土の密度管理を適用しても，一定品質の流動化処理土を製造することが困難な場合もある．その後の研究[3),4)]により，流動化処理土の品質は，製造過程における泥状土の粘

表5.4　流動化処理土の標準的な品質管理方法の例

試験対象	試験項目	試験方法	測定頻度	許容範囲
泥状土	粘　性	プレパックドコンクリートの注入モルタルの流動性試験またはロート試験[*1]	泥水貯蔵量の1/2に対し1回（ただし1日に最低2回以上実施）	配合設計基準で決めた上限と下限の密度の泥状土が示す各値の範囲以内[*2]
	密　度	定量容器で試料の容積質量を測定する．		
	粒　度[*3]	粒度試験または細粒分含有率試験		
流動化処理土	密　度	定量容器で，試料の容積質量を測定する．	1回以上／日	用途別品質規定の条件範囲内，かつ泥状土の上下限値で示された密度で発揮される各値の範囲内
	フロー値	平滑な盤上のシリンダ（ϕ80 mm，h 80 mm）に試料を充填し，シリングを鉛直に引き上げる．そして1分間経過後にその広がりを測定する．（JHS 313-1992 シリンダ法）		
	ブリーディング率	土木学会基準「プレパックドの注入モルタルのブリーディング率試験方法」（JSCE-1992）に準拠して行う．なお測定においては，計測開始から時間経過後の値を採用する．		
	一軸圧縮強さ	モールド（ϕ50 mm，h 100 mm）で供試体を3本作製し，原則として20℃の密封養生を行う．通常，材齢28日で試験を行い，このときの平均値を求める．		

※1：ロート試験を用いて粘性を評価すると試験に要する時間も短縮できる．流動化処理工法用に開発された改良型Pロート試験器を用いると所要の粘性に対する測定感度が高く測定誤差が少なくなる．
※2：常設プラントなどで長期間にわたり原料土の土性を安定化することができるときは各位の許容範囲を過去の品質管理の実績を考慮して決めることができる．ただし原料土に対して配合試験を実施したときに得られる配合設計基準図が示す許容範囲内でなければならない．
※3：粘性に代わり密度で泥状土を管理するときは粒度試験を併用する．

性の影響を強く受けることが明らかにされ，経験的に一部で実施されてきた泥状土の粘性管理の有効性が裏付けられた．

そこで，原料土の物性値（特に，粒度，含水比）が変動しても，一定品質を確保するための管理方法として，新たに泥状土の粘性係数を品質項目として導入することとした．

（5） 強度の管理

強度試験は，打設時に吐出口から試料を採取し，モールドに詰めて供試体を作製し，所定の材齢において一軸圧縮試験を行う．また，必要に応じて不撹乱試料を採取し，現位置における強度を確認する．

なお，流動化処理土の標準的な品質管理方法の例を表5.4に示すが，適用用途，施工条件などを十分に考慮のうえ，決定する必要がある．

5.6.2 用途別品質規定

流動化処理土を各種用途に適用する場合の，用途別の要求品質（案）を表5.5に示す．なお要求品質の設定にあたっては，施工条件や適用箇所の重要性なども十分に考慮のうえ決定する必要がある．

流動化処理土の一軸圧縮強さは，10年間の追跡調査結果から強度低下がない[5]ことが明らかにされているものの，工法としての歴史も浅いことから，長期的にみても十分な安定性が確保されていると断言するには至らず，今後の経過を見守る必要がある．

したがって，比較的強度が小さい部類の改良土に属する流動化処理土は，長期的な安定性を担保できるような方法を導入しておくことが必要と考えられる．

比較的低強度で湿潤密度が高い流動化処理土は，せん断時に正のダイレタンシーにより，一軸圧縮強さを上回るせん断強度が得られる[6],[7]から，このような場面では，せん断強さにある程度の余裕を含んでいることになる．

一方，圧縮時の支持力機構は，セメンテーションが支配的で，せん断時のような密度効果が大きくない[8]．したがって，せん断時と圧縮時では，密度効果が一定ではないことになる．

そこで，長期的な安定性は，湿潤密度が$1.6 \mathrm{g/cm^3}$未満の場合には，化学的な安定（セメンテーション）によって，また$1.6 \mathrm{g/cm^3}$を超える場合には，セメン

第5章 施工

表5.5 流動化処理土の用途別品質規定の例

・流動化処理土の品質は用途により規定されている．一例として旧建設省総合技術開発プロジェクト「建設副産物の発生抑制・再生利用技術の開発」で検討された品質規定を以下に示す．詳細は「流動化処理土の利用技術マニュアル」を参照されたい．

用途	適用対象	品質項目	品質規定
地下構造物の埋戻し	共同溝軀体，建築地下部，地下駐車場，地下鉄駅舎，開削地下鉄など	フロー値(流動性)	140 mm 以上(打設時)
		ブリーディング率(材料分離性)	1%未満
		処理土の湿潤密度	1.50t/m^3 以上
		一軸圧縮強さ	100 kN/m^2 以上(密度 1.60 g/cm^3 以上) 300 kN/m^2 以上(密度 1.60 g/cm^3 未満)
土木構造物の裏込め	擁壁，カルバートなど	フロー値(流動性)	140 mm 以上(打設時)
		ブリーディング率(材料分離性)	1%未満
		処理土の湿潤密度	1.6t/m^3 以上
		一軸圧縮強さ	100 kN/m^2 以上
地下空間の充填(閉塞)	廃坑や坑道の充填	フロー値(流動性)	200 mm 以上(打設時)
		ブリーディング率(材料分離性)	3%未満
		処理土の湿潤密度	1.40t/m^3 以上
		一軸圧縮強さ	100 kN/m^2 以上(密度 1.60 g/cm^3 以上) 300 kN/m^2 以上(密度 1.60 g/cm^3 未満)
小規模空洞の充填	路面下空洞，構造物背面の空洞，廃管内部など	フロー値(流動性)	200 mm 以上(打設時)
		ブリーディング率(材料分離性)	3%未満
		処理土の湿潤密度	1.40t/m^3 以上
		一軸圧縮強さ	300 kN/m^2 以上 外力が作用しない場合は 100 kN/m^2 以上
埋設管の埋戻し	ガス管，上下水道管など	最大粒径	管周り 13 mm 以下
		フロー値(流動性)	140 mm 以上(打設時)
		ブリーディング率(材料分離性)	3%未満
		処理土の湿潤密度	1.40t/m^3 以上
		(後日復旧) 一軸圧縮強さ	(車道下) 交通開放時 130 kN/m^2 以上 28 日後　200～600 kN/m^2 (歩道下) 交通開放時 50 kN/m^2 以上 28 日後　200～600 kN/m^2
埋設管の受け防護	ガス管，上下水道管など	フロー値(流動性)	140 mm 以上(打設時)
		ブリーディング率(材料分離性)	1%未満
		処理土の湿潤密度	1.40t/m^3 以上
		一軸圧縮強さ	100 kN/m^2 以上(密度 1.60 g/cm^3 以上) 300 kN/m^2 以上(密度 1.60 g/cm^3 未満)

5.6 施工（品質）管理

基礎周辺の埋戻し	橋脚基礎，杭基礎周辺など	フロー値（流動性）	140 mm 以上(打設時)
		ブリーディング率（材料分離性）	1%未満
		処理土の湿潤密度	1.6 t/m³ 以上
		一軸圧縮強さ	100 kN/m² 以上
大口径埋設管の埋戻し（地盤反力係数等の設計定数要）		フロー値（流動性）	140 mm 以上(打設時)
		ブリーディング率（材料分離性）	1%未満
		処理土の湿潤密度	1.60 t/m³ 以上
		一軸圧縮強さ	200 kN/m² 以上
建物の基礎部	ラップルコンクリートの代用	フロー値（流動性）	140 mm 以上(打設時)
		ブリーディング率（材料分離性）	1%未満
		処理土の湿潤密度	1.8 t/m³ 以上
		一軸圧縮強さ	必要強度の3倍以上
水中構造物の埋戻し		フロー値（流動性）	140 mm 以上(打設時)
		ブリーディング率（材料分離性）	1%未満
		処理土の湿潤密度	1.40 t/m³ 以上
		一軸圧縮強さ	400 kN/m² 以上 不透水化処理をしたとき 200 kN/m² 以上
シールドトンネルインバート部	地下鉄シールド部の道床下(列車荷重を支持する場合)	フロー値（流動性）	140 mm 以上(打設時)
		ブリーディング率（材料分離性）	1%未満
		処理土の湿潤密度	1.6 t/m³ 以上
		一軸圧縮強さ	6 000 kN/m² 以上

備考
①現場掘削土を再利用する条件が与えられ，品質規定で示される所有の湿潤密度が配合で達成できないときは，現場掘削土で流動性等の品質が満たされる最大の湿潤密度を規定値とする．
②主材となる発生土および建設泥土(汚泥)は汚染土を除き，建設現場から発生するすべての土が使えるが，経済面からは低品質の発生土(第3種・第4種)および建設泥土(汚泥)を再生利用すると有利になる．発生土の最大粒径は最大 ϕ40 mm まで使用することができるが，材料分離の観点から調整泥水が必要になる．
③再掘削を前提とするときは一軸圧縮強さを 600 kN/m² 以下，最大でも 800 kN/m² 以下とするよう強度発現を調整する．
④流動化処理土が海水や池の水に直接触れる環境にある場合は，透水係数を改良したり混和剤により撥水性を改良したりする配合を考慮する．

テーションの他に物理的な安定（間隙比）をもって担保すべく，一軸圧縮強さの基準値に差異を設けた．

5.6.3 出来形管理

盛土などに用いられた流動化処理土の出来形管理は，材料の納入伝票，打設形状から確認する．なお，充填など不可視部分が多い用途に用いられた場合には，

納入伝票，流量計などで確認を行う．

5.6.4 配合修正

流動化処理土は，事前の配合試験により求めた室内配合と，プラントで製造された流動化処理土の品質の差が小さく，同等の品質を再現することができる一方，原料土の品質のばらつきが大きい場合に，配合一定のまま流動化処理土を製造すると品質が不安定になる．

そこで，流動化処理土は，原料土のばらつきに対処するために配合を修正して，品質の安定を図る方法が用いられる．

配合修正には，①固化材量一定のまま泥状土の密度を変更し粘性を一定に保つ方法と，②固化材量を変更する方法とがある．

① 固化材量一定のまま泥状土の密度を変更し粘性を一定に保つ方法

目視によって土質の変化が認められず，かつ，泥状土密度を目標値に調節しても，泥状土の粘性が許容値を超える場合，または流動化処理土の密度が目標値に適合しているにもかかわらず，フロー値が許容値を満たさない場合に，所定の泥状土の粘性もしくは処理土のフロー値が得られるように，泥状土の目標密度を変更して，流動化処理土の品質を確保する．

例えば，4.5.6 配合決定 の図 4.11 配合設計基準図 の場合，泥状土密度を 1.52 ～ 1.57 g/cm^3 に調節すれば，処理土の要求品質が満たされることになる．しかし，製造過程において泥状土密度を 1.57 g/cm^3 に調節しても密度 1.52 g/cm^3 で得られるフロー値 250 mm を超えるような場合は，もはやこの配合が通用しないこととなる．

特に粒度構成（砂分）に変化が生じると，泥状土密度とフロー値および一軸圧縮強さの関係が左右どちらかに，ほぼ平行にスライドする傾向が認められるから，配合試験を実施しなくても泥状土の粘性が一定になるように泥状土密度を調節すれば，流動化処理土の品質を安定させることができる．

② 固化材量を変更する方法

固化材の強度発現に影響を及ぼす程度に発生土が変化したときに，配合試験を再度，実施して適正配合を求める．一般的には，目視によって土質が変化したことが，事前にわかっている場合に適用される．

参考文献

1) 久野，市原，小林：原料土の含水比低下に伴う処理土の配合修正に関する一考察，土木学会第56回年次学術講演会，2001.10
2) 岩淵，市原：各種泥水のコンシステンシー試験に用いる補助装置の開発，第39回地盤工学研究発表会，2004.7
3) 久野，岩淵，市原，吉原，斉藤：流動化処理土の流動性に関する実験的研究
4) 久野，岩淵，三ツ井，和泉，吉原，斉藤：処理土のブリーディング・材料分離に関する2・3の考察
5) (社)セメント協会：セメント系固化材を用いた改良体の長期安定性に関する研究，(社)セメント協会，2002.3
6) 久野，市原，二見：流動化処理土の強度特性における密度の影響，第35回地盤工学研究発表会，2000.6
7) 久野，岩淵，市原：固化した流動化処理土の力学的特性と品質基準に関する考察，土木学会論文集 No.750/Ⅲ-65，2003.12
8) 岩淵，安部，三ツ井，岩橋，市原，勝田：打設された流動化処理土の現場性能実験（―平板載荷試験―），第419回地盤工学研究発表会，2006.7

第6章　用途別施工事例

　流動化処理土がよく適用される以下の用途について，代表的な施工事例と施工上の特記事項または補足事項を述べる．

事例 1　共同溝の埋戻し工事（調整泥水式による処理土の製造）
事例 2　共同溝の埋戻し工事（粘性土選別式による処理土の製造）
事例 3　路面下空洞充填工事
事例 4　水道管敷設替え工事の埋戻し工事（周辺埋設管の受け防護工の省略）
事例 5　ガス管の埋戻し工事
事例 6　多条保護管の埋戻し工事
事例 7　廃坑の埋戻し工事
事例 8　建造物床下埋戻し工事
事例 9　建設基礎の埋戻し工事
事例 10　火力発電所放水口工事における流動化処理土の水中施工
事例 11　使われなくなった小口径埋設管の埋戻し工事
事例 12　流動化処理土による拡幅盛土
事例 13　橋脚基礎の埋戻し
事例 14　地下鉄工事における流動化処理土の製造・運搬（固定式プラントによる製造）
事例 15　遠隔地での小規模充填工事（簡易製造法による流動化処理土の製造）
事例 16　下水道管の埋戻し工事（難透水性を利用し水路敷内に管路を埋設）

事例1　共同溝の埋戻し工事（調整泥水式による処理土の製造）

施工概要

埋戻しを行った共同溝は開削工法により施工され，その軀体標準部は2連2層で敷設される．鋼矢板による土留め壁を採用しており，鋼矢板は埋殺し設計になっている．当初設計では，軀体と鋼矢板の間（30～50cm程度）は，砂による埋戻しが計画されていた．流動化処理土により埋戻す範囲は，軀体両側と頂版上約50cmまでである（事例図1.1）．

共同溝3現場から発生する土量は合計 32 200 m³，このうち良質土（無処理で再利用可能／第1種建設発生土）が 16 000 m³，不良土（流動化処理土として使用／第3種および第4種建設発生土）が，16 200 m³ である．

施　工　期　間：1995年5月～1996年4月
施　工　現　場：都内共同溝3現場
埋戻し延長距離：1 400 m
埋　戻　し　土　量：18 000 m³
再利用発生土：第3種および第4種建設発生土
施工システム：連続式固定式プラントによる調泥式流動化処理

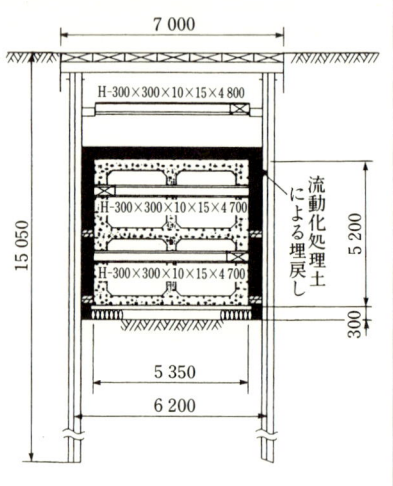

事例図1.1　処理土による埋戻し範囲

（1）　施工上の特徴

流動化処理工法により発生土を再利用するためには，ストックヤードとプラントサイトの確保が条件になる．今回の工事では，掘削土の受入れと処理土の配送を3つの現場で集約する中央集積配送方式とした．**事例図1.2**に現場とストックヤード・製造プラントの位置関係を示す．ストックヤードとプラントは東京都江東区有明地先に設置した．これにより発生土の搬入と処理土の搬出を平準化し，1現場当りの製造コストの低減を図った[1]～[4]．

ヤードは一般国道357号線の3種道路敷（未施工区間）で，平均幅9.5 m，長さ1 500 m，集積可能土量は約22 000 m³ と，細長い敷地であった．

ストックされた発生土の物理試験を実施した．結果を**事例表1.1**に示す．表に

事例1 共同溝の埋戻し工事（調整泥水式による処理土の製造）

示すとおり発生土の土性は，シルトと粘土分の多い砂質シルトと砂分の多い砂質土に大別される．ストックヤードが細長いため，これらの発生土は，第1種発生土を除いて，分類されることなく現場で発生した順にストックされた．

したがって，処理土の製造に際してヤードから同類の発生土を安定的に採取で

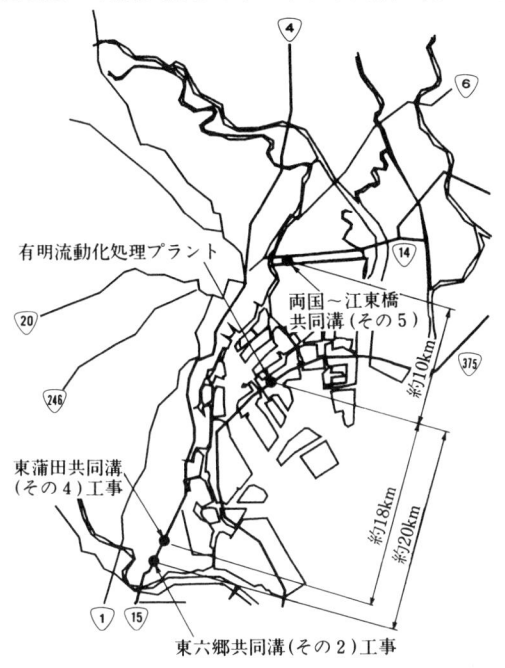

事例図1.2 現場とストックヤードの位置関係

事例表1.1 物理試験結果

	砂 有明A	砂質シルト 有明B	砂質シルト 有明C-1	砂質シルト 有明C-2	砂質シルト 両国D-1	砂質シルト 両国D-2
含水比	11.03	34.90	34.88	32.77	35.49	42.73
土粒子の比重	2.579	2.623	2.607	2.578	2.659	2.598
液性限界	―	47.50	33.43	―	―	40.90
塑性限界	―	25.73	21.79	―	―	28.07
砂（％）	98.80	18.67	40.62	46.32	77.11	33.53
シルト（％）	1.12	81.33	59.38	53.68	22.90	66.47
粘土（％）						

きず，製造された処理土の品質の安定が難しいと判断された．そこで安定した泥水を予め製造し，これにより発生土のばらつきを抑える調整泥水式の製造工程を採用した．

（2） 仮設および付帯設備

建設発生土のストックヤードおよびプラントの配置図を事例図1.3に示す．

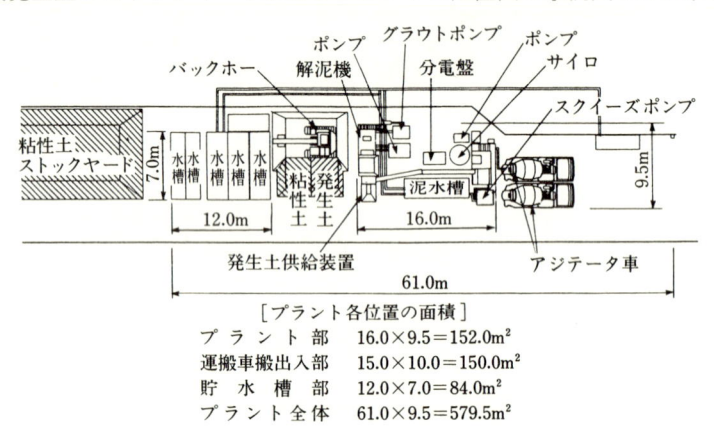

[プラント各位置の面積]
プラント部　　　16.0×9.5＝152.0m²
運搬車搬出入部　15.0×10.0＝150.0m²
貯　水　槽　部　12.0×7.0＝84.0m²
プラント全体　　61.0×9.5＝579.5m²

事例図1.3　製造プラント配置図

1）　ストックヤード

ストックヤードの周辺は，建設発生土の飛散を防止する目的で万能鋼板による仮囲いを行った．ストックされた建設発生土は，ヤードが細長いためドーザーにより場内運搬を実施した．発生土投入にはバックホーを用いた．

2）　プラントヤード

建設発生土の運搬と処理土の運搬にダンプトラックやアジテータ車を用いたので，ヤードの入口と処理土搭載場所には鋼板を敷いた．ヤードは舗装してあった．

3）　給・排水施設

処理土製造に用いる水は，周辺に水の供給施設がなかったので購入してローリー車で搬入した．作業終了後に発生するプラントやアジテータ車の洗浄水は，水槽に貯めて翌日の泥水製造時に再利用した．

4）　電力施設

プラント，夜間作業のための照明その他の電力は，ジェネレーターを用いて確保した．

事例1 共同溝の埋戻し工事（調整泥水式による処理土の製造）

5) その他の施設

仮設事務所は，2階建てユニットハウスを事務所用・労務用・会議室用として用いた．また品質管理試験室用に別途ユニットハウスを確保した．

（3） 配合設計

流動化処理土の目標品質は**事例表1.2**のとおりに決めた．共同溝3現場への運搬は，0.8〜1.5時間の運搬時間が予想され，経過時間に対するフロー値の低下が懸念された．このため製造時のフロー値を打設時よりも40 mm程度高く設定し製造した．また，この条件で密度が最も高くなるなるよう付帯条件を設けた．

全体の発生土は7種類に分類し，目標品質に適う配合を7種類設定した．配合を**事例表1.3**に示す．固化材は一般軟弱地盤用セメント系固化材を使用した．

事例表1.2　目標品質

製造時フロー値 (mm)	打設時フロー値 (mm)	一軸圧縮強さ (kgf/cm^2)	ブリーディング率 (%)
240〜180	200〜140	2以上	1未満

事例表1.3　使用した7種類の配合

ケース	泥水密度 γ_f	泥水の混合比 P	処理土の密度 γ_l	泥水 W_d 粘性土 (kg)	泥水 W_d 水 (kg)	発生土 W_s (kg)	固化材 (kg/m^3)	フロー値 (mm)	一軸圧縮強さ q_u (kgf/cm^2) σ_7	一軸圧縮強さ q_u (kgf/cm^2) σ_{28}	摘要
1	1.25	0.45	1.833	234.9	303.9	1197.4	96.8	200	4.0	—	
2	1.225	0.50	1.630	205.4	305.6	1022.0	96.8	200	3.0	—	
3	1.65	—	1.694	1377.0	220.6	—	96.8	210	3.4	—	
4	1.46	—	1.518	964.1	449.4	—	96.8	200	—	—	
5	1.36	—	1.414	808.6	508.1	—	96.8	200	3.1	—	
6	1.225	0.60	1.670	237.0	352.6	982.6	96.8	200	4.5	—	
7	1.15	0.50	1.588	179.0	318.0	994.0	96.8	180	2.6	—	

（注）　固化材添加量は外割り100 kg/m^{3}として計算を行った．泥水の混合比Pおよび発生土は次式で与えられる．$P = W_d/W_s$（W_s：発生土の重量，W_d：泥水の重量）

（4） 処理土製造

1) 処理土の製造方法

調泥式流動化処理土製造フローを**事例図1.4**に示す．必要量の粘性土を解泥し，

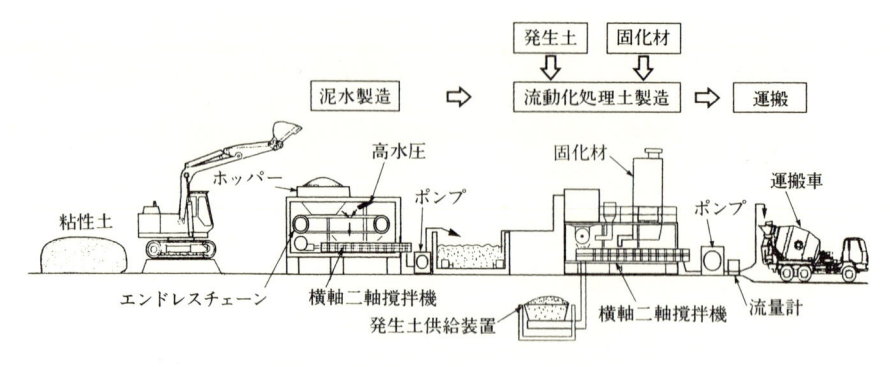

第6章　用途別施工事例

事例図1.4　調泥式流動化処理土製造フロー

事例表1.4　プラントの形式

前処理	解泥方法	貯泥槽	混練方法	製造管理	固化材	備考
バースクリーン	連続式パドルミキサー	アジテータ付きノッチタンク	連続式パドルミキサー	フロー値任意検出	移動用セメントサイロ	購入水使用

貯泥槽に貯め，砂質系発生土と固化材に適宜添加して混練する．

プラントの諸形式を事例表1.4に示す．

2)　プラント占有面積

製造プラントヤードは，約 400 m² と他の地盤改良工法プラントに比べ若干広い面積を占有した．プラントの縮小化，機械の小型化が今後の課題となった．

(5)　運搬打設

1)　運　　搬

運搬はミキサー車を用いた．積載量は，4.5 m³ とした．流動化処理土の直接工事のうち，運搬費が大きな割合を占めた．運搬方法の改良対策が必要である．

2)　打　　設

現場に運搬した流動化処理土は，打設現場の制約（作業帯・交通規制状況等）に応じて直接打設とポンプ圧送が採用された．**事例写真1.1**および**事例写真1.2**に流動化処理土の打設状況を示す．

ポンプ圧送は，コンクリート圧送に比べ50％以下の圧力で圧送が可能であることが確認されており，必要箇所へ確実な埋戻しが簡単に行えた．しかし施工コストは直接打設に比べ割高である．

事例1　共同溝の埋戻し工事（調整泥水式による処理土の製造）

事例写真1.1　流動化処理土の打設状況（直投式）

事例写真1.2　流動化処理土の打設状況（圧送式）

事例写真1.3　階段式打設

共同溝の躯体頂版が地下2.5 mから地下13 m程度まで下がる場所があった．この区間の埋戻しは，合板と単管パイプによる4 m程度の簡単な壁面型枠を使い階段状に3段で打設した（事例写真1.3）．

（6） 品質管理計画

品質管理はプラントでの製造時のものを対象とした．管理試験項目は一軸圧縮強さ，フロー値，密度，ブリーディング率である．頻度は2回/日，約40～50 m^3 に1回程度となる．なお，夏期の運搬時間によるフロー値低下を調査するため，出荷時と打設時にフロー値試験を実施し，低下量を測定した．品質管理結果を以下に示す．

1) フロー値

結果は，平均値233 mm，分散範囲190～270 mmであった．目標フロー値範囲180～240 mmで，中心値で13 mm程度大きくなった．若干大きめの傾向は，運搬時のフロー値低下を懸念したためと思われる．

フロー値の低下は，製造時のフロー値が220 mmと小さいほど低下量は少なく（50 mm程度），300 mmと大きいほど低下量は大きい（120 mm）．

2) 密　度

結果は，平均値1.62であった．実施工の密度は基本配合よりやや軽い値となった．

3) 一軸圧縮強さ

結果は，平均値3.98 kgf/cm^2，標準偏差1.41，分散範囲1.0～8.0 kgf/cm^2 となった．また6～7台の強度の出過ぎたサンプルも認められた．

4) ブリーディング率

ブリーディング率は，0.2％程度以下が大半を占め，すべての試料が1％以下であった．

5) その他

現場で発生した土量と最終的に処理土として埋め戻された量から，土量変化率を算出した．結果は，1.44～1.46と，比較的良好な発生土の再利用率となった．

●施工上の補足事項

調泥式による流動化処理土製造システムを含む共同溝の埋戻し施工手順は，図

事例1　共同溝の埋戻し工事（調整泥水式による処理土の製造）

5.1に示す標準的な施工手順に等しい．施工手順の補足事項を以下に示す．

（1）　処理土の製造

流動化処理土は，経験的にセメント添加量が少なくなるとセメントの均等拡散が不十分になり，結果として最低強度を安定的に確保することが難しくなる．試験室レベルの知見から，細粒分を多く含む配合では，外割り添加量80～100 kg以上では最低強度の確保が安定し，50 kg以下で不安定になることが知られている．

セメントの均等拡散に関する混練仕様は，プラントの形態と混練時間で定義される．均等拡散がプラントで確実に行われると，配合どおりの強度発現が得られる．そこで共同溝の試験工事で強度発現を調査した．プラントはパドル式の混練機を用いた．仕様を事例表1.5に示す．

事例表1.5　試験工事で使われた混練機の仕様

形　式	パドル数	滞留容積	製造量	撹拌時間	撹拌回転数
連続式	48羽根（二軸）	$0.9\ m^3$	$15\ m^3/h$	3分26秒	60 rpm

サンプルは処理土約$50\ m^3$製造毎に3供試体を抽出し，一軸圧縮試験を行った．打設された処理土もボーリング調査を行い，一軸圧縮強さを調べた．

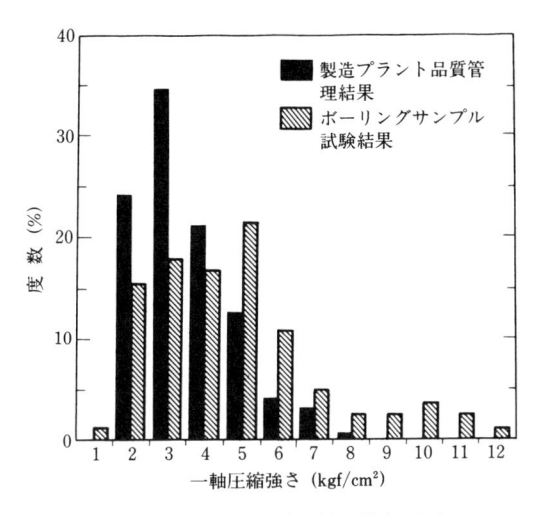

事例図1.5　製造された処理土の強度の分布

配合設計での目標強度は，外割りセメント添加量 100 kg の条件で q_u＝2～5 kgf/cm^2 の範囲である．調査結果を**事例図 1.5** に示す．

製造時に採取した品質管理の一軸圧縮強さは，重み付き平均値 3.5 kgf/cm^2 で，92 ％が指定された範囲に収まった．ボーリング採取サンプルは，重み付き平均値 4.2 kgf/cm^2 で，71 ％が指定された範囲内となった．ボーリングサンプルは製造から 3 ヵ月以上経過しているため，強度が大きくなったと考えられる．

この結果，パドル式混練機を用い，0.9 m^3 の混練に対して外割りセメント添加量 100 kg を 3 分 30 秒程度攪拌すると，セメントの均等攪拌が十分進み，安定した強度が得られることが確認された．

（2） 運 搬

運搬コストは直接工事費の数 10 ％を占める．共同溝の試験工事でミキサー車 1 台当りの運搬効率を調査した．結果を打設時間も含めて**事例表 1.6** に示す．

表によるとプラント待機時間が長く，B の現場を除けば現場待ちも長い．待ち時間は現場の打設受入れ態勢に関連し，現場の本体工事の進捗状況や打設位置の変更等が要因となる．

各項目の割合は，待ち時間（17 ％），運搬時間（66 ％），現場待ち時間（9 ％），打設時間（8 ％）となる．待ち時間は合計 26 ％となり，現場の受入れ態勢がミキサー車の実稼働率に大きく関連しているのが理解される．

共同溝の施工では，埋戻し時期が本体工事の進捗状況に左右される．プラントと現場との工程調整がコストと関連して重要になる．

事例表 1.6　運搬車の稼働記録の例

現場	調査日数	運搬距離(km)	プラント待ち (min/台)	運搬距離 (min/km/台)	現場待ち (min)	打設 (min)
A	4 日	9.5	32.4	8.9	16.3	13.1
B	4 日	17.0	26.3	6.1	1.4	11.3
C	4 日	19.0	18.6	5.5	25.6	12.3

（4） 品 質 管 理

中央集積配送方式で施工する場合，処理土のフロー値が運搬中に低下する．低下の傾向は**第 3 章流動化処理土の工学的特性**に説明されているので，適当な低下量を見込み製造時フロー値を決める必要がある．

事例2　共同溝の埋戻し工事（粘性土選別式による処理土の製造）

施工概要

A市内の共同溝工事で発生する発生土を流動化処理工法により再利用した．処理土による埋戻し範囲を**事例図2.1**に示す．軀体と鋼矢板の間と頂版上50 cmまでである．鋼矢板は当初設計どおりに埋め殺した．

処理土の製造は1現場で発生した沖積粘土のみを使用し，処理土は5現場に配送された．

　施　工　時　期：1995年6月～1996年4月
　施　工　場　所：A市内共同溝工事5現場
　埋　戻　し　土　量：18 500 m^3
　再利用発生土：第4種建設発生土（沖積粘土）
　施工システム：固定バッチ式プラントによる発生土選別式流動化処理

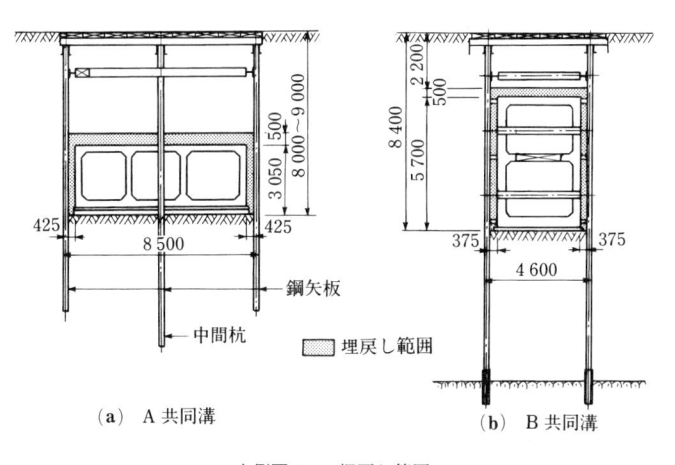

事例図2.1　埋戻し範囲

（a）A共同溝　　　（b）B共同溝

（1）　施工上の特徴

1箇所の現場で発生した土（約1万m^3）を仮設のストックヤードで流動化処理し，5箇所の共同溝現場に配送した．ヤードは幅が広く発生土の分類は可能であった．発生土は単一現場から搬入されるため，分類上，第4種建設発生土（沖積粘土）だけで，土性に極端なばらつきはなかった．代表的な発生土の物理特性を**事例表2.1**に示す．

第6章 用途別施工事例

事例表2.1 代表的な土の物理特性

分類名	自然含水比 (%)	土粒子の密度 (g/cm³)	粒度構成 (%)				液性限界 (%)	塑性限界 (%)
			礫分	砂分	シルト分	粘土分		
粘 土	59.4	2.67	3.5	33.2	18.0	45.3	67.0	35.8
粘 土	74.5	2.73	4.8	21.0	21.2	53.0	85.8	37.6
粘 土	56.2	2.72	8.5	30.8	18.7	42.0	78.9	45.6

表に示すように発生土は粘性土のみであることおよび細粒分含有量が安定していることから，調泥式ではなく，発生土単体の製造方法を採用した．ただし目標品質を安定的に確保するために，ストックヤードに集積された発生土を代表的な7種類に分類し，これに対して7ケースの配合を決め対応した．

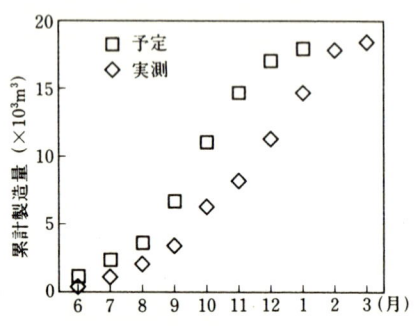

事例図2.2 当初打設数量と実打設数量の比較

処理土製造に際して発生土の識別は，泥水の粘性に着目し比重と流動性の関係から行った．また配合設計では運搬による流動性の低下を考慮した．

一方，共同溝の埋戻し工程は，躯体工事の進捗状況に左右され，プラントの稼働時間が不規則で製造休止日もでる．このため実施工では製造量にむらができ，プラント製造能力を上まわる埋戻し量を要求されることがたびたび発生する．このため毎月1回の工程会議で埋戻し予定数量の調整を行った．

共同溝5工事の当初打設予定数量と実打設数量を事例図2.2に示す．

（2） 仮設および付帯設備

建設発生土のストックヤードおよびプラントの配置図を事例図2.3に示す．

1) ストックヤード

建設発生土の飛散を防止する目的で，建設発生土のストックヤード周囲に万能鋼板を用いて仮囲いを行った．ストックされた建設発生土は，バックホーを用いて場内運搬を実施した．

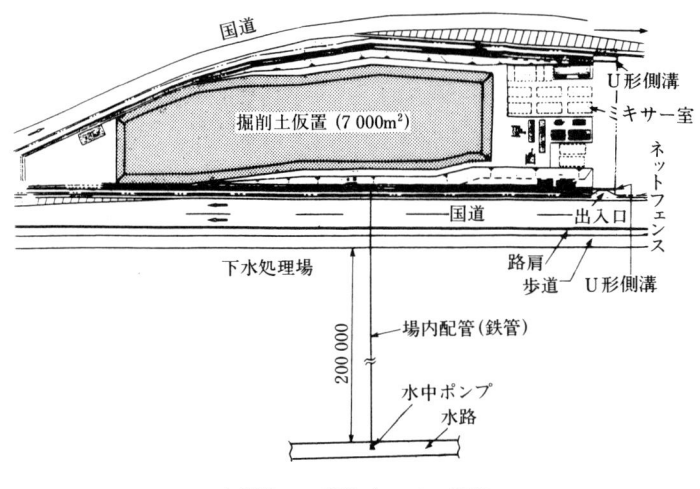

事例2　共同溝の埋戻し工事（粘性土選別式による処理土の製造）

事例図2.3　製造プラントの概要

2) プラントヤード

建設発生土の運搬と処理土の運搬にダンプトラックやアジテータ車を用いたので，場内および一般国道を汚さないように，プラントヤード周辺は簡易舗装を行った．

3) 給・排水施設

流動化処理土の製造に用いる水は，下水処理場で処理された中水道を用いた．中水道は管路で国道下を横断させ，プラントヤード内に設けた水槽内に貯めた．

作業終了後に発生するプラントやアジテータ車の洗浄水は，処理槽に貯めて翌日の泥水製造時に再利用した．また事務所等で使用した水は，素堀り側溝に貯めて，自然浸透させた．

4) 電力施設

プラント，夜間作業のための照明その他の電力は，ジェネレーターを用いて確保した．

5) その他の施設

仮設事務所は，2階建てユニットハウスを事務所用・試験室用・労務用・会議室用として用いた．

（3） 配合設計

埋戻しで決定した目標品質を**事例表 2.2**に示す．一軸圧縮強さは材齢 28 日，ブリーディング率は製造 3 時間経過後とした．7 種類の配合のうち，製造量の多い 3 種類を例として**事例表 2.3**に示す．

事例表 2.2　目標品質

製造時フロー値 (mm)	打設時フロー値 (mm)	一軸圧縮強さ (kgf/cm^2)	ブリーディング率 (%)
240～180	140 以上	2 以上	1 未満

事例表 2.3　代表的な配合

種別	泥水比重	処理土密度 (g/cm^3)	配合（処理土 1 m^3 当り）		
			発生土 (kg)	水 (kg)	固化材 (kg)
Case 1	1.34	1.40	839	460	97
Case 2	1.21	1.27	566	606	97
Case 3	1.27	1.33	647	584	97

（4） 処理土製造

処理土はバッチ式プラントで行った．製造システムを**事例図 2.4**に示す．プラントの諸形式を**事例表 2.4**に示す．主なプラントの設備を**事例表 2.5**に示す．

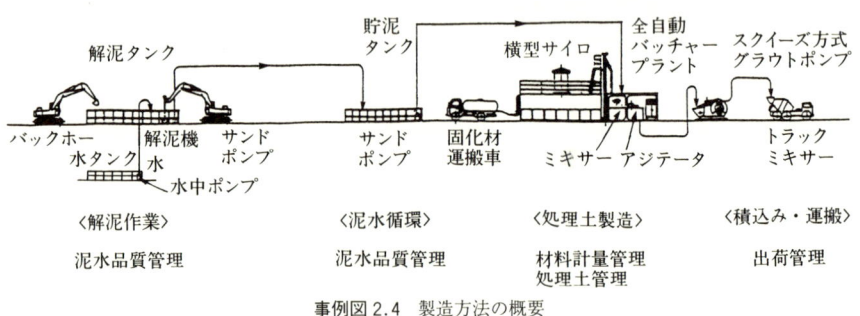

事例図 2.4　製造方法の概要

事例表 2.4　プラントの形式

前処理	解泥方法	貯泥槽	混練方法	製造管理	固化材	備考
ノッチタンク内異物除去	ノッチタンクおよびトレンチャー	ノッチタンクおよびサンドポンプ	バッチ式パン型ミキサー	密度計測	移動用セメントサイロ	中水道水使用

事例2　共同溝の埋戻し工事（粘性土選別式による処理土の製造）

事例表2.5　主なプラント設備

	使用機械	仕様	数量	備考
泥水用	バックホー	0.7 m^3	1台	発生土投入用
	専用解泥機	20 m^3/h	1台	連続式
	貯泥用水槽	20 m^{3}用	1基	循環装置付き
	水槽	30 m^3	2基	清水用
	サンドポンプ		2台	送泥用
処理土用	処理土混練機	20 m^3/h	1台	バッチ式
	セメントサイロ	30 t	1台	
	ジェネレーター		1台	
	高圧洗浄機		1台	
	コンプレッサー		1台	
	水中ポンプ		1台	清水用
積載	流量計		1台	打設量管理
	コンクリートポンプ	20 m^3/h	1台	
運搬	アジテータ車	10 t		4 m^{3}積み
打設	ポンプ車	2～4 t車	1台	

（5）運搬打設

1）運搬

運搬はミキサー車を用いた．積載量は，4.5 m^{3}とした．運搬距離は13〜31 kmの範囲であった．

2）打設

直接投入方式とポンプ圧送方式を使い分けた．共同溝工事全体の進捗状況により打設位置に作業スペースが確保できる場合は，路面覆工板を開けてアジテータ車から直接投入した．作業スペースが確保できない場合は，共同溝頂版上に配管してコンクリートポンプ車を用いて圧送した．この工事の場合，施工スペースが限定され，ポンプ圧送するケースが多かった．

打設範囲内の湧水は水中ポンプを用いて排出した．処理土の飛散を防止するため，投入口やポンプ車のホッパー周囲にシートを利用して仮囲いした．

（6）品質管理

1）試験項目および頻度

第6章 用途別施工事例

事例表 2.6 品質管理の頻度

	試 験 項 目	製 造 時	打 設 時	備　　考
泥水	比　重	1回／日	—	1日1現場毎に実施
	Pロート			
処理土	密　度			
	フロー値		1回／500 m³	
	ブリーディング率	1回／500 m³	—	
	一軸圧縮強さ	6本／日	6本／500 m³	(材齢7日, 28日)

　流動化処理土に要求される品質が確保されているか確認するために，泥水および処理土について品質管理試験を実施した．**事例表 2.6** に試験項目と頻度を示す．

2) 試験結果

　製造時における品質管理試験結果のヒストグラムを**事例図 2.5**に示す．図に示

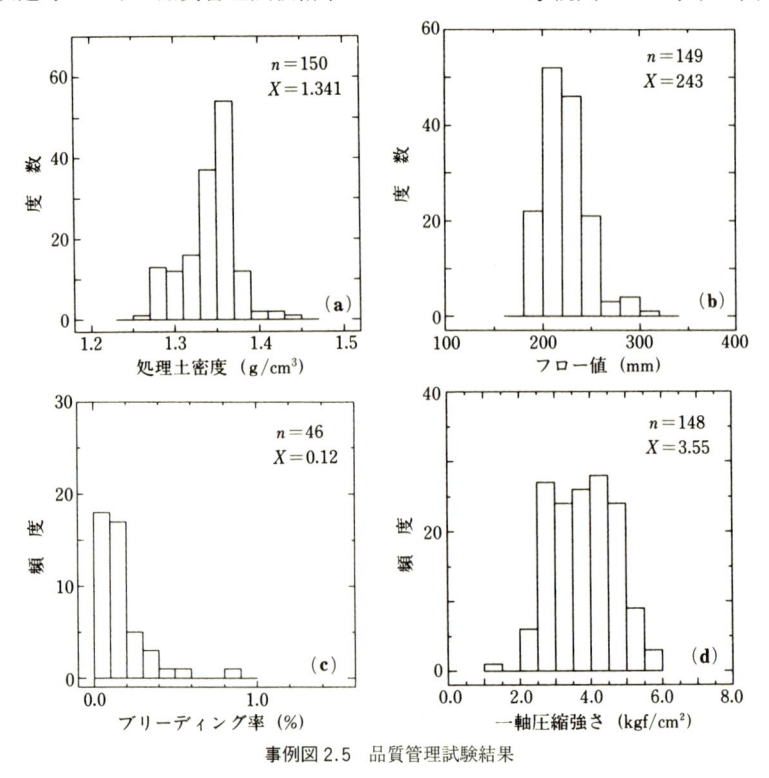

(a) 処理土密度 (g/cm³)　$n=150$，$X=1.341$
(b) フロー値 (mm)　$n=149$，$X=243$
(c) ブリーディング率 (%)　$n=46$，$X=0.12$
(d) 一軸圧縮強さ (kgf/cm²)　$n=148$，$X=3.55$

事例図 2.5　品質管理試験結果

事例2 共同溝の埋戻し工事（粘性土選別式による処理土の製造）

されるように発生土が7種類で，土量は多かったが，製造されたものは相対的に安定した品質を確保できた．

（7） 施工結果および出来形

1） 製 造 量

工程会議で1ヵ月毎に製造量を調整したため平均化が図れた．1日当りの平均製造量は140 m³ であった．

2） 出 来 形

流動化処理土は，1バッチ1 m³ としてプラントで製造した．したがって，製造量および運搬量は，製造バッチ数で判断した．現場における出来形は，埋戻し範囲が明確であるため，埋戻し高さによって確認した．

（8） 追 跡 調 査

埋戻し完了後に，ボーリングマシンを用いて，固化後の処理土サンプルを採取し，一軸圧縮強さを確認した．一軸圧縮強さは，事例図2.6に示すように品質管理試験の結果とほぼ同様であった．

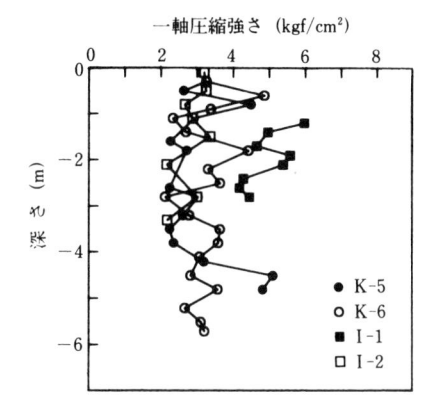

事例図2.6 ボーリングサンプルの一軸圧縮強さ

●**施工上の補足事項**

単一発生土を選別して処理土を製造する施工手順は，図5.1に示す標準的な施工手順に等しい．補足事項を以下に示す．

（1） 製 造

単一発生土（粘性土）から処理土を製造する場合は，水と発生土と固化材を同時に混練するか，水で発生土を解泥し，泥水に固化材を添加して混練する製造工程となる．前者は工程的に有利だが，異物の除去が必要になる．前処理をするか，振動ふるい等を備えた混練機が必要になる．後者は，泥水を混練機に圧送するため，泥水比重を抑える傾向があり，結果として密度の高い処理土の製造には向かない．

製造上の留意事項を以下に示す．

1) 土の粗粒分率

発生土中に含まれる粗粒分率は一見，同一に見える発生土であっても 10～30 ％程度の範囲で分散している．この分散は泥水比重に影響し，処理土の品質を不安定にする．したがって，ストックされた発生土の粒度を適切に管理（5.2 主材の管理方法 参照）しないと，結果として処理土の目標品質を安定的に確保することが難しくなる．

2) 土の含水比

解泥された泥水の比重は，粘性土の土粒子と粘性土の水分，および添加水の量で決まる．添加水と発生土の投入量が配合で規定されているが，配合時の含水比とストックヤードの含水比が異なると，処理土の流動性や密度が変わってしまう．したがって，粘性土を分類することはもちろん，含水比も管理対象とする．

3) 貯泥槽での比重調整

貯泥槽の泥水は極めて材料分離しやすい．槽内の泥水はよく循環させることが重要になる．貯泥し循環させても，泥水は1昼夜おくと水槽底面には礫等が沈殿し，所定の泥水比重を維持できないことが多い．このような状態になると，再循環させても泥水は分離したままで調整直後の比重になりにくい．

このため1日の作業終了時に，調整泥水は水槽内に多量に残らないように，製造量をコントロールするような施工管理が必要になる．

(2) 品質管理

中央集積配送方式で施工する場合，処理土のフロー値が運搬中に低下する．低下の傾向は**第3章の3.2流動性**の節に説明されているので，適当な低下量を見込み製造時フロー値を決める必要がある．

フロー値を極端に大きくとり，密度が $1.3 \, t/m^3$ 以下になると，処理土の耐久性が懸念される．このような場合は，流動化保持剤のような混和材を添加する方法もある．

事例3　路面下空洞充填工事

施工概要

現在，現道の下に生じた空洞について調査が進められている．このような路面下空洞を復旧する場合，現場を開削し砂質土などで埋め戻す工法が一般的である．しかし交通量の多い市街地等では，現場での作業時間が夜間の短時間に限られること，近隣への騒音・振動等が懸念されることなどから，開削工法による復旧が困難な場合がある．そこで1993年度から，流動化処理土により非開削で空洞を充填する試験施工を行っている．施工システムの異なる2つの施工概要を以下に示す．

【施工タイプⅠ】
施　工　期　間：1993年12月
施　工　場　所：都内国道
充　填　土　量：約4 m^3
充　　填　　材：関東ローム流動化処理土
施工システム：移動プラント式現場製造

【施工タイプⅡ】
施　工　期　間：1995年2月
施　工　場　所：川崎市国道
充　填　土　量：約1 m^3
発　　生　　土：高密度流動化処理土
　　　　　　　　（ローム＋山砂）
施工システム：固定プラント式処理土配送

（1）施工上の特徴

処理土の流動性により任意形状の空洞を充填する．開削工事に比べ，道路占有面積および時間が少なく，コスト低減が図れる．

1) 施工タイプⅠ[5]

現場は関東ロームの台地に位置し，道路の交通量は終日多い．対象施工箇所周辺には高速道路とその下部構造物，地下には地下鉄営業線が2線輻輳し交差している．空洞充填施工と関係のある既存埋設管としては，道路の歩道脇に沿う下水管があり，また首都高の雨水集積管が施工箇所反対側の路面下に埋設されている（**事例写真3.1**）．

空洞は路床の関東ローム内に発達していたため，施工タイプⅠでは地山との馴染みを考慮して材料を選び移動プラントで現場混練した．

2) 施工タイプⅡ[6]

試験施工を行った現場は市街地の

事例写真3.1　現場現況

第6章 用途別施工事例

国道であり，終日交通量の多い箇所である．この工事では現場の作業時間をより短縮するため，予め固定式プラントで処理土を製造し，それをミキサー車で現場に搬出し打設する施工システムを採用した．また原料土として山砂を用い，かつ土の配合量を大きくした高密度流動化処理土により施工を行った．

（2） 事前空洞調査

1） 施工タイプⅠ

路面下の空洞は，地中レーダー（**事例写真 3.2**）およびスコープ調査から平面積 6 m²，厚さ 0.35 m 程度の規模と推定された．したがって，空洞体積は約 2 m³ 程度と判断される．空洞発生の原因としては，空洞近辺に埋設管等の地中構造物が存在しないこと，地下水流が存在しないと仮定できることを考慮して，路床埋戻し材の流出移動とは考えにくく，交通荷重の振動による埋戻し材の自然体積減少に起因する空洞と考えるのが妥当と判断された．

事例写真 3.2　地中レーダーによる空洞調査

2） 施工タイプⅡ

事前に地中レーダーとドーロスコープによる探査を行い，空洞の厚さと平面的な広がりを調査した（**事例図 3.1**）．その結果，空洞はアスファルト舗装（約 40 cm）直下に約 40〜60 cm の厚さで 2.5×1.5 m の広がりをもつと判定された．これにより推定された空洞体積は 1.0〜1.3 m³ 程度である．

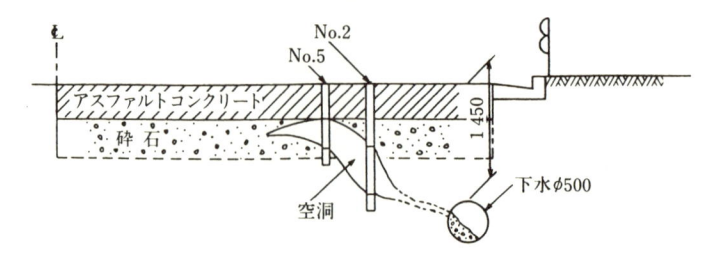

事例図 3.1　空洞の推定分布

（3） 配合設計

1） 施工タイプⅠ

配合設計は，小規模な空洞のように規模が小さく，その形状が不透明で複雑な空洞を，流動性を増して空洞の末端まで処理土の自重により短期間に充填させ所要の強度を発現させる点を考慮して設計した（**事例表3.1**）．

事例表 3.1 小規模空洞充填用配合

単位配合 (kg/m³)			泥水密度 (t/m³)	泥水Pロート (s)	処理土Pロート (s)	一軸圧縮強さ (kgf/cm²)			処理土密度 (t/m³)
ローム	水	固化材				1日	7日	28日	
627	513	160	1.204	10.9	13.7	1.60	1.95	3.14	1.300

（注） 使用材料 関東ローム（千葉県産）．土粒子密度2.744，自然含水比106.2%

2） 施工タイプⅡ

配合を**事例表3.2**に示す．今回は原料土として山砂を用い，かつ土の配合量を多くして密実な処理土を製造した．フロー値は180 mmであり，これまでの空洞充填工事で用いられた処理土に比べると，やや流動性の低いものである．また強度については，一軸圧縮強さ $q_u = 10 \text{ kgf/cm}^2$ と比較的大きく設定した．

事例表 3.2 高密度流動化処理土の配合

泥水比重 (t/m³)	泥水混合比 P	固化材添加量 C (kg)	単位配合（処理土1 m³）			目標値			
			泥	水					
			粘性土 (kg)	水 (kg)	山砂 (kg)	単重 (t/m³)	フロー (mm)	$q_{u\,28}$ (kgf/cm²)	CBR₇ (%)
1.10	0.35	152	126	318	1 269	1.87	180	10.0	30

（注） P＝泥水/山砂＝(粘性土＋水)/山砂
　　　粘性土は関東ローム（横浜産）．土粒子密度2.775，自然含水比100.0%
　　　発生土は山砂（木更津産）．土粒子密度2.745，自然含水比13.9%
　　　固化材は高炉セメントB種（住友大阪セメント製）

（4） 処理土製造

1） 施工タイプⅠ

処理プラントは道路占有を考慮し，短時間，小面積とするため，移動式流動化処理プラントを採用した．基本モジュールは，バッチ式混練機と処理土圧送ポンプ，流動計からなっている（**事例図3.2**）．混練プラントは最大処理量 0.7 m^3 の

第6章 用途別施工事例

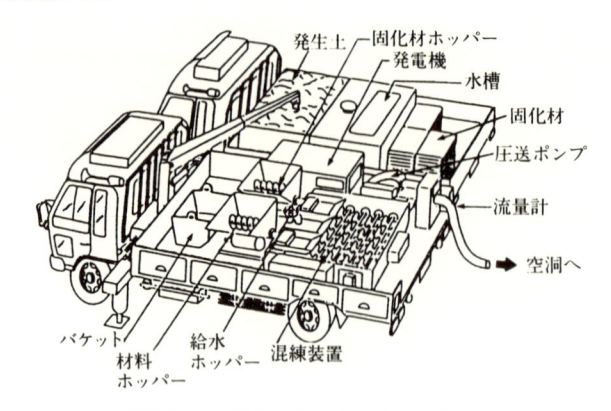

事例図 3.2 移動式プラントの基本モジュール

バッチ式,圧送ポンプは最大吐出量 $2.5\,m^3/h$ のスクイーズポンプを用いた.なお,充填は移動車上の混練機からの直投で十分な圧力水頭を確保できるが,流量の把握がバッチ式となり大まかになるため,今回のシステムではこれを避けた.

施工手順は,①打設孔掘削に続き打設孔検測・コア検測・調査孔掘削を行い,②資材・設備搬入,③空洞のボアスコープ調査の順に準備作業を終えて,④充填施工の各行程,プラントへ土砂投入・解泥・固化材投入・品質管理・圧送・充填,を繰り返した.

道路占用面積は,移動式流動化処理プラントを並列に並べ 2 車線を占用した.これに空洞削孔作業域を加え,作業帯幅は 15 m となった.導流帯 30 m を加えると,総道路占用面積は 2 車線 50 m 程度となる.このほか,当日中央分離帯に夜間照明灯と品質管理用サンプル作製スペースを確保した.また,探査車および騒音測定車を作業帯内に駐車した.

2) 施工タイプⅡ

施工システムを**事例図 3.3** に示す.現場からは約 4 km ほど離れたところにある固定式プラントにおいて処理土を製造し,それをミキサー車で運搬打設した.プラントから現場までの運搬時間は 15 分程度であった.

当日の施工は,①打設孔・エア抜き孔・打設監視孔等の削孔,②処理土の搬入,③コンクリートポンプ車による圧送,④空洞充填の順に行った.

作業帯は 1 車線 20 m となった.これがコンクリートポンプ車と削孔機械等運

事例3　路面下空洞充填工事

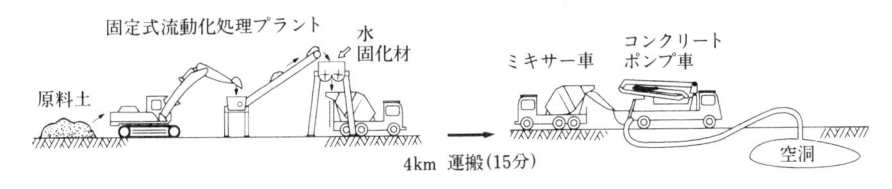

事例図 3.3　定置式プラントを用いた充填施工システム

搬車輌の駐車およびミキサー車の停車面積にあてられた．導流帯は 30 m とり，計測車輌を駐車させ，また工事看板や水銀灯を設置した．総道路占用面積は 1 車線 50 m 程度となった．

(5)　運搬打設
1)　施工タイプⅠ

打設状況を事例写真 3.3 に示す．路面下の小規模な空洞充填（夜間 1 工事）に対して移動式バッチ処理式プラントを採用した．このシステムにより 3.63 m^3 の処理土が投入され，対する施工時間は 3 時間 45 分程度と，翌日復旧が実証された．なお当日の夜間工事は雨中で行われた．空洞内への雨水の流入はそれほどなく，充填への影響はない．また，混練等の処理土製造工程で雨水の影響も受けなかった．

2)　施工タイプⅡ

打設状況を事例写真 3.4 に示す．今回は 0.79 m^3 の処理土が投入されたが，施工時間はミキサー車到着から充填終了まで合計約 25 分であった．移動式プラントを使用した充填施工の約 1 時間 /m^3 と比較して時間が半減した．この方式に

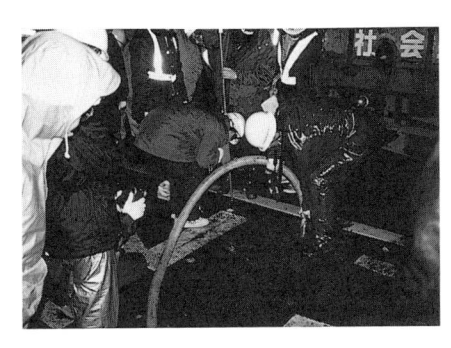

事例写真 3.3　打設状況　　　　　　　事例写真 3.4　打設状況

第6章　用途別施工事例

よると夜間，複数箇所の充填施工を行うことができるであろう．

(6) 品質管理結果

1) 施工タイプⅠ

空洞の事前調査と充填施工後の調査結果を示す．**事例図3.4**にスコープ調査による充填前後の状態が比較されている．位置は事前調査による空洞の中心部から約2mほど離れた地点で完全な充填が検証された．そのほか，周辺4地点でのスコープ調査の結果でも良好な充填性能が検証された．**事例図3.5**に地中レーダーによる充填前後の探査結果の比較を示す．空洞を示す異常信号が充填後，消えている．格子状にレーダーを走行させた調査結果も，同様に異常信号は検出されなかった．また路面下空洞探査車による精密調査でも，異常信号が検出されなかった．

処理土の品質管理を密度，含水比，一軸圧縮強度で行った．1バッチから3バッチまでの結果を**事例表3.3**に示す．材齢28日の結果から，

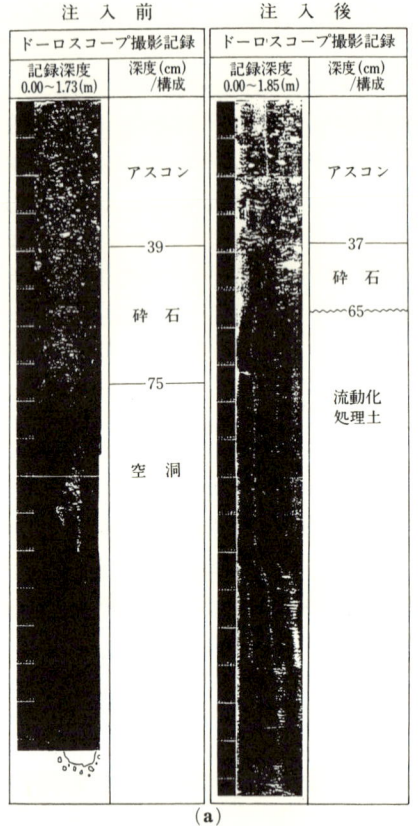

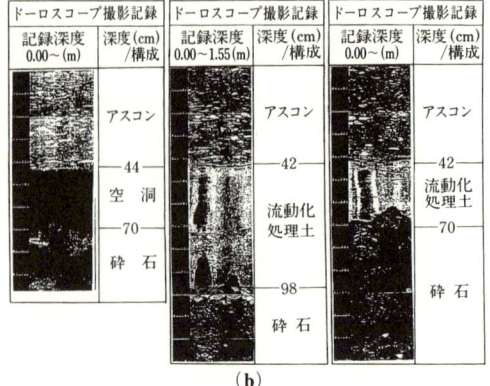

事例図3.4　充填状況スコープ映像

密度と含水比のばらつきが1％程度であるのに対して，強度が大きく変動していることが読みとれる．

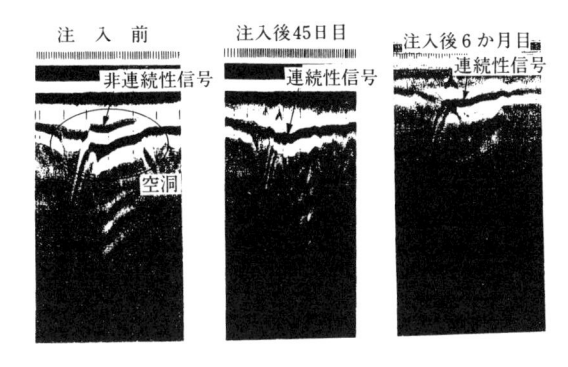

事例図3.5 地中レーダー調査結果

事例表3.3 品質管理試験結果（平均値）

バッチ No.	材齢3日			材齢7日			材齢28日		
	密度 (t/m³)	含水比 (％)	一軸圧縮強さ (kgf/cm²)	密度 (t/m³)	含水比 (％)	一軸圧縮強さ (kgf/cm²)	密度 (t/m³)	含水比 (％)	一軸圧縮強さ (kgf/cm²)
1	1.33	159	1.63	1.32	160	1.83	1.33	160	2.62
2	1.31	163	1.85	1.32	164	2.06	1.31	164	3.20
3	1.32	165	1.99	1.32	166	2.44	1.32	166	4.37

2) 施工タイプⅡ

地中レーダー調査を4m×7mの範囲で格子状に4線×7線について実施した．空洞の事前調査と充填施工後の比較結果の一部を**事例図3.6**に示す．事前の空洞を示す異常信号は調査範囲内において消え，充填が確実に行われている状況が確認された．

処理土の品質管理に関して密度，フロー値，一軸圧縮強さ，CBR試験を行った．結果は**事例表3.4**に示すとおり目標値を満足している．

(7) その他

1) 施工タイプⅠ

夜間工事のため騒音測定を10：24～2：26pmまで処理プラントから2.2m離れた地点で計測した．最大値は82dBで最小値は76dB，中央値が78dBであった．

第6章 用途別施工事例

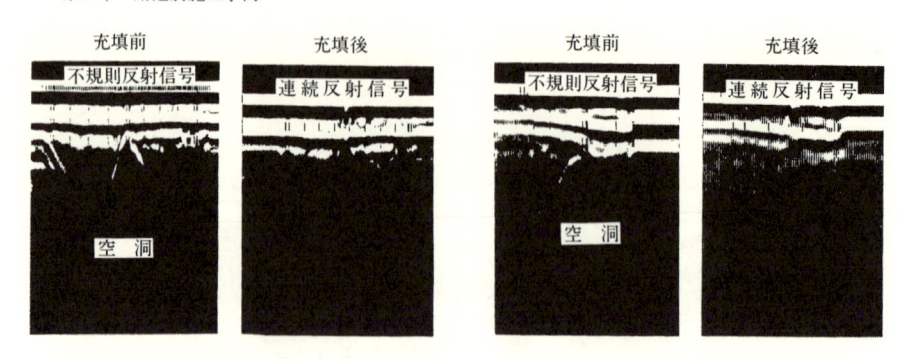

事例図3.6 地中レーダーによる充填調査結果

事例表3.4 品質試験結果

泥水比重 (t/m³)	処理土密度 (t/m³)	フロー値 (mm)	一軸圧縮強さ (kgf/cm²)		CBR (%)
			$q_{u\,7}$	$q_{u\,28}$	CBR_7
1.120	1.855	174	7.8	12.3	42.8

騒音レベルは周期的に変動し,そのサイクルは交通信号の周期と一致する.プラントの稼働時と休止時の騒音は測定上現れなかった.これは周辺の交通騒音が高く,その暗騒音にプラントの騒音が吸収されたと読みとれる.

2) 施工タイプⅡ

工事を通じて以下のことがわかった.

① 予めプラントで処理土を製造しておき,ミキサー車で運搬・打設する施工システムをとることにより,処理土の打設時間を大幅に短縮することができた.このシステムによれば,1晩のうちに複数箇所の充填施工を行うことも可能である.

② 比較的流動性の小さい高密度流動化処理土を用いても,十分に空洞を充填することができる.

③ 処理土のフロー値は,製造から1時間程度経過すると低下する傾向がある.したがって,特に長距離の運搬等を行う場合には,フロー値の低下を考慮した配合設計が必要になる.

事例 3　路面下空洞充填工事

●施工の補足事項

路面下空洞充填は，他の施工手順と異なる点がある．他と同じ施工手順については標準的な手順を参照するとして，特異な手順のみ以下に示す．

(1) 現 地 調 査

空洞の体積を地中レーダーおよびスコープで調査する．体積が把握できると処理土製造量が決まる．

(2) 仮 設 計 画

削孔機により充填用およびエア抜き孔を開ける（**事例写真 3.5**）．空洞の形態がわかっている場合は，空洞の最深部の上に充填孔を開ける．エア抜き孔は空洞の最凸部に開ける．必要な場合は複数孔とする．このエア抜き孔は充填の出来形確認にも用いる．

空洞の形態は複雑で，必ずしも事前予測した形態とは限らない．充填状況を確認するため，小口径の観測孔を空洞周辺に設けると施工が確実になる（**事例写真 3.6**）．

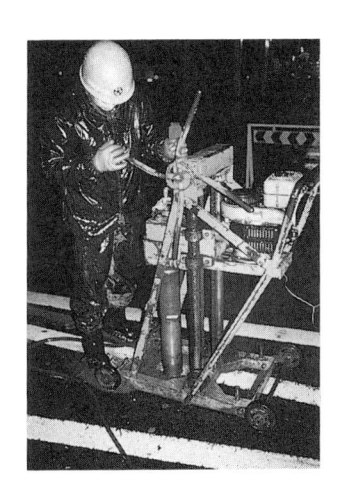

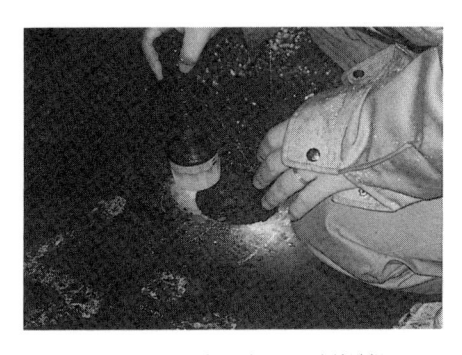

事例写真 3.5　舗装の削孔

事例写真 3.6　観測孔による充填監視

(3) 配 合 設 計

小規模空間の充填は，流動性が打設時フロー値 160 mm 程度と低いほうが有利な場合が多い．これは周辺地盤が砂質土の場合や，細い管状の空隙が連続する場合で，処理土が地中に浸透するのを抑えたり，不必要に遠方まで充填するのを防

ぐことができるためである．密度は，耐久性を考慮して許される限り高い方がよい．

強度は路面下の空洞の位置で決まる．路床部の空洞は地山を基準に目標強度を決める．路盤を含む空洞は，路盤としてのCBR値の要求を考慮して品質を決める．

（4） 運搬打設

バキューム車内にパドルミキサーを設置した移動式流動化プラントを使う．処理土を運搬する場合もバキューム車が適当である．処理土の充填は，投入を微妙に調整する必要がある．バキューム車の圧力排出装置は打設時に役立つ．

事例 4　水道管敷設替え工事の埋戻し工事（周辺埋設管の受け防護工の省略）

施工概要

　水道管敷設替え工事が複数企業の埋設管が輻輳する国道交差点部で実施された．径 700 mm の新設水道管は，要所に設けられた制水弁室で転結されている．径 600 mm のガス管等は，ここをトラバースして縦横に配管されている．

　流動化処理土による埋戻しは，現場発生土を再利用できること，現場に狭隘な空間が多くあり充填性が有効であることから採用された．流動化処理土による埋設管の埋戻しは，一般に受け防護工を必要とせず，吊り防護で対応する．この施工ではガス管を吊り防護して，その適用性を検証するためガス管にひずみ計を設置し沈下の有無を計測した．

　施工概要を以下に，標準的な埋戻し範囲を**事例図 4.1** に示す．

　　　工　事　概　要：①配水本管（700 mm）敷設替え工事延長 640 m
　　　　　　　　　　　②水道管撤去（管径 700 mm/600 mm/500 mm）延長 1 200 m
　　　　　　　　　　　③制水弁室構築 9 箇所
　　　施　工　期　間：1996 年 9 月～1997 年 8 月
　　　埋 戻 し 土 量：700 m³
　　　発　　生　　土：水道工事掘削土（山砂/シルト/粘土）
　　　施工システム：ノッチタンク式解泥および半固定バッチ式混練り

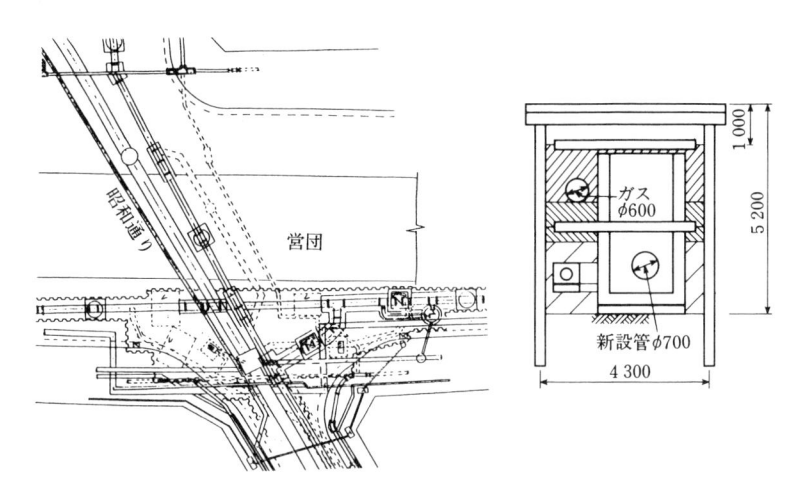

事例図 4.1　代表的な埋戻し範囲

（1） 施工上の特徴

事例図4.1と**事例写真4.1**にみるとおり，新設水道管周辺にはガス管および下水道管等が互いに接近して存在している．受け防護を構築すると，各管の再掘削工事に際して鋼材やコンクリートが邪魔になる可能性がある．新設管，既設管，人孔が輻輳するため，砂による埋戻しでは狭隘な空間の密実な締固めが困難で，埋設管の沈下が懸念される．

以上の点を考慮して，再掘削が可能で充填性が良い流動化処理工法で施工した．なお，流動化処理土で埋め戻す場合，地山と処理土の性質の違いに起因する電位差が生じ，鋼管の腐食を促す懸念がもたれた．流動化処理土による過去の施工事例では電位差は検出されないが，念のため電位計を埋設して長期観測体制を整えた．

その他の施工上の特徴として，埋戻し作業日が全体の工期に対して極端に短く，プラントの稼働率が低い点があげられる．**事例表4.1**に工程を示す．

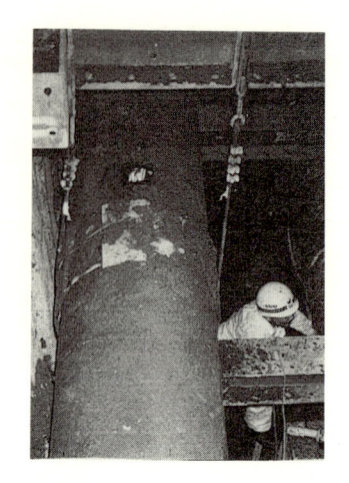

事例写真4.1 施工前の埋設管周辺

事例表4.1 工程図

月 週 工 程	8月		9月				10月				
	4週目	5週目	1週目	2週目	3週目	4週目	1週目	2週目	3週目	4週目	5週目
配管工 φ700mm		3日	3日						3日		
構造物築造工	7日	6日		6日						5日	
防護コンクリート	7日	6日		6日						5日	
山留め撤去										2日	
処理土埋戻し			① 2日	② 2日	③ 3日	④ 4日				⑤ 2日	⑥ 1日
プラント設置撤去		設置 7日									撤去 3日
雑 工					2日						
	① 150m³ ② 150m³ ③ 230m³ ④ 270m³ ⑤ 60m³ ⑥ 30m³										

（2） 仮設および付帯設備

吊り防護工の概要を**事例図4.2**に示す．仮設材等は図中に示した．

付帯設備等をまとめ**事例図 4.3**のプラント配置に示す．

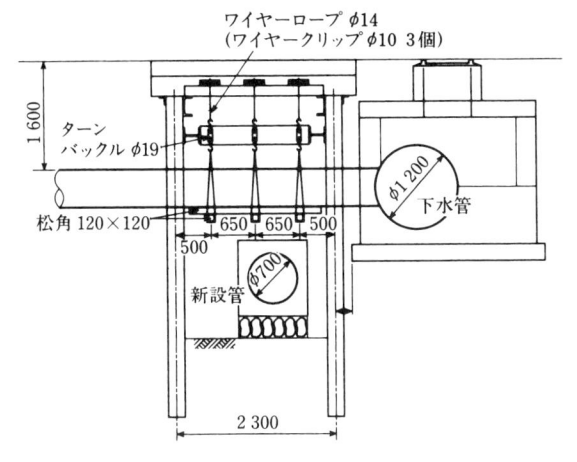

事例図 4.2 ガス管の吊り防護工概要

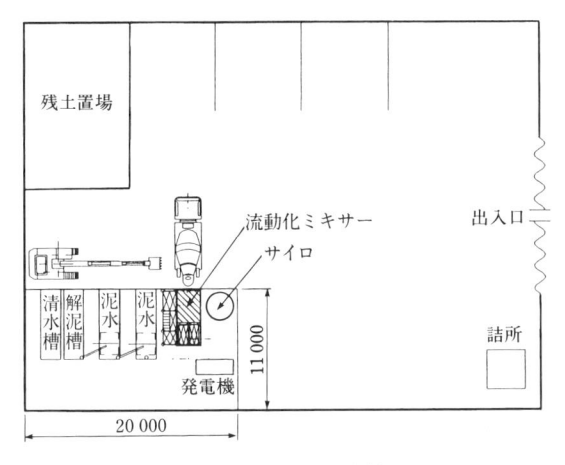

事例図 4.3 プラント配置図

(3) 配合設計

目標品質または処理土の性能を**事例表 4.2**のとおりに決めた．また，電位差による腐食の発生を管理するため，電位差の管理値を 200 mg/L 以下とした．

使用した建設発生土は，一連の水道工事で発生した掘削土砂で，過去の埋戻しで使った山砂と地山（シルト）の混合土である．土質分類上は「砂」に属する．

物理的性質を**事例表 4.3**に示す．掘削土砂は，木片等の異物を多く含み，当初設計で指定地に捨土することになっていた．使用した発生土の最大粒径は 13 mm 以下にした．

標準的な配合を**事例表 4.4**に示す．

事例表 4.2 目標品質

打設時フロー値 (mm)	一軸圧縮強さ（7 日） (kgf/cm^2)	一軸圧縮強さ（28 日後） (kgf/cm^2)	ブリーディング率 (%)
180～230	1.3 以上	5.0	1 未満

（注） 7 日強度は交通開放時の目標強度．

事例表 4.3 原料土の土質試験結果

土の分類名		砂		
自然含水比		23.1%		
土粒子の密度		2.814	2.764	2.792
粒度試験	礫　　分	31.0	30.0	33.0
	砂　　分	40.0	38.0	37.0
	シルト分	12.0	8.0	8.0
	粘　土　分	17.0	24.0	22.0
	均等係数	―	―	―
	曲率係数	―	―	―

（注） 粒度試験については 3 回試験を行った．

事例表 4.4 標準的な配合例

発生土 (kg)	固化材 (kg)	水 (kg)	q_{u7} (kgf/cm^2)	q_{u28} (kgf/cm^2)	フロー値 (mm)	ブリーディング率 (%)
1.179	80	424	1.51	2.77	200	0.5

（4） 処理土製造

処理土の製造フローを**事例図 4.4**に示す．

現場周辺は交通量が多く，プラントおよびストックヤードを現場内に設けることは難しい．製造プラントとストックヤードは施工現場から離れた場所に設け，アジテータ車により処理土を運搬した．

泥水製造は，ノッチタンクに所定の水と発生土を投入し，バケットミキシング付きバックホーで解泥した．**事例写真 4.2**に状況を示す．解泥後，泥土の比重を測定し，プラント配置図に示す貯泥槽に移す．貯泥槽では粒度（細粒分の割合）

事例 4 水道管敷設替え工事の埋戻し工事

を確認し，所定の比重に微調整し，混練機に重量を確認しながら圧送する．事例写真 4.3 に状況を示す．このときにセメントサイロから固化材を混練り機に投入し，処理土を製造した．事例写真 4.4 に状況を示す．

事例図 4.4　製造フロー

事例写真 4.2　解泥の状況

事例写真 4.3　貯泥槽の状況(解泥槽より泥土をポンプにて圧送し，ふるいにてオーバーサイズを除去する)

解泥後および混練り後の処理土は，比重・フロー値を確認した．製造管理時の一環として処理土の状態と試験練りでの状態を観察し，処理土の状態に差異が目視で認められると泥水を再調整し，品質の安定に努めた．

(5)　運搬打設

1)　運　　搬

運搬はアジテータ車を使った．試験的にバキューム車を用いたが，タンク内清掃が困難なため中止した．

事例写真 4.4　混練り状況

2) 打　　設

打設は，施工現場の開口部から直接ホッパーで投入した．**事例写真 4.5** に状況を示す．埋設管の埋戻しに際しては，コンクリートの扱いと同様，強アルカリ性の流動化処理土と埋設管を絶縁するため，ポリエチレンシースで埋設管を被覆した（**事例写真 4.6**）．

吊り防護の撤去時等に埋設管が沈下したり浮き上がらないよう，キャンバーやボウズ等を用いて防止措置を施した．**事例写真 4.7〜事例写真 4.9** に状況を示す．

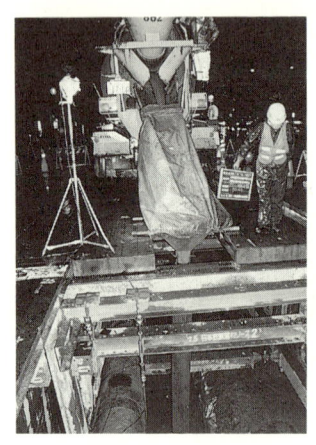

事例写真 4.5　打設の状況

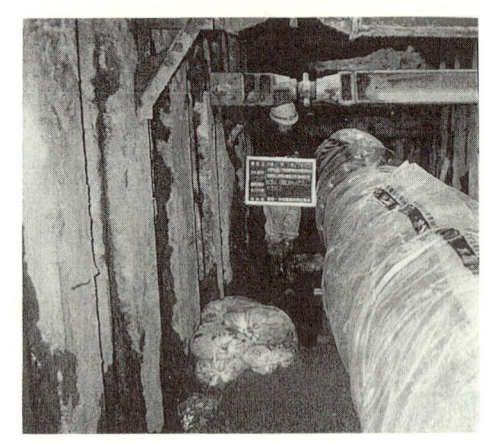

事例写真 4.6　ポリエチレンシースによる強アルカリ防止対策

事例写真 4.7　吊り防護の盛替え　　　事例写真 4.8　管底まで処理土を　　事例写真 4.9　浮上がり防止措置
　　　　　　（沈下防止処置）　　　　　　　　　　　　打設

（6）品質管理

品質管理計画を**事例表 4.5**に示す．

事例表 4.5　品質管理計画

管理対象	試験項目	頻度
使用水	水質検査（pH，塩素イオン濃度他）	処理土の製造前 1 回
泥土	密度	3 回／日 状態の変化が目視で認められたとき
流動化処理土	粒度（砂分計等の簡易法） 単位体積重量 ブリーディング率（JSCE 1986；3 時，20 時） 一軸圧縮強さ（7 日および 28 日） フロー値（JHS 313-1992）	状態の変化が目視で認められたとき 3 回／日 3 回／日 3 回／日 3 回／日
プラント	計量器検査 性能検査	製造日前に実施 製造日前に試験練りを実施

（7）施工結果および出来形

流動化処理土の打設数量はプラント側の製造量（バッチ数）で確認する．また，施工現場の埋戻し量を同時に確認しロス率を検証した．

（8）その他

流動化処理土の製造，運搬，打設等では，泥土の飛散防止等の環境対策，安全管理に十分配慮し施工する．

●施工上の補足事項

施工手順は標準的なものと等しい．埋設管の埋戻しの補足事項としては，仮設計画として必要に応じ以下の項目が加わる．具体的な作業は施工事例に示したとおりである．

【仮設計画追加事項】

① 吊り防護工
② 強アルカリ埋設管防護対策
③ 沈下・浮上り防止工

埋設管の埋戻しが標準的な施工と異なる点は，埋戻しの数量と打設期間にある．施工事例でも示したとおり，埋設管の 1 回の打設数量は 30～300 mm^3 程度で，

本体工事の進捗状況に大きく左右されるため，打設期間が断続的にならざるをえない．したがって，プラントの稼働率は低くなる．

　施工計画はこの点を考慮して，効率の良い埋戻し工程を計画し，一方で，プラントの長期拘束を避けるため**写真**5.3に示すような移動撤去が簡単な移動式小型プラントを使用する．

事例5　ガス管の埋戻し工事

●施工事例：固定式プラントの利用

施工概要

　工場からの送出管の補修工事を行ったところ，同一掘削坑内に7本のガス管が輻輳しており，従来の砂による埋戻しでは締固めが困難なため，流動化処理工法により埋戻しを行った．
　施工概要を以下に示す．
　　　　施工場所：処理土製造・横浜市鶴見区末広町
　　　　打設場所：横浜市磯子区内
　　　　打　設　量：100 m^3
　　　　施工期間：1994年1月28日(金)，31日(月)，2月1日(火) の3日間
　　　　施工計画：**事例表5.1 参照**

事例表5.1　施工計画（1日分）

	9:00	11:00	13:00	15:00
処理土製造準備工	━			
処　理　土　製　造		━━━━━━━━━━━━━━		
処理土運搬・打設		━━━━━━━━━━━━━━━━━		
現場品質管理試験		━━━━━━━━━━━		
プラント機材清掃				━━
後　片　付　け				━━

　流動化処理土の製造は固定式処理土製造プラントで行い，アジテータ車で現場へ搬入し直接打設を行った．工程は3日間，総打設量は100 m^3 であった．

（1）　施工上の特徴

1)　固定式プラントの適用

　ガス管の埋戻しは1回当りの埋戻し量が少ない．現場毎にプランを組み立てるのは効率が悪く，一般に固定式プラントか運搬可能な移動式プラントを用いて稼働性を上げる．
　1回の打設量が少ないが，打設現場が複数箇所ある場合は，基点となる場所に固定式プラントを設け，一括して処理土を製造し，ミキサー車で各現場に運搬する方法が効率が良い．この工事では，固定式プラントを用いた．

2) 流動性の低下

固定式プラントから打設現場まで処理土を運搬する．移動時間は40～50分程度となる．流動性の低下を見込んで，打設時のフロー値180 mm以上を配合設計した．

3) ガス管の防食

防食層にタールを使用している場合は，処理土と防食層が直接ふれないようにポリエチレンシート等で管を保護しなければならない．タールはアルカリ性に弱いため，柔らかくなり剥がれやすくなる．

4) 埋設管の浮上り対策

埋設管の円周に対し下場より1/2程度の埋戻しを完了した時点で打設終了とした．埋戻し断面を**事例図**5.1および**事例写真**5.1に示す．

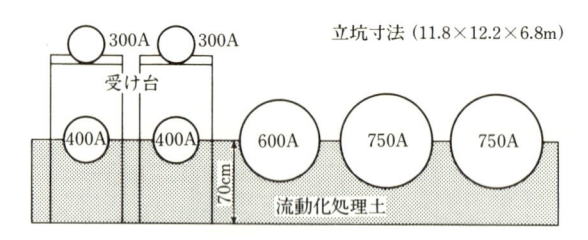

事例図5.1　現場断面図

事例写真5.1　打設現場（固化後）

5) 即日復旧

ガス管の埋戻しは道路の即日復旧が求められるため，超早強性の固化材を使用する．今回は堀置きが可能な現場なので，市販の遅効性固化材を使用した．

6) 発生土の利用

掘削土は埋立地のため礫等が多く，粗骨材の最大粒径が40 mmを超えるものが多く，前処理に手間がかかるため原料土としては不適当と判断した．山砂を購入し原料土とした．性状を**事例表5.2**に示す．

7) 工程計画

工程計画を**事例表5.3**に示す．

事例表5.2 原料土の物理特性（千葉県産）

分類名	自然含水比 (%)	土粒子の密度 (g/cm³)	粒度構成(%)				最大粒径 (mm)
			礫分	砂分	シルト分	粘土分	
砂質土	17.0	2.691	1.0	84.0	8.0	7.0	9.5

事例表5.3 工程計画表

	12月		1月		2月	
	10	20	10	20	10	20
打合せ，準備工	━━━━━━━━━━━━━━━━━━━━━━━				
原料土搬入	━					
試 験 配 合	━━━━━━━━				
本 施 工					━	
予 備 日						━

(2) 仮設および付帯設備

施工当日のストックヤードおよびプラントサイトの配置を**事例図5.2**に示す．

固定式プラントの構成を**事例表5.4**に，全景を**事例写真5.2**に示す．プラント

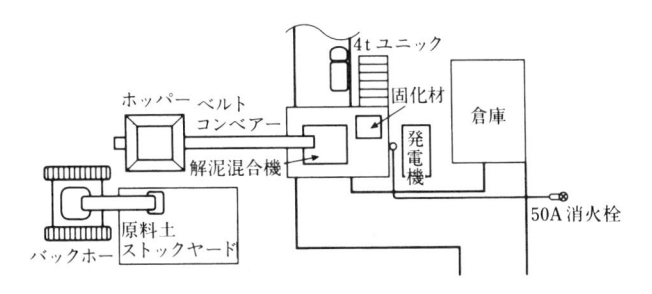

事例図5.2 ストックヤードおよびプラントサイトの配置

第6章 用途別施工事例

事例表5.4 固定式プラントの構成

機械および装置	数量	備考
固定式処理土製造プラント	1式	計量装置付きパン型強制撹拌
発電機（200 V）	1機	
消火栓（50 A）	1基	工水使用
給水用配管（50 A）	30 m	
バックホー	1台	$0.7 m^3$
ユニック車（4 t）	1台	

事例写真5.2 固定式プラントの全景

はバッチ式で，製造能力は 1 m³/回, 8 m³/h である．

　人員の配置は，固定式プラント側が作業責任者兼品質管理者1名，バックホーオペ1名，プラントオペ1名，作業員2名の合計5名となった．打設現場側が作業責任者兼品質管理者1名，作業員2名の合計3名で，都合8名配置した．

（3）配合設計

　処理土の目標品質を**事例表5.5**に示す．使用した発生土は山砂である．粗骨材

事例表5.5 目標品質

項目	目標値	
一軸圧縮強さ	交通開放時	$1.3 kgf/cm^2$ 以上
	28 日後	$5.6 kgf/cm^2$ 以下
フロー値	打設時 180～250 mm	
ブリーディング	1%以内	

の最大粒径は，管まわり部が 13 mm 以下，その他の部分が 40 mm 以下になるような目標品質を採用した．固化材は，市販の地盤改良用固化材を使用した．
配合設計は次の点に注意した．
① 固定式プラントから打設現場までの移動時間を考慮し，60 分後のフロー値は 180 mm 以上とする．
② 山砂を原料土とするため，長期強度が出すぎない．
③ 過去の配合データを参考に，最低 3 組の配合を試験する（室内）．
④ 固化材添加量が最も少なく品質を満足する配合を採用する．
以上の留意点や過去の試験データより決定した配合および処理土の性状を**事例表 5.6** に示す．

事例表 5.6　処理土の配合と性状

原料土 (kg/m³)	添加水 (kg/m³)	固化材 (kg/m³)	フロー値 (mm)		処理土密度 (g/cm³)	一軸圧縮強さ (kgf/cm²)		
			直後	1時間		1日	7日	28日
1 320	300	80	280	200	1.78	1.43	2.69	4.26

配合を決定した後，以下の事項を確認した．
① 固定式プラントで処理土を 1 m³ 製造し，試験配合の品質と差のないことを確認した．
② アジテータ車に処理土を投入し，混練状態で 60 分経過後のフロー値および強度発現が試験配合の品質と差のないことを確認した．

（4） 処理土の製造

処理土の製造を以下の順に行った．
① バックホーによりホッパーに原料土を投入し，ベルトコンベアーによって規定量を解泥混合機内に投入．
② 解泥混合機に添加水，原料土の順に規定量入れ，3 分間攪拌混合．
③ 固化剤を規定量投入し，30 秒間混合した後，アジテータ車に積載．

処理土の製造概要を**事例図 5.3** に示す．
プラント諸形式を**事例表 5.7** に示す．

第6章 用途別施工事例

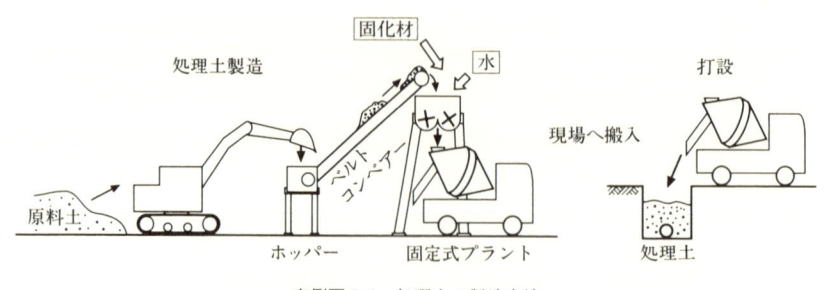

事例図 5.3 処理土の製造方法

事例表 5.7 プラントの形式

前　処　理	解泥および混練機	解泥混練方法	製造管理	固　化　材	備　　考
購入土使用	バッチ式 パン型強制撹拌	同一バッチ内 解泥後混練り	重量計量	袋詰め使用	固定式プラント

（5）運搬および打設方法

大型アジテータ車に処理土を 5 m^3 積み現場へ移動，直接打設する．打設中の状況を**事例写真 5.3** に示す．打設の際は補助シューター（2 m）を使用し，飛び散らないように留意した．打設中の流動状態をみながら，必要に応じて打設位置を変更した．

事例写真 5.3 処理土の打設

（6）品質管理

品質管理項目を**事例表 5.8** に，品質管理結果を**事例表 5.9** に示す．

事例5　ガス管の埋戻し工事

事例表5.8　品質管理項目

試験項目	試験数量	試験場所	試験方法	管理基準値
一軸圧縮強さ（24時間後）	6本/日	室内	JIS A 1216	1.3 kgf/cm² 以上
一軸圧縮強さ（28日後）	6本/日	室内	JIS A 1216	5.6 kgf/cm² 以下
フロー値	2回/日	現場	KODAN-305	180～300 mm
ブリーディング率	2回/日	現場	ブリーディング試験	1%未満

事例表5.9　品質管理結果（a＝午前　p＝午後）

年月日	No.	一軸圧縮強さ(kgf/cm²) 1日	一軸圧縮強さ(kgf/cm²) 28日	フロー値(mm) 打設時	ブリーディング率(%)
6.1.28	1 a	1.40	3.92	198	0
	2 a	1.45	4.22	204	0
	3 a	1.48	4.56	196	0
	4 p	1.52	4.28	180	0
	5 p	1.50	4.63	205	0
	6 p	1.52	4.05	190	0
6.1.29	7 a	1.36	3.78	195	0
	8 a	1.42	3.99	216	0
	9 a	1.37	4.23	218	0
	10 p	1.32	3.84	225	0
	11 p	1.36	4.16	210	0
	12 p	1.42	3.97	212	0
6.2.01	13 a	1.49	5.02	203	0
	14 a	1.54	4.92	190	0
	15 a	1.42	4.55	205	0
	16 a	1.39	4.04	198	0
	17 p	1.45	4.71	192	0
	18 p	1.42	3.92	200	0
合計		25.83	76.79	3 637	0
平均		1.43	4.26	202	

(7)　施工結果または出来形

3日間の総打設量は100 m³であった（1日目32 m³，2日目36 m³，3日目32 m³）。

第6章 用途別施工事例

処理土の充填は，目視で確認した．結果は良好であった．
出来形を以下にまとめた．

① 処理土の打設量は，固定式プラント製造量であり，計 $100\,m^3$ であった．
② 原料土の使用量は，$1.32\,t \times 100 \div 1.8 = 73\,m^3$
③ 添加水の使用量は，$300\,L \times 100 = 30\,t$
④ 固化材の使用量は，$80\,kg \times 100 = 8\,t$
⑤ アジテータ車の総台数は，20台であった．

●施工事例：受け防護工を省略

施工概要

　国道バイパス拡張工事の際，露出したガス管に受け防護を設置しようとしたが，コンクリート構築物が接近していて設置が困難であった．流動化処理土により受け防護代替埋戻しを行った．現場移動式プラントにより現場において流動化処理土の製造から打設まで行った．工程は1日，打設量は $34\,m^3$ であった．施工工区の構造を**事例図5.4**に打設対象のガス管を**事例写真5.4**に示す．

　施工概要を以下に示す．
　　　施工場所：横浜市旭区国道バイパス
　　　打　設　量：$34\,m^3$
　　　施工期間：1994年7月8日（金）
　　　施工計画：**事例表5.10**参照

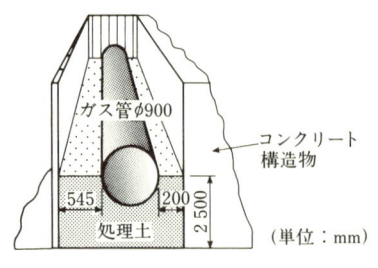

事例図5.4　施工工区の構造　　　事例写真5.4　埋戻し対象ガス管

事例表 5.10　施工計画

	9:00	11:00	13:00	15:00
処理土製造準備工	―			
処理土製造		━━━━━━	━━━	
処理土運搬・打設		━━━━━	━━━	
現場品質管理試験		― ―	―	
プラント機材清掃				━
後片付け				━━

（1）施工上の特徴

　発生土のストック，流動化処理土の製造，処理土の打設のすべての施工工程を現場で実施した．常設工事帯のスペースは狭く，敷地面積を効率よく活用するよう施工上の配慮をした．

　水は現場近くのガソリンスタンドで購入した．2tダンプで現場に搬入するが，3個のタンクの内1つでも空になれば速やかに補給し，水を確保した．

　打設範囲は浮力を考慮して，ガス管円周に対し下場より1/2の埋戻しをもって打設完了しとした．

　施工の工程計画を**事例表5.11**に示す．

事例表 5.11　工程計画表

	5月		6月		7月	
	10	20	10	20	10	20
打合せ, 準備工		━	━━━━━	━━━━━		
原料土搬入		━			━	
試験配合		━	━━━━━	━━━		
本施工					━	
予備日						

（2）仮設および付帯設備

　ストックヤード，プラントサイト，および付属設備の配置を**事例図5.5**に示す．ストックヤードおよびプラントサイトの設置は施工日前日に行った．同様に原料土，添加水，固化材を前日に搬入した．

　使用した車載型解泥混合機（ロードセル付き）を**事例写真5.5**に示す．水は

事例図 5.5　ストックヤードおよびプラントサイトの配置

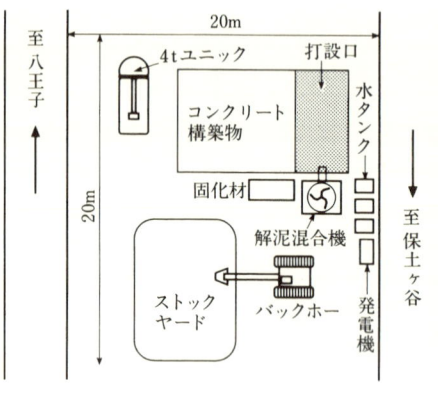

事例写真 5.5　移動式プラント（車載型）

1 200 L 水タンク 3 個を用意した．

人員の配置は，現場責任者 1 名，品質管理者 1 名，プラント操作 1 名，バックホーオペ 1 名，吸水タンク運搬 2 t 車運転 1 名，作業員 2 名の合計 7 名であった．

（3）配合設計

配合設計は次の点を留意し，配合を決定した．配合を**事例表 5.12** に示す．

① 最少固化材添加量
② 長期強度の抑制
③ 遅効性固化材の使用（現場は堀置きが可能）

事例表 5.12　処理土の配合と性状

原料土 (kg/m^3)	添加水 (kg/m^3)	固化材 (kg/m^3)	フロー値 (mm)	処理土密度 (g/cm^3)	一軸圧縮強さ (kgf/cm^2)		
					1 日	7 日	28 日
1 300	320	80	220	1.778	1.67	—	4.85

配合決定後の確認事項を以下にあげる．

① 移動式プラントで処理土を 1 m³ 製造し，試験配合と差のないことを確認する．
② 1 m³ 製造の時間を確認し，1 日での施工が可能であることを確認する．

（4） 処理土の製造

処理土の製造は以下の手順で行った．プラントの製造能力は1 m³/回，7 m³/hである．

① 解泥混合機に添加水，原料土の順に規定量を入れ3分間攪拌混合．
② 固化材を規定量投入し，30秒間混合．

（5） 打　　設

打設口脇に設置された解泥混合機よりシューターを介し直接打設する．打設中の写真を**事例写真 5.6** に示す．

（6） 品 質 管 理

処理土の品質管理項目は事例表5.8と同じで，品質管理結果を**事例表 5.13** に示す．

（7） 施工結果（出来形）

総打設量は34 m³で，製造量と等しかった．処理土の充填を目視により確認したが良好であった．出来形を以下にまとめた．

① 原料土の使用量は，1.3 t×34÷1.8＝24.5 m³
② 添加水の使用量は，320 L×34＝10.2 t
③ 固化材の使用量は，80 kg×34＝2.7 t

事例写真 5.6　処理土打設

事例表 5.13　品質管理結果（a＝午前　p＝午後）

年月日	No.	一軸圧縮強さ(kgf/cm²)		フロー値(mm)	ブリーディング率(%)
		1日	28日	打　設　時	
6.1.28	1 a	1.65	4.54	230	0
	2 a	1.78	5.02	220	0
	3 a	1.82	4.94	215	0
	4 p	1.45	4.77	224	0
	5 p	1.60	4.82	218	0
	6 p	1.72	5.04	220	0
合　計		25.83	76.79	1 327	0
平　均		1.67	4.86	221	0

第6章　用途別施工事例

事例6　多条保護管の埋戻し工事

> **施工概要**
>
> 電線共同溝事業（CCP-BOX）の計画断面を再現した実物大模型に多条保護管を設置し，流動化処理土で埋め戻した．多条保護管は，管と管の間が狭いので充填が難しく，また管の剛性がそれほど大きくはないため，充填性の良い流動化処理土で埋め戻すと狭隘な空間を確実に充填でき，固化後に管体の保護にもなる．試験工事では高密度流動化処理土による多条保護管に対する充填性を確認し，載荷時の管のひずみ，沈下，路面のたわみを測定した．多条保護管の設置断面図を事例図6.1に示す．
>
> 事例図6.1　埋設管設置断面図

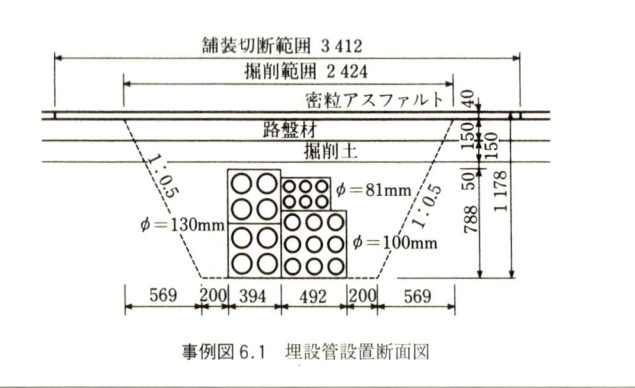

（1）　施工上の特徴

多条保護管の埋戻しに対して，以下の事項が検討された．

保護管が可とう管であるため地中に直線的に敷設するするのが難しく，また軽量なことから，打設時に浮力で管が移動する可能性がある．そこで，敷設前に管体周辺に木杭を打設し，管を固定した．

コンクリート性のピットと多条保護管の取付け部にエポキシ樹脂系の接着剤を充填して水密性を向上させ，処理土がピット内に流入するのを防いだ．

埋戻し数量は約6 m³で，実施工ではこの数量を約1時間で打設する必要がある．そこで1時間程度を目標に試験施工を行った．

（2）　配 合 設 計

多条保護管埋戻しに対する要求品質を以下にあげる．

① 流動性

多条保護管の最小間隔が25 mmなので，処理土にはこの空隙を充填する流動

性が求められる．室内実験からフロー値（JHS）120 mm で 50 mm の間隙が完全に充填できることが知られている．本実験施工では，フロー値の目標値を 160 mm とした．

② 体積収縮

体積収縮を最小限に抑制するためブリーディング率は 1 ％以下とした．

③ 早強性

夜間即日復旧を考慮して，打設後 3 時間で 0.5 kgf/cm^2 以上の強度を確保する．材齢 28 日強度は再掘削可能となるよう 7 kgf/cm^2 以下とした．固化材は即硬性のものを採用した．

埋戻しの原材料を以下に示す．

  発生土：愛知県常滑産山砂
  粘性土：乾燥粘土（市販品）
  水　　：水道水
  固化材：即硬型セメント系固化材　ジオライト 30（秩父小野田(株)製）

配合を**事例表** 6.1 に示す．

事例表 6.1　流動化処理土配合表

泥水密度 (t/m^3)	処理土配合 (kg/m^3)				処理土密度 (t/m^3)	フロー値 (mm)	ブリーディング率 (％)	一軸圧縮強さ (kgf/cm^2)		
	粘性土	水	発生土	固化材				3 日	7 日	28 日
1.3	210	355	1 256	68	1.890	160	1	1.5	2.4	4.1

（3）　処理土の製造

流動化処理土製造状況を**事例写真** 6.1 に示す．

製造工程を以下に示す．

1）　泥水の製造

泥水層に一定量の水を投入する．泥水層のなかにサンドポンプを設置して水の対流をつくる．そのなかに所定の乾燥粘土を投入し作泥を行っ

事例写真 6.1　製造状況

た後，泥水の密度を測定し微調整をする．

2) 流動化処理土の製造

今回使用した流動化処理プラントは，小規模工事を念頭に入れ移動式の車上プラントを採用した．

泥水層よりサンドポンプを使用して，流動化処理プラントに送泥する．発生土をバックホーとベルトコンベアーで一次ミキサーに送り混練する．混練完了後，二次ミキサーに投入し，固化材を添加後，さらに混練を行う．固化材は袋詰めを使用した．

プラントの製造方法はバッチ式で行う．このとき，一次ミキサーに取り付けられた計量器により重量計量を行った．

（4） 打設方法

処理土打設状況を**事例写真6.2**に示す．

流動化処理土は，車上プラントのコンクリートポンプで埋戻し箇所に圧送し打設する．

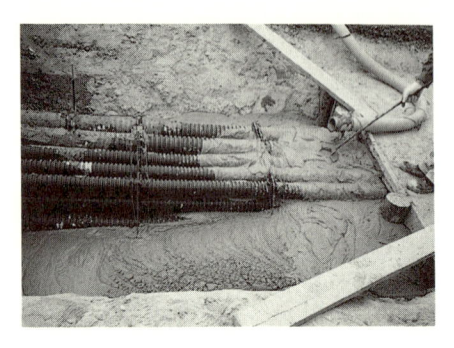

事例写真6.2 打設状況

（5） 品質管理

フロー値，密度，ブリーディング試験を行い，品質を管理した．**事例表6.2**に品質管理結果を示す．

（6） 施工結果

試験工事の施工は約1.5時間で終了した．

打設後の強度は，打設完了後1時間で人力歩行が可能な程度とした．多条保護管の間隙部への充填は，完全に行われた．

事例6 多条保護管の埋戻し工事

事例表 6.2　品質管理結果

バッチ数	フロー値 (mm)	密度 (g/cm³)	ブリーディング率 (％)	一軸圧縮強さ (kgf/cm²)		
				3日	7日	28日
1	85	1.911				
2	205	1.783				
3	160	1.805				
4	90	1.895				
5	110	1.891		1.236	2.427	4.706
6	110	1.881				
7	91.5	1.873	0.0			
8	110	1.895				
9	145	1.847				
10	140	1.875				
平均	125	1.866				

(7) そ の 他

施工後，事例写真 6.3 に示すように，ダンプトラックによる載荷実験を行った．載荷試験は，流動化処理土による埋戻し区間のほか，山砂による埋戻し区間についても行われた．

実験結果を事例表 6.3 および事例表 6.4 に示す．山砂のデータに比べて流動化処理土は良好な数値を示した．これにより，流動化処理土で多条保護管を埋め戻

事例写真 6.3　載荷試験の概要

事例表6.3 たわみ量測定結果（単位 1/100）

		たわみ量
流動化処理土	結束管直上	78
	管上（ボルト）	0
	管なし	40
山　砂	結束管直上	196
	管上（ボルト）	101
	管なし	106
	一般舗装部	115

（注）条件：後後輪 4.695 t，後前輪 4.605 t
　　　タイヤ空気圧 7.1 kgf/cm^2，路面温度 33℃

事例表6.4 埋設管内径変化

	走　行　時	停　止　時
流動化処理土	0.02%	0.02%
山　　砂	0.31%	0.39%

すと，管体への路面加重の負担が大幅に減少することができる．また，路面のたわみが少なく，わだち掘れの軽減が考えられる．

●施工上の補足事項

多条保護管の埋戻し施工は，他の埋設管埋戻し施工と同様である．以下に補足事項を述べる．

（1）ストックヤードおよびプラントの設置

工事は道路上，舗道上において短期間に少量の埋戻しが複数日に分けて行われる．工事は夜間工事の場合が多く，都市部では即日復旧が原則となる．このような状況下で埋戻し箇所に隣接してストックヤードおよびプラントを設置することは，物理的に不可能に近い．そこで現場で処理土を製造する場合は移動式プラントを使い現地発生土はダンプトラックに仮置きする方法か，離れたストックヤードと固定式プラントで処理土を製造し運搬する方法のどちらかを選択する．

（2）発　生　土

現地発生土により流動化処理土を製造する場合，処理土の性能および品質を確保するため，短時間に発生土の性状を試験して配合を決定する必要がある．時間がない場合は，現地発生土を使用せずに事前に配合設計を行った土を搬入し，処理土を製造する方法も考えられる．

事例 7　廃坑の埋戻し工事

> **施工概要**
>
> 廃坑の埋戻しを流動化処理土で行った．廃坑は GL－2 m～11 m の深さに分布し，体積は約 6 000 m^3 である．坑内の高さ約 2 m 程度で，馬蹄系の断面形状を有し，約 1 ha の範囲に碁盤目状に広がっている．また一部に，高さ約 4 m 程度の大きな空間が延長約 20 m にわたって存在している[7)～10)]．

（1）　施工上の特徴

廃坑の埋戻しの特徴として，以下の点があげられる．

1)　発生土の再利用と処理土の流動性

建設発生土の再利用が一つの課題であった．配合では密度を高め，再利用率の向上を図った．

発生土の再利用率を向上させたため，密度を高くすると流動性が落ちる．廃坑は延長距離が長く，打設口も限定される．特に，天盤部の不陸を充填するには高い流動性が要求される．そこで埋戻しは，天盤部の埋戻し用と本体埋戻し用の 2 種類の配合を用意して，発生土の再利用率の向上と確実な充填性に対処した．

2)　強度設定

一部廃坑の風化が進んでいる部分があったが，おおむね地盤は安定していた．処理土の強度は地山に等しく設定し，応力の集中が起こらないよう配慮した．

3)　周辺環境

廃坑には地下浸透水があり，処理土による周辺地下水のアルカリ化が懸念された．処理土の透水試験を行い流動化処理土が実質不透水であることを確認したが，監視用に埋戻し範囲の周辺に地下水観測用の井戸を設置して水質調査を継続的に実施し，安全を確認した．

（2）　仮設および付帯設備

1)　プラント組立解体

ヤード内の地盤が軟弱なため，プラント直下および車両通行箇所に鉄板を設置した．

プラントヤード内には素掘り水路等の排水対策を行い，降雨時に濁水の流出を極力防止した．ヤード内に沈殿槽を設け混練時の濁水や運搬車の洗い水等を貯水

するようにし，上水は再利用した．
 2) 充填孔削孔工
 地下坑道の充填に先立って φ300 の充填孔を建柱機で地上より坑道天盤まで削孔した．孔壁保護のためケーシングチューブを建て込み，孔壁の滑落を防止した．施工前に測量をし，坑道の位置を確かめてから施工を行った．
 地下埋設物の有無を確認するために充填孔設置箇所周辺において試掘を行い，埋設管の位置を確認して施工を行った．削孔時に坑道の落盤を防止するため坑道内に支保工を設置した．
 施工後および夜間は，予め準備した充填孔養生用の蓋をかけて交通解放を行った．
 埋戻し工事終了後充填孔をふさぎ，舗装工事を行い原形復旧を行った．
 3) 配 管 工
 坑道内の配管は塩ビ管を使用した．打設箇所は天盤付近に向けて筒先を設置するため，配管受台を設置した．受台を**事例写真**7.1 に示す．
 天盤凹凸部にはエア抜き管を設置し，充填後のエアポケットを排除した．
 処理土圧送用の地上配管は 4 in の鋼管を使用した．配管は道路両脇の側溝におくようにした．ジョイント部は，第三者災害防止のため確実に養生し施工を行った．
 4) 仕切壁工
 埋戻しは施工の効率を考慮して，廃坑をいくつかの仕切壁で区切りブロックに

事例写真 7.1 配管受台

事例写真 7.2 仕切壁

分けた．坑道の閉鎖方法は坑道の残柱を利用した．木矢板により締め切り，両端を端角材で固定して仕切壁を製作した．仕切壁を**事例写真** 7.2 に示す．

（3）配合設計

流動化処理土の目標品質を**事例表** 7.1 と**事例表** 7.2 に示す．

使用した建設発生土は，他の建設工事に伴い発生したロームを使用し，流動化処理プラントまで運搬して処理土の製造を行った．

発生土は，周辺道路への影響を考慮し，なおかつ処理土運搬車との重複作業を避けるため埋戻し工事着手前に必要量を搬入した．使用した建設発生土の物理的性質を**事例表** 7.3 に示す．

事例表 7.1　目標品質（埋戻し用）

項　目	品　質	性　能
一軸圧縮強さ	2 kgf/cm² 程度	周辺地山と同程度
流動性（フロー値）	150～250 mm 程度	流動勾配で 2～5% 程度
材料分離抵抗性	1% 以下	坑道との間隙を極力抑制する
密　度	—	長期安定性能を考慮する

事例表 7.2　目標品質（天盤充填用）

項　目	品　質	性　能
一軸圧縮強さ	2 kgf/cm² 程度	周辺地山と同程度
流動性（フロー値）	250～350 mm 程度	打設後ほぼレベルとなる流動性
材料分離抵抗性	1% 以下	天盤との間隙を極力抑制する
密　度	—	長期安定性能を考慮する

事例表 7.3　建設発生土の物理的性質

名　称	自然含水比	土粒子比重	粒　度（%）			
			礫分	砂分	シルト分	粘土分
ローム	50.8～53.5	2.764	—	49.2	50.8	

建設発生土はロームで，粘土シルト分が 50% 程度含まれていた．細粒分含有量が一定量確保されていること，発生土の種類が 1 種類でばらつきが少ないことから，発生土選別式の単一発生土の配合を選択した．**事例表** 7.4 に配合を示す．

事例表 7.4　流動化処理土配合表
(a)　設計配合表（埋戻し用，フロー値 200〜300 mm）

泥水比重	水 (kg/m³)	発生土 (kg/m³)	固化材 (kg/m³)	フロー値 (mm)	一軸圧縮強さ (kgf/cm²)			密度 (kg/cm³)	含水比 (%)
					3日	7日	28日		
1.36	509	850	120	250	1.5	2.0	2.6	1.42	116.4

(b)　設計配合表（天盤充填用，フロー値 300〜400 mm）

泥水比重	水 (kg/m³)	発生土 (kg/m³)	固化材 (kg/m³)	フロー値 (mm)	一軸圧縮強さ (kgf/cm²)			密度 (kg/cm³)	含水比 (%)
					3日	7日	28日		
1.31	577	732	140	350	2.8	4.0	5.0	1.39	131.7

(4)　処理土の製造

事例写真 7.3 に流動化処理土製造状況を示す．

1)　泥水の製造

泥水製造プラントは連続練りパドル式ミキサーを使用した．製造管理試験で密度等の微調整を行う．

2)　貯　泥

泥水は泥水槽でストックする．泥水は沈降を防ぐためサンドポンプで循環させた．

事例写真 7.3　処理土製造状況

3)　処理土製造

処理土は，スクイーズポンプで泥水を混練機に投入した後，固化材を所定量添加し，製造される．製造管理は処理土の状態を定期的に検査して行った．混練機の計量システムは，混練作業開始前に監督員立会いのもとでキャリブレーション試験が行われる．計量装置の承認後，作業を開始した．

(5)　運搬打設

1)　運　搬

処理土の運搬はコンクリートミキサー車を使用した．処理土の積込みにはコンクリートポンプを使用した．5 m³ 積みを標準として計画を行ったが，打設箇所の道路勾配との関係で一部 4 m³ 積みとした．プラントヤードから打設箇所までの距離は約 2 km で運搬時間は 10 分程度，常時 3 台のミキサー車を使用した．

流動化処理土の運搬時間は午前9：00～午後5：00までとし通勤時間帯をさけた．

2) 打　設

第一段階として大きな空間部分の埋戻しを直投打設で行った．このときに処理土のフロー値と流動勾配の関係を記録し，後の施工データとして利用した．

第二段階として，仕切壁で区切られたブロックを圧送打設した．打設用配管の最長は 20 m とした．この長さで埋め戻せる範囲を1ブロックとした．全体の埋戻し充填は，複数の打設孔を設けブロック毎に行った．

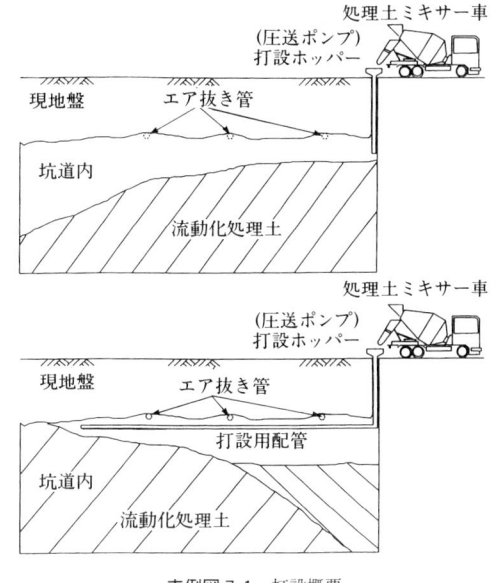

打設方法は2種類の方法を使い分けた．**事例図 7.1** に方法を示す．

① 　直投片押し打設——廃坑末端に設置した充填孔より直投打設する．事前の測量により発見された廃坑天盤の凸部にはエア抜き管を配置して，凸部に流動化処理土が充填されるようにした．

② 　配管圧送——坑道内に処理土打設用の配管を設け，充填孔より一番遠い仕切壁付近より流動化処理土の充填を行う．

（6）　施 工 結 果

充填性の確認方法は，目視による方法と電対による方法およびチェックボーリングによる方法の3種類を実施した．それぞれの充填確認方法および結果を簡単に説明する．

1) 目視による方法

処理土の固化を待ってブロック境界の仕切壁を天端付近で取り外し，目視で充填状況を確認する．

確認は監督員の立会いのもとに実施し，結果は良好であった．

2) 電対による方法

ブロック内の天盤に電対を設置し，処理土が触れたときの導通抵抗の変化をもって充填を確認した．

電極を深さ別に5箇所設置した．φ13 の鋼棒（ガス管）を要所に立てた．処理土のかさが上がるにつれ，導通抵抗値が変化し，天盤充填の完了までモニターした．また，天盤充填完了についてはフロートスイッチを天盤に設置し，別途，モニターする方法も採用した．これらのセンサーは，監督員の立会いのもと作動状況の確認が行なわれた．このモニターシステムにより埋戻し進捗状況が正確に把握され，信頼性のある施工が実現された．

3) チェックボーリングによる方法

大きな空洞のある天端の凸面部を対象に，チェックボーリングを行った．結果は，周辺地盤と処理土が連続的につながり空隙は認められず，完全な充填が確認された．

●施工上の補足事項

施工上の補足事項を以下に示す．

（1） ストックヤードおよびプラントサイトの設置

配管工や仕切壁工の仮設資材の仮置きスペースを確保する．

市街地にストックヤードを設け発生土を仮置きする場合，発生土を転圧するなどして天候等による周辺への飛散防止に配慮する．

（2） 仮　　設

地下坑道埋戻しは，ブロック毎に埋戻し充填すると効果的である．分割は，1区画の打設数量を均等に分割するとよい．また，日製造量とブロック埋戻し量とのバランスや，特殊な施工条件と経済性を考慮して計画を立てる．

具体的な事項を以下に述べる．

1) 仮　設　工

① 仕切壁工——坑道閉鎖を土嚢積みで行う方法がある．材料費が安価だが，労力がかかる．廃坑内は粉塵が多いので，なるべく土工作業は避けた方がよい．廃坑の残柱を利用できる場合は，木矢板等により締め切り，両端を端角材等で固定する仕切壁がよい．

② 充填孔——廃坑地上部にφ300の充填孔を設置する．埋戻しをブロック毎に行うときは各ブロック毎に充填孔を設ける．孔の位置は空洞と対応するよう測量して決める．孔壁保護のため，ケーシングチューブを用い，孔壁の滑落を防止する．充填孔削孔時は二次災害防止のため，坑道内は立入禁止とする．また，夜間は養生用の蓋を用意して交通解放を行う．

③ 作業員入出孔および仮設資材投入孔——作業員の入出および仮設資材の投入孔を設置する．孔の径は廃坑の断面形状と資材の大きさを考慮して決める．作業員の出入からφ2 000以上は必要である．孔壁の保護にはライナープレートを使う．孔の位置は目立つよう配慮する．

2) 支 保 工

打設孔等の削孔時における地盤の緩みや施工機械の荷重を考慮して，必要と判断される場合は，坑道天盤の滑落防止のため支保工を設置する．

3) 配 管 工

埋戻し範囲が広く充填孔から直投した処理土が端まで届かない場合は，圧送管を設置する．配管の本数と筒先の位置は処理土の流動勾配から決める．材料は塩ビ管または鋼管を使う．地下坑道天盤に凹凸がある場合は，エア抜き管を設けて天盤の凸部に残った空気を抜く．

4) 付 帯 工

①換気——廃坑内は閉鎖されており，酸素欠乏の危険がある．労働安全基準法施工令に基づき坑内状況を調査する．坑内作業の際は，地上に送風機を設置して換気を行う．作業前に毎日，廃坑内の酸素量を測定し，作業環境の安全を確認する．

②水替え——廃坑内に大量の水が滞水している場合，水を水中ポンプで地上に排水し打設を行う．ただし，滞水は採取して水質調査を行い，水質汚濁防止法上問題がないことを確認する．処理土の配合設計で水中打設を考慮した場合はこの限りではない．

③原形復旧——埋戻し工事終了後，充填孔，作業員入出孔，資材投入孔等は原形復旧する．路上の場合は，路床面天端まで処理土で充填し道路仕様に合せて舗装する．

(3) そ の 他

充填完了後は廃坑が不可視となるので，方法を事前に監督員と協議する．

事例 8　構造物床下埋戻し工事

施工概要

　地盤の自然圧密沈下により生じた床下空隙を，発生土を流動化処理し充填した．工事概要を以下に示す．

　　工事名称：流動化処理工法による空隙充填工事
　　空隙状況：空隙体積 200 m^3 程度と推定，実施工 290 m^3
　　　　　　　空隙調査の結果（**事例図** 8.1 参照）
　　　　　　　・フーチング下部に沈下空隙を生じていた．
　　　　　　　・地中梁の下部でも全面的に沈下し，空隙がある．
　　　　　　　・配管，ガラ，流入水および滞留水があった．
　　施工時期：1996 年

　事例写真 8.1 に適用現場の全景，**事例写真** 8.2 に適用現場の状況を，**事例図** 8.1 に概要断面図を示す．

事例写真 8.1　適用現場全景

事例写真 8.2　適用状況現場

第6章　用途別施工事例

事例図8.1　標準断面

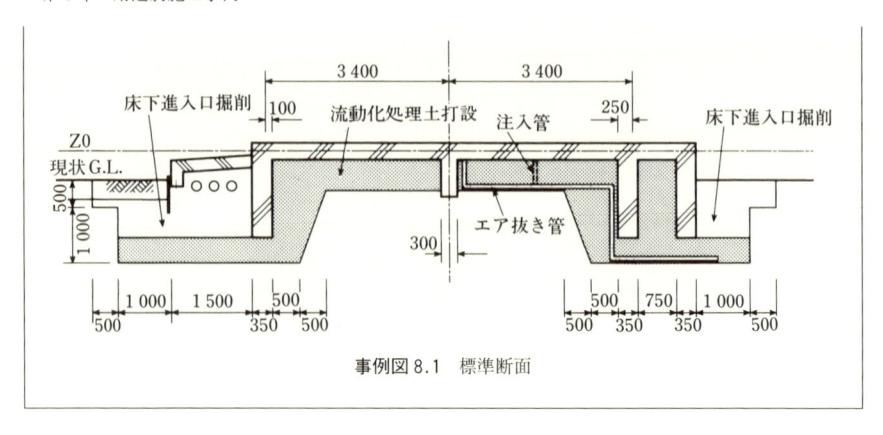

（1）　施工上の特徴

建築物は支持杭で支えられている．地盤は軟弱地盤で造成時の盛土で圧密沈下が長期にわたり継続してる．床下空洞の一部を事例写真8.3に示す．空洞は人間が潜り込めるほどの空間で防犯上好ましくない．また建築物周辺の地盤は盛土によるかさ上げが予定されている．降雨時に雨水が空洞に流入し長期間滞水することも懸念された．したがって，充填の目的は構造的な要求ではなく，空間を閉塞することにあった．

事例写真8.3　床下空隙状況

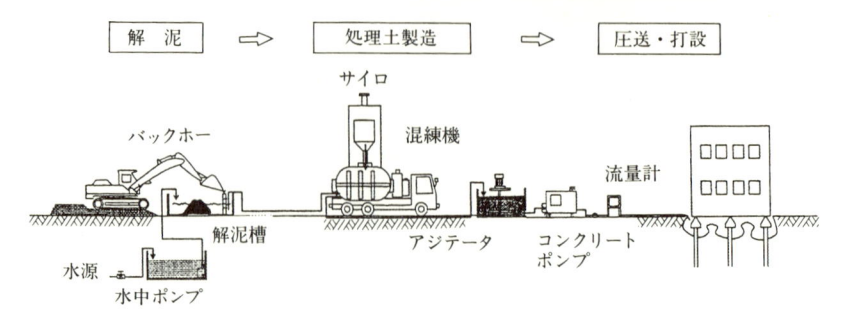

事例図8.2　流動化処理土の製造から床下空隙充填工事の模式図

事例8 構造物床下埋戻し工事

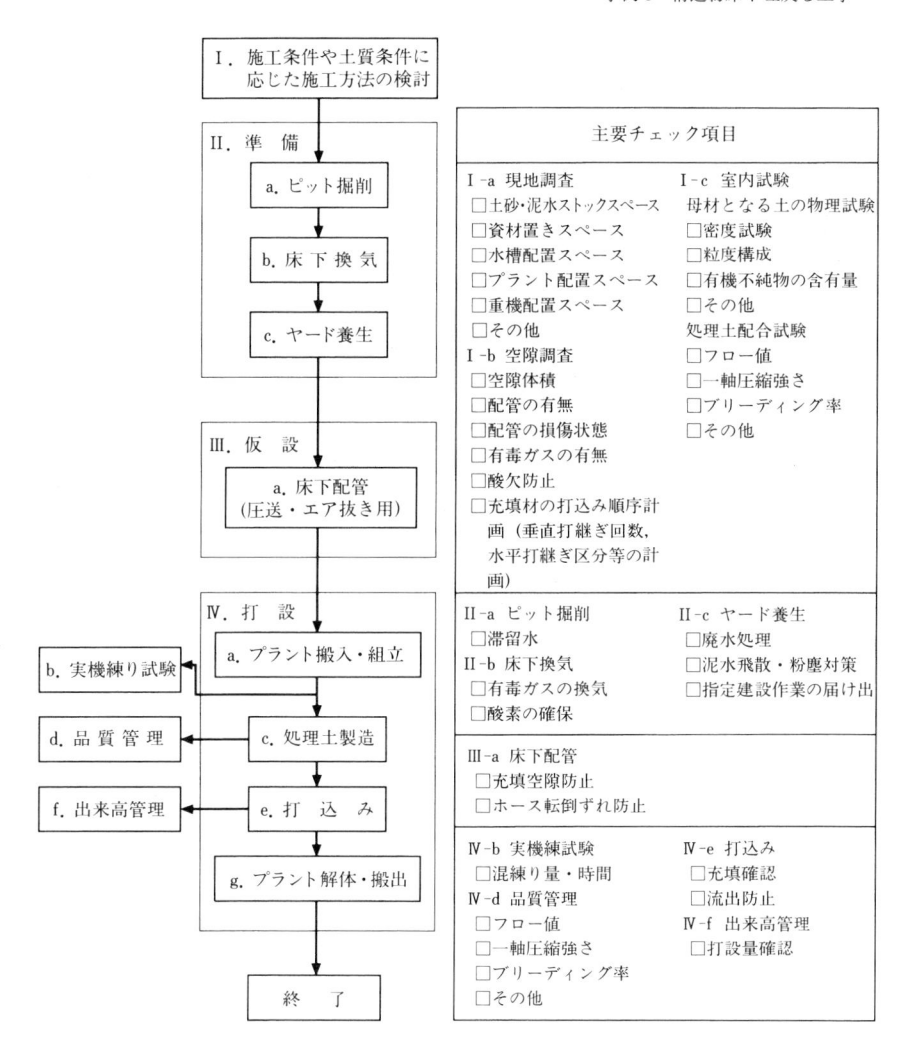

```
Ⅰ．施工条件や土質条件に
   応じた施工方法の検討
     ↓
Ⅱ．準 備
   a. ピット掘削
     ↓
   b. 床下換気
     ↓
   c. ヤード養生
     ↓
Ⅲ．仮 設
   a. 床下配管
   （圧送・エア抜き用）
     ↓
Ⅳ．打 設
   a. プラント搬入・組立
     ↓
   b. 実機練り試験
     ↓
   c. 処理土製造
     ↓
   d. 品質管理
     ↓
   e. 打 込 み
     ↓
   f. 出来高管理
     ↓
   g. プラント解体・搬出
     ↓
   終 了
```

主要チェック項目	
Ⅰ-a 現地調査	Ⅰ-c 室内試験
□土砂・泥水ストックスペース	母材となる土の物理試験
□資材置きスペース	□密度試験
□水槽配置スペース	□粒度構成
□プラント配置スペース	□有機不純物の含有量
□重機配置スペース	□その他
□その他	処理土配合試験
Ⅰ-b 空隙調査	□フロー値
□空隙体積	□一軸圧縮強さ
□配管の有無	□ブリーディング率
□配管の損傷状態	□その他
□有毒ガスの有無	
□酸欠防止	
□充填材の打込み順序計画（垂直打継ぎ回数，水平打継ぎ区分等の計画）	
Ⅱ-a ピット掘削	Ⅱ-c ヤード養生
□滞留水	□廃水処理
Ⅱ-b 床下換気	□泥水飛散・粉塵対策
□有毒ガスの換気	□指定建設作業の届け出
□酸素の確保	
Ⅲ-a 床下配管	
□充填空隙防止	
□ホース転倒ずれ防止	
Ⅳ-b 実機練試験	Ⅳ-e 打込み
□混練り量・時間	□充填確認
Ⅳ-d 品質管理	□流出防止
□フロー値	Ⅳ-f 出来高管理
□一軸圧縮強さ	□打設量確認
□ブリーディング率	
□その他	

事例図8.3 標準的な施工のフロー

　打設数量が200 m^{3}と少なく，プラントとストックヤードを設置するシステムは不経済であった．現場で短期間に小スペースで処理土を製造して配管打設するシステムが求められた．**事例図8.2**に流動化処理土の製造から床下空隙充填工事のシステムを，**事例図8.3**に標準的な施工フローを示す．

第6章 用途別施工事例

移動式プラントを使いプラントの組立解体作業を省くとともに，敷地を連続的に占有することのないよう配慮した（**事例写真 8.4**）．固化材も固定式のサイロは使わず袋詰めを使った．

プラントで製造した流動化処理土を，ポンプ圧送で床下空隙部分に送り充填を

事例写真 8.4　混練り作業

事例写真 8.5　配管状況

事例写真 8.6　充填状況 　　　　　　事例写真 8.7　充填完了状況

行った．圧送用の配管は，高圧ホース2Bを使用した．充填時に床下内に溜まるエア抜き配管として，塩ビ管（VU-50）を使用した（**事例写真8.5**）．充填は，**事例写真**8.6に示すように処理土が地表に流出したのを確認した時点で終了した．エアポケットへの処理土の充填は，**事例写真**8.7に示すように，エア抜き配管から処理土が噴出するのを確認した時点で完了とした．

（2） 仮設および付帯設備

1） 準　　備

① 現地調査——流動化処理工法を採用して施工する場合，施工方法やその適用場所によって，混練りヤード，仮置きヤード，泥水ストックヤード等の用地が必要となる．このため，施工計画に対する現地周辺の地形や広さの状況が計画どおりに実施可能かどうかを正確に把握し，問題あれば必ず検討を加えるなど，精度の高い施工計画の立案を行わなければならない．

② 空隙状況調査——床下には埋設設備配管類があるため，空隙状況調査は，施工対象部分の空隙体積を把握するとともに，処理土充填部分の埋設配管の有無や，損傷状況も入念に調べ，流動化処理土打込み時に埋設設備配管内への流入がないよう対応策等を決定しておく．また汚水管損傷による漏水や，永年にわたる溜まり水のため，空隙内での有毒なガスの有無も調べ，酸欠やメタンガスによる爆発事故を生じないよう換気計画も立てる．

③ ピット掘削——床下空隙状況調査や流動化処理土のポンプ圧送配管作業等のため，作業員が床下に進入できるトレンチピットを掘削した．ピット出入口は仮囲いし，第三者が進入しないよう立入禁止看板を設置した．また充填作業終了後はすみやかに埋戻した．掘削はミニバックホーおよび人力程度で行った．床下内に滞留している水がある場合には，ピット掘削後水中ポンプ等で床下内から排出した．

④ 床下換気——床下内は閉鎖された空間であり，酸素の欠乏，メタンガス等の有毒ガスの発生，引火爆発等の災害を引き起こす危険性が高いため，床下内において作業を行う場合は，送風機を用いて，床下内の換気を強制的に行った．

⑤ ヤード養生（搬入路の準備）——現場周辺において，発生土の搬入時のタイヤへの泥付着を防ぎ，また粉塵発生による公害を起こさないため，タイヤ

の水洗いを行う設備を設ける．また進入路に段差のある場合や軟弱地盤である場合には，鉄板を敷きつめ環境対策に努める．
⑥　ヤード養生（廃水処理の準備）——処理土製作時に多量の水を使用して混練作業を行うことになるため，場内に濁水が多量に発生する．この濁水が場外に流出しないようにするために，排水溝を設置する等の対策を施した．

2) 仮　　設

①　床下配管——製造した流動化処理土をポンプ圧送で充填するために配管を設置した．配管先端部の吐出口は，充填時のエアポケットと，処理土の流動勾配で生じる空隙を極力排除するような位置を考慮して決めた．エア溜まりの発生しそうな場所に対してはエア抜き用の孔（50φ程度）をスラブに開けるか，またはエア抜き用の配管を設置した．圧送用ホースには相当の管内圧力がかかり，ホースが波動するおそれがある．ホースが波動して落下する危険を防止するために，ホールインアンカーを使用して，梁や壁にホースを固定した．エア抜き管も順次同じ要領で固定し，転倒ずれを防止した．

②　付帯設備の搬入——プラントヤード養生が完了した後，移動式流動化処理プラントおよび付帯機器類を搬入した．**事例表 8.1** に施工に必要な標準的な設備・機械を示す．

事例表 8.1　施工に必要な標準的設備・機械（総打設量 300 m^3 程度の事例）

作　業	設備・機械名
運　搬	トラッククレーン（11 t），トラック（11 t）等
設　置	トラッククレーン（11 t），バックホー（0.7 m^3）等
混練り	水槽（20，24，35 m^3），ミキサー（0.5 m^3），アジテータ槽（5 m^3）等
圧　送	ホッパー，スクイーズポンプ（φ4 in）等

（3）配合設計

流動化処理土に要求された性能を以下に示す．処理土は空隙の閉塞のために行われるため，強度と密度は埋戻し用の要求品質と異なる．また雨水を溜めないようにセルフレベルに近い仕上がりが要求されたため，高い流動性が求められた．ここでは，高い流動性を評価するのに用いるＰロートの値を適用して流動性を規定した．

事例 8　構造物床下埋戻し工事

① 処理土密度：1.15～1.3
② 一軸圧縮強さ：0.5～2.0 kgf/cm^2
③ Ｐロート値：10～15 s
④ ブリーディング率：1％未満

配合試験により**事例表**8.2の配合を決定した．なお発生土にシルト分が多いため，ブリーディング防止に気泡を混入して対応した．

事例表 8.2　基本配合

泥水密度	単位配合(kg/m^3)				気泡(L)
	泥水	泥水内訳		固化材	
		土	水		
1.15	922	377	545	120	159

（4）　処理土の製造

発生土は均質で処理土の密度は低いため，解泥および混練りの製造は比較的容易であった．またブリーディングの抑制も気泡を混入することにより抑制され，品質は安定する．処理土の製造は，練り試験を現場で行い，製造された処理土の状態と室内試験との差を調整した．このように調整された作業手順をもとに，基本配合にそって処理土を製造した．

（5）　打　　設

打設手順を**事例図**8.4に示す．

打設の留意点を以下にまとめた．

① フーチング下部および地中梁下への充填
　・直接自在配管にて充填
　・隣接，掘削間隙より充填

上記の方法によりフーチングおよび地中梁下の充填を事前に行うことにより，充填場所以外への流動化処理土の漏れを防止する．

② 充填箇所以外への流出防止

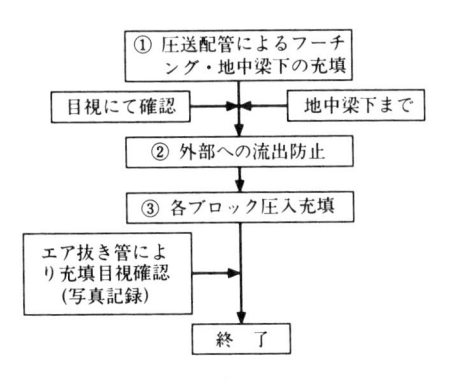

事例図 8.4　打設フロー図

充填箇所以外への流出防止方法として，ピット等の開口部等により目視にて，外部への漏れが生じることのないように，梁下へ上記①の充填を先行実施し，硬化した後，目的とする充填箇所を埋め戻す．

③ 各ブロック毎の充填

目的とする充填箇所の各ブロック充填速度は，圧送に無理のない速度で行う．床下の充填状況の確認法法は，スラブに開けた空気孔または，エア抜き管等からエアが十分に抜け，流動化処理土が吹き出るのを目視で確認する．

（6）出来高管理

流動化処理土の出来高管理は，圧送配管に設置した流量計の表示等により行う．充填状況結果を**事例図 8.5** に示す．

事前の調査では，床下内の空隙調査は 200 m^3 程度と推定されたが，実施工では 290 m^3 程度となった．これは，事前調査では確認できない空隙部分に処理土が流入した結果と考えられる．

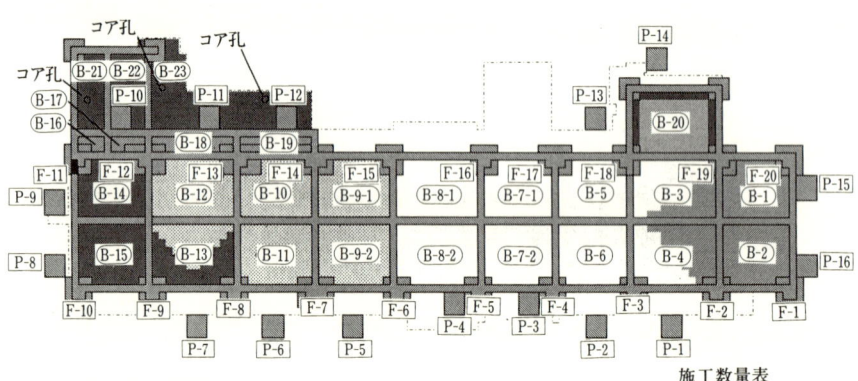

F：フーチング部
P：床下侵入用ピット
B：ブロック
コア孔：強度調査および打設用

施工数量表

施工日	施工量	塗色
12/15	36.1	
16	70.1	
18	65.4	
19	53.8	
20	60.0	
合計	285.4	

事例図 8.5　出来高平面図

●施工上の補足事項

　流動化処理土を使用した床下充填を行う場合，事前調査により推定した床下空隙体積と実際の処理土打設体積とが大きく異なる場合とがある．

　また，推定した床下空隙体積に比べて実際の処理土打設体積が多い場合，充填箇所以外への流出が考えられる．また逆に処理土打ち込み量が少ない場合，エア溜まりによる充填不良箇所のあることが考えられる．空洞の充填完了の確認方法については，坑道埋戻しで用いた電対等の適用も考えられる．

事例9　建設基礎の埋戻し工事

施工概要

　本工事例は，大型ビル建設工事のビル基礎周辺部（GL－20 m～－25 m 基礎部と土留め壁間）の埋戻しに流動化処理工法を適用した工事である．

　当初，埋戻し材として山砂埋戻し工法と流動化処理工法の比較検討を行ったが，ほとんどが地下作業で狭小な埋戻し部が多く，作業エリアが狭いうえに，本体建築工事と並行作業が多いということで，山砂埋戻し工法の適用は困難が予想された．さらに大量発生する掘削残土を有効利用せざるをえない状況下において，流動化処理工法の採用が決定的となった．

　施工方法は，まず現地発生土を水で解泥し粒径 25 mm 以上の礫，その他夾雑物を取り除き，所定密度の泥水を製造する．続いて，セメント系固化材を添加し混練して流動化処理土をつくり，これをコンクリートポンプで圧送，充填する方法である．

（1）　施工の特徴

流動化処理土を効率良く製造，打設するための留意点をまとめる．

1)　材料の手配

現地で流動化処理土を製造する場合，発生土の保管場所が狭く，水源も近くにないことがあり，発生土と水の確保が困難な場合が多い．したがって，材料を効率よく準備する事前検討が必要である．特に水の確保が重要で，水不足を起こすと製造は中断され，施工能率に大きく影響する．また，製造を中断したことで圧送ポンプ・圧送管を閉塞することもある．洗浄水も含め1日の使用水量を把握し準備することが大切である．

2)　残材集積スペース

発生土から泥水をつくると選別の過程で夾雑物（木片，鉄筋，コンクリートの塊，礫，配管残材等）が出る．水を含む夾雑物の一時集積場所と処分方法を含む検討が必要である．

3)　処理土の製造と打設

高品質流動化処理土を製造するには，泥水の密度とフロー値の製造管理が大切である．特にフロー値は処理土の施工性を管理するための，大切なチェック項目となる．

埋戻しは，底面の清掃と雨水・漏水を処理した後に深層部から行う．また，表

層部は圧送管の筒先移動を小さく行い，仕上げレベルを確保しながら表面を滑らかに仕上げる．

4) プラントと配管の洗浄

プラントおよび配管の洗浄は安易に考えられがちだが，故障の削減と作業効率の向上を図るために大切な作業である．プラントおよびポンプの洗浄と機械の点検整備を重視し，異変については早期の対応を行い，故障による施工停止を防止する必要がある．洗浄はプラントからポンプ・配管と手順よく洗浄する．洗浄水は打設面に流さず，回収して解泥水として水槽に戻し使用する．

5) 工程管理

建築工事の進捗に伴い埋戻し場所は移動する．また埋戻しも

 i 構造物の外壁防水加工
 ii 足場解体
 iii 一次埋戻し
 iv 切梁およびアースアンカー腹起し部解体
 v 盛替え切梁部防水加工
 vi 二次埋戻し

と順次工程が進められるため，事前に本体工程との調整を密に行い，工程を管理する必要がある．

工程計画をまとめる．

① 連続式プラントの組立と立会い試験工程を**事例表**9.1に示す．

事例表9.1　工程計画

項目 \ 日数	1	2	3	4	5	6	7	計
機材搬入	■							1.0日
プラント組立		■■						1.5日
配線，配管			■■	■				2.0日
材料計測装置調整					■■			1.5日
試験製造						■		1.0日
立会い試験							■■	1.5日
組立用クレーン		■■■						3日
組立作業員	■■■■■■■							7日

② 製造立会い試験

目標の品質（強度）を満足させるための処理土製造検査である．

標準的な検査項目を下記に示す．
・計測器（流量計，固化材の検量計）
・泥水密度
・処理土の密度とフロー値，ブリーディング率

③　品質管理計画

埋戻し2～3日後に作業場として使用され，切梁およびアースアンカー腹起し部の解体が行われる．事前に埋戻し部の強度を確認するとともに，製造時の品質管理（密度，フロー値，ブリーディング率）を計画するため，必要強度等を決定することが必要である．

（2）　仮設および付帯設備

1）　プラントの設置

プラントの設置は作業性を考慮し作業通路を広くとり，また点検，整備の少ない水槽等は2段積みとして，発電機は点検用スペースをとりプラトヤードの奥に据え付けた．プラントは敷鉄板の上に設置し，配線・配管も頭上に敷設し，作業

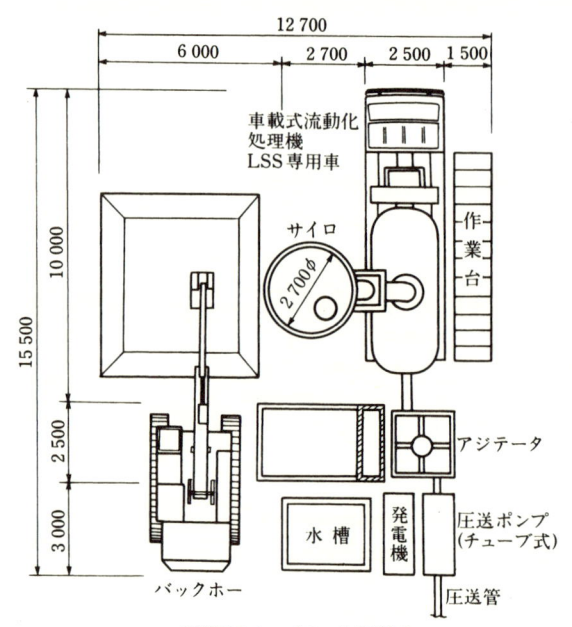

事例図9.1　プラント配置図

通路の確保と雨水，洗浄水の回収をしやすい配置とした．

2） 圧送ポンプと配管

処理土の圧送ポンプは固定式のコンクリートポンプを選定した．特にンクリートシリンダーと切替え弁・吐出管が一直線になる構造のポンプを選び設置した．圧送管は処理土の圧送距離を極力短くする配管経路をとり，コーナ部の少ない配管を心掛けた．また，持ち運びが簡単で扱いやすい圧力配管を用いた．この現場では，プラントから打設部の配管距離が 20 m 程度となり，ポンプと打設位置が GL－20 ～ －25 m

事例写真 9.1　配管の様子

と落差がある．配管系は仮設足場を組み垂直に 20 m 立ち下げ，水平に 80 m 程度配管することなった．水平部の配管で圧送管が閉塞する心配があることと，打設をはじめ，施工機のトラブル・洗浄時の水の回収も簡単にするために，打設管端部に分岐管とストップバルブを組み込み，洗浄水を水槽に回収する方法をとった．配管の様子を**事例写真 9.1** に示す．

3） 打設部の排水設備

打設部の雨水・漏水の排水装置として，吸込み高さを任意に調整するためのレバーブロックと水中ポンプを組み合わせ，ごみ・泥による吸込みの目詰りを防止できる排水装置を設置した．

（3） 目 標 品 質

目標強度と固化材添加量を**事例表 9.2** に示す．

事例表 9.2　要求品質

埋戻し場所	一軸圧縮強さ	固化材添加量
GL－10 m 以浅	$q_{u7} \leqq 1.25 \text{ kgf/cm}^2$	160 kg/m^3
GL－10 m 以深	$q_{u7} \leqq 2.5 \text{ kgf/cm}^2$	170 kg/m^3
建 物 間	$q_{u28} \leqq 10.2 \text{ kgf/cm}^2$	218 kg/m^3

発生土の成分と含水比を**事例表 9.3** に示す．

建物間の配合例を**事例表 9.4** に示す．

第6章　用途別施工事例

事例表9.3　発生土の物理的性質

土質名	礫	砂	シルト	粘土	自然含水比	強熱減量
関東ローム	11.7%	22.2%	24%	42.1%	80%	17.5%

事例表9.4　配合

発生土	水	固化材	処理土密度	フロー値
664 kg/m^3	505 kg/m^3	218 kg/m^3	1.387 tf/m^3	160 mm 以上

（注）設計強度の1.25倍の割増しをした配合計画である．

(4)　処理土の製造

流動化処理土の製造は連続式とバッチ式とがある．本工事では両方式で施工した．

1)　連続式による処理土の製造

連続式プラントの施工システムを事例図9.2に示す．製造の手順は，次のとおりである．

① 現地発生土を，ストックヤードからプラントに場内運搬する．
② 水槽の片側に25 mmの格子状のスクリーンを取り付けた解泥槽に，水（場内で発生するウェルポイントの排水を溜めた水）を所定量入れる．
③ 発生土を解泥槽にバックホーで所定量を入れる．
④ バケットミキサー（バックホーのバケットの中に一軸の撹拌翼を組み込んだ構造）で撹拌し泥水をつくる．
⑤ 解泥槽の泥水が所定密度の泥水濃度になったらスクリーンを通し，スク

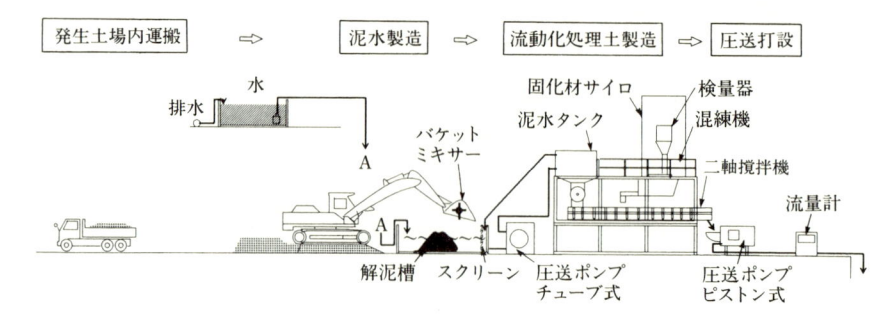

事例図9.2　連続式のフロー図

事例 9　建設基礎の埋戻し工事

イーズポンプ（チューブ式）で混練機の泥水タンクに圧送して常時タンクを満杯にする．また，解泥槽に残った夾雑物はバケットで取除く，このサイクルを 2 台の解泥槽で交互に行い泥水をつくる．

⑥　混練機の泥水タンクに溜めた泥水をタンク下部に取付たフィーダー（7 等分に仕切られた回転升）の回転数で制御しながら二軸撹拌機に定量供給する．

⑦　サイロの固化材をバッチ検量し，混練機の固化材タンクに移す．タンクの下部に設置したスクリューの回転数で制御した固化材を，二軸撹拌機に定量供給する．

⑧　泥水と固化材を連続的に混練りし流動化処理土を製造し，圧送ポンプ（ピストン式）のバケットに移す．

⑨　圧送ポンプで圧送する．

⑩　圧送流量を計測しながら打設ヤードに処理土を送り打設する．

2)　バッチ式による処理土の製造

バッチ式プラントの施工システムを**事例図 9.3** に示す．泥水の製造手順のうち①〜④は連続式と同じ工程で，泥水を 1 台の解泥槽でつくる．

⑤　所定密度の泥水を車載式混練機（密閉した円筒形タンクの中に一軸撹拌機を装着し，材料吸引用の真空ポンプを組み込んだ車載式流動化処理機）に所定量吸引する．次に撹拌タンクの固化材投入口を開放する．

⑥　固化材サイロの固化材をバッチ検量し混練槽に投入する．

⑦　泥水と固化材を混練りし流動化処理土を製造する．

⑧　タンクの排出口を開放しアジテータに処理土を移す．

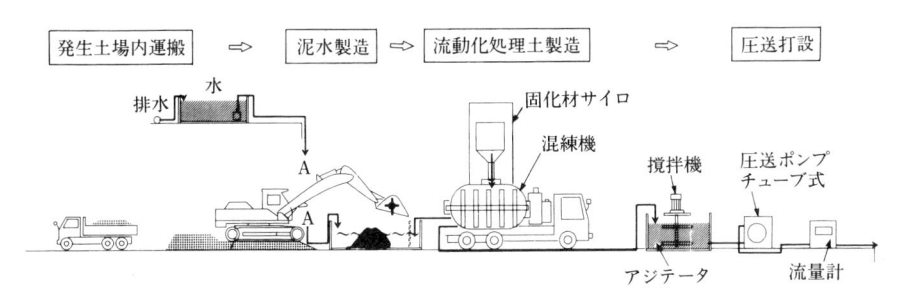

事例図 9.3　バッチ式のフロー図

⑨ 圧送ポンプ（チューブ式）で吸引，圧送する．
⑩ 圧送流量を計測しながら打設ヤードに処理土を送り打設する．
施工機械の仕様を事例表9.5～事例表9.8に示す．

事例表9.5 施工機械仕様（泥水製造装置）

	項 目	規 格	数 量	備 考
1	バックホー	0.7 m³	1台	発生土積込み用
2	ダ ン プ	11 t	1台	場内運搬用
3	バックホー	0.7 m³	1台	バケットミキサー装備
4	解泥水槽	25 m³	2台	スクリーン付き
5	水 槽	30 m³	2台	
6	水中ポンプ	3^B 5.5 kW	1台	給水用
7	圧送ポンプ	PQ-20 15 kW	1台	泥水搬送用（チューブ式）

事例表9.6 施工機械仕様（連続式流動化処理装置）

	項 目	規 格	数 量	備 考
1	混 練 機	25 m³/h 20 kW	1台	二軸撹拌機　連続式
2	固化材サイロ	30 t 12 kW	1台	
3	圧送ポンプ	35 m³/h エンジン	1台	ピストン式　処理土圧送用
4	発 電 機	120 kVA	1台	
5	分 電 盤		1台	
6	積算流量計	4^B 記録計共	1台	
7	圧 送 管	200 m 4^B	1式	

事例表9.7 施工機械仕様（バッチ式流動化処理装置）

	項 目	規 格	数 量	備 考
1	混 練 機	5 m³/バッチ 335 PS	1台	車載式流動化処理機
2	固化材サイロ	30 t 12 kW	1台	
3	圧送ポンプ	PQ-20 15 kW	1台	処理土搬送用（チューブ式）
4	アジテータ	6 m³ 5.5 kW	1台	
5	発 電 機	50 kVA	1台	
6	積算流量計	4^B 記録計共	1台	
7	圧 送 管	200 m 4^B	1式	

事例表9.8 圧送管洗浄装置（処理土圧送管先端部の洗浄水の回収装置）

	項 目	規 格	数 量	備 考
1	水 槽	10 m³	1台	洗浄水の集積用
2	サンドポンプ	4^B	1台	
3	発 電 機	50 kVA	1台	分電盤付き

（5） 打設方法

　流動化処理土はコンクリートに比べフロー値が大きく，圧送中の流速が下がると材料分離（抵抗の少ない軽いものは上部を流れ，抵抗が大きい重いものは下部を流れ少しずつ堆積する）を起こしやすい．この影響でコンクートポンプのシリンダー切替え部等で礫を噛み込む．また，配管内で礫が堆積し圧送管を閉塞することもあるため，泥水・処理土のフロー値を管理するとともに圧送ポンプ圧力，瞬間流量をチェックし，圧送管の閉塞を防止した．この現場では，フロー値が大きくなると（約250 mm 以上）圧送圧力も小さくできたが，材料の分離が早く，管内の礫堆積を確認した．また，フローが小さくなると（約150 mm 以下）粘性が大きく，圧送圧力が大きくなった．施工性を考えると，フロー値を 160〜250 mm 程度で管内流速を 1 m/s 以上確保することが望ましい．

1) 深層部の埋戻し

　埋戻し場所の容量・形状にもよるが，片押し（溝の片側から順次埋め戻す）施工をしながら漏水，雨水等を片側に押して埋め戻す．漏水が多い場合は，受け升をつくり水を溜めて水の流れを小さくした後，静かに処理土を流し込み埋め戻すようにした．埋戻し高さは，周辺の構造物に特に影響がないこともあり，1日の埋戻し高さを最大2m程度とした．また筒先の移動ピッチ（打設位置）の設定は，最初に 15 m ピッチで打設を行った翌日に，処理土の固化強度・材料分離等品質を調査した結果，特に問題がないことから，移動ピッチを 15 m 程度とした．最後に片隅に溜まった水を処理して，深層部の埋戻しを完了した．

2) 中層部の埋戻し

　まず，片側（間仕切り付近）を 1 m 程度埋め戻し，次に 30 m 付近に筒先を移動し埋め戻した後に，その中間部（15 m 付近）の埋戻しを行う手順で処理土の流れをコントロールして，中層部の埋戻しを完了した．

3) 表層部の埋戻し

　筒先の移動ピッチを 3m 程度にとり，先端ホースを移動させながら表面を平らに仕上げ，レベルを合わす．埋戻し厚さを 15〜20 cm 程度として作業性を考慮した．埋戻し厚さを薄くすると表面が剝離した状態になるので注意して埋戻した．

（6） 品質管理

　日常の品質管理として，泥水密度・処理土の密度・フロー値・ブリーディング

率の計測と6本の試料採取を1日2回の割合で実施した．また一軸圧縮強度は3日と4週で試験した．

工事前半の固化材添加量 218 kgf/cm^3 の処理土について調査する．品質管理目標を**事例表9.9**に示す．

流動化処理土の施工品質を**事例図9.4**に示す．

事例表9.9 品質管理目標

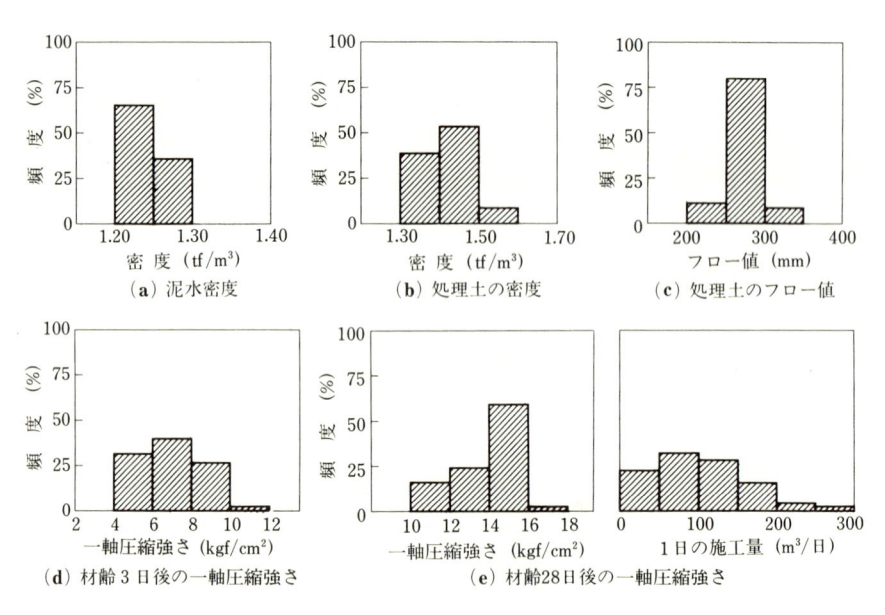

泥水密度	処理土密度	フロー値	事後調査（一軸圧縮強さ）	
			材齢3日	材齢28日
1.258±0.05 tf/m^3	1.387±0.1 tf/m^3	160 mm 以上	3.0 kgf/cm^2 以上	10.2 kgf/cm^2 以上

(a) 泥水密度
(b) 処理土の密度
(c) 処理土のフロー値
(d) 材齢3日後の一軸圧縮強さ
(e) 材齢28日後の一軸圧縮強さ

事例図9.4 施工品質

（7）施 工 結 果

1日の施工量を比較した結果，最低 30 m^3/日，最高 260 m^3/日で平均 120 m^3/日となった．また供用日の78%が稼働日となった．

事例10　火力発電所放水口工事における流動化処理土の水中施工

> **施工概要**
>
> 　火力発電所の1号機および2号機の冷却水の放流方式は，冷却水が海底トンネルを経て，立坑で海中任意の位置まで上昇し水中で放水口より放流を行う方式を採用している．この立坑のケーソン内に築造する連続地中壁建設のため，海水で満たされたケーソン円筒を改良土で充填する．そのため，処理土には分離抵抗の高い材料が要求された．
> 　そこで，現場内の浚渫土砂の最終沈殿池の細粒土を利用し，セメント系の特殊固化材と混合した混合土を用いる「流動化処理工法」を採用した．
> 　　工　事　名：火力発電所放水口工事円筒形中壁改良土投入工
> 　　工事場所：福島県
> 　　工　　　期：1994年6月8日〜1994年7月3日
> 　　土　工　量：1 600 m^3
> 　　工事目的：連続地中壁建設にあたりケーソン円筒内を掘削しやすい均一な改良
> 　　　　　　　土で充填する

（1）　施工上の特徴

　当初の計画では，海水で満たされたケーソン内円筒へ，山砂とセメント系固化材を粉体状で添加混合したものを，クラムシェルで直接投入する工法を考えていた．しかし，この計画では次のような問題点が課題となった．

　1)　作業ヤード

　埋戻し土量約1 600 m^{3}を予定日数内で改良・投入するには，ケーソン上の作業ヤードのすべてを占有する必要があり，当該ヤードで計画されていた別作業（クレーン作業）のスペースが確保できない．

　2)　材料分離

　セメント系固化材を粉体状で添加混合した山砂では，水中投入時および水分が加わり固化に至るまでに材料が部分的に分離し，埋戻し土の強度が不均一となり，連続壁掘削時に必要な垂直精度の確保が難しい．

　したがって，当該現場の施工条件と施工方法を再検討することとし，次の条件を加味することとした．

　①　プラントヤードの分離——ケーソン上の作業ヤードでクレーン作業を同時
　　　併行的に行いながら，他の場所で製造した処理土を作業ヤード近くに搬送し，
　　　ポンプ圧送によって打設できること．

② 工期——約1600 m³の埋戻し作業が2週間程度の工期で完了すること.
③ 安全管理——海水で満たされたケーソン上に仮設足場を設置し,安全で確実な作業が可能なこと.

以上の条件を満足する工法として「流動化工法」が検討対象となった.

建設発生土の種類と利用形態は,火力発電所の建設にあたり大型ポンプ船による泊地浚渫（泥岩）および埋立工事が行われた.埋立地の余水吐きより泥水として二次沈澱地に堆積した細粒土を流動化処理土の主材料として利用した.**事例表10.1**に浚渫土の物理特性を示す.

事例10.1 浚渫土の物理特性

土粒子の密度 ρ_t (g/cm³)		2.409
自然含水比 ω_n (%)		92.3
粒度	礫分 2〜75 mm (%)	0.0
	砂分 75 μm〜2mm (%)	4.0
	シルト分 5〜75 μm (%)	92.0
	粘土分 5 μm 以下 (%)	4.0
	均等係数 U_c	1.67
	曲率係数 U_c'	1.28

（2） 配合設計

「流動化工法」が採用されるための,施工上からの処理土に対する品質の要求項目は,次のとおりであった.

① 処理土の水中打設にあって,打設中および打設後に材料の分離がなく,次工程の作業荷重によって処理土が圧密沈下を生じないこと.
② 処理土をポンプ圧送するので,流動性に優れ圧送が容易であり,施工能率のよい材料であること.また,作業の安全性の面から,打設後の打設面がならし作業を行わなくても自動的に平準化する性能にたけていること.
③ 連壁掘削時の垂直精度を確保するため,空隙のない均一な強度と品質を有する比較的低強度の材料であること.

また,施工条件,処理土の品質および性能を満足するような工法として「流動化処理工法」が採用され,これらの要求性能を満足するような流動化処理土の作成仕様を**事例表10.2**に示す.本表の作成にあたっては,後述の各種の試験結果を分析し,設計値として扱った.

処理土の配合は,浚渫・埋立で発生した細粒土を使用して,現場目標強度,一

事例表10.2 流動化処理土の作成仕様

処理土の仕様	設 計 値
フ ロ ー 値	210 mm
湿 潤 密 度	1.30 g/cm³
目 標 強 度	$q_u = 4〜5$ kgf/cm²

（注） 養生日数28日.

事例10 火力発電所放水口工事における流動化処理土の水中施工

軸圧縮強さで $q_u=4\sim5\,\mathrm{kgf/cm^2}$（養生日数28日）程度を満足する固化材添加量は，事例図10.1に示す固化材添加量と強度の関係から $80\sim120\,\mathrm{kg/m^3}$ と考えられる．処理土の固化材添加量を決定するため，事例表10.3，事例表10.4，事例図10.2，事例図10.3に示す試験を実施した．

次項に示す試験結果の表および図に基づいて，当該工事の基本配合，ならびに施工管理上の目標値を以下に示す．

1) 設計強度

　一軸圧縮強さ　$q_u=4.0\,\mathrm{kgf/cm^2}$

　（室内水中養生）養生日数28日

　一軸圧縮強さ　$q_u=6.0\,\mathrm{kgf/cm^2}$

　（室内湿空養生）養生日数28日

2) 流動性

スクイーズポンプで水中打設可能な流動性を確保するため，流動化処理土のフロー値を210mm程度とする．したがって，固化材添加前の泥水は315mm程度とした．

3) 不分離性

材料の分離を制御するため，流動化処理土の製造後3時間経過時のブリーディ

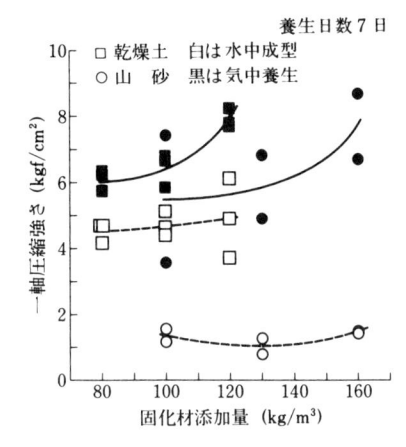

事例図10.1 固化材添加量と強度の関係

事例表10.3 加水量とフロー値および含水比（固化材未添加時）

No.	原土重量 (g)	加水量 (g)	湿潤密度 (g/cm³)	フロー値 (mm)	Pロート流下時間 (s)	含水比 (%)
1	2 000	400	1.351	165	—	—
2	2 000	500	1.317	219	19.89	—
3	2 000	600	1.311	225	13.90	—
4	2 000	700	1.298	240	11.13	—
5	2 000	800	1.263	260	10.49	—
6	2 000	900	1.261	275	9.93	182.2
7	2 000	1 000	1.252	305	9.93	194.4
8	2 000	1 100	1.225	338	9.70	218.0

（注）　−は未測定．

第6章 用途別施工事例

事例表 10.4 処理土のフロー値および一軸圧縮強さ（養生日数 7 日）

No.	固化材添加量 (kg/m³)	湿潤密度 (g/cm³)	フロー値 (mm)	Pロート流下時間 (s)	一軸圧縮強さ (kgf/cm²)
6	100	1.324	152	—	5.52 (3.41)
7	100	1.311	192	17.29	4.34 (3.01)
8	100	1.289	238	11.67	3.45 (2.33)

（注）（ ）内は水中成型.

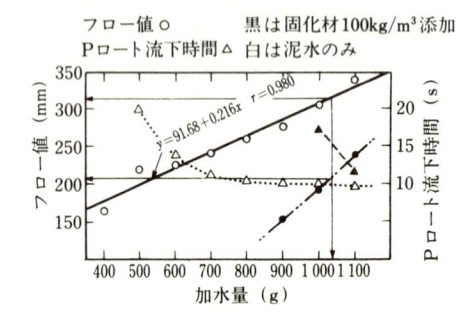

事例図 10.2 加水量とフロー値の関係

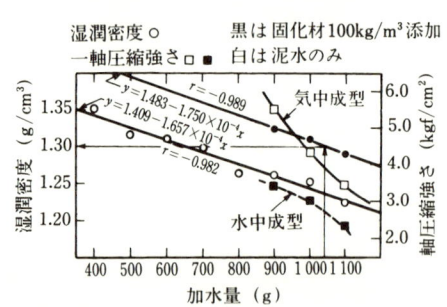

事例図 10.3 加水量と湿潤密度および強度の関係

ング率を 1 ％以下になるように含水比の調整を行う.

4) 使用固化材

材料の分離抵抗を高くするため，ここでは目的に合わせて調合した特殊固化材を $100\ \mathrm{kg/m^3}$ の割合で添加する.

5) 混 練 水

現場海水を使用.

6) 基本配合

当該現場における流動化処理土の基本的配合割合は，事例表 10.5 に示すとおりである.

事例表 10.5 当該現場の流動化処理土の基本配合

	重量 (kg)	容積 (m³)	備　　考
ピット内粘性土	900	0.677	$\gamma_t = 1.33\ \mathrm{t/m^3}$
海　水	300	0.291	$\gamma_t = 1.03\ \mathrm{t/m^3}$
固化材 (c-213)	100	0.032	$\rho = 3.10$
合　　計	1 300	1.000	

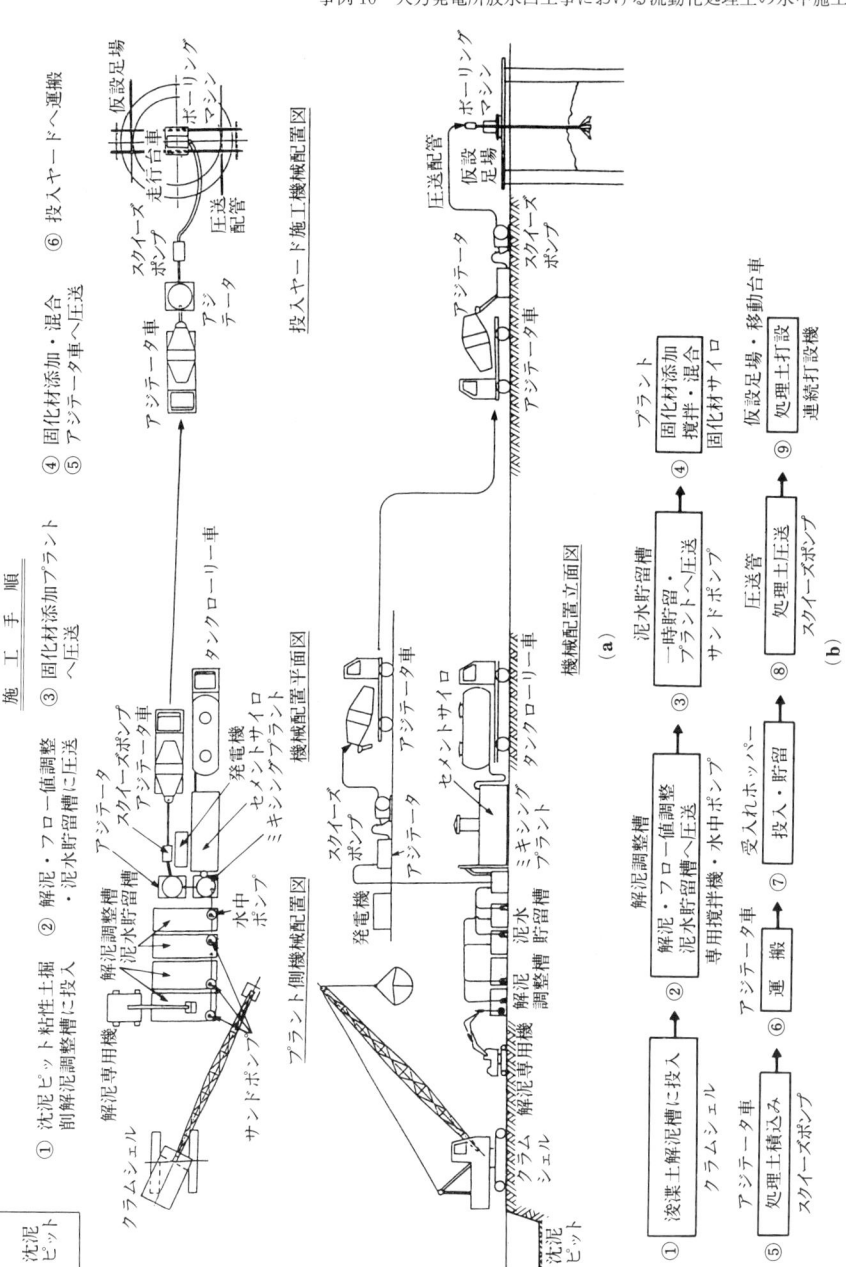

事例10　火力発電所放水口工事における流動化処理土の水中施工

施　工　手　順

① 沈泥ピット粘性土掘削解泥調整槽に投入
② 解泥・フロー値調整・泥水貯留槽に圧送
③ 固化材添加プラント～泥水貯留槽に圧送
④ 固化材添加・混合
⑤ アジテータ車へ圧送
⑥ 投入ヤードへ運搬

事例図10.4　施工フロー図

（3） 流動化処理土の製造

流動化処理土の製造から運搬，当該現場の打設に至る過程を**事例図10.4**の施工フロー図に示す．

以下，施工フロー図に基づいて，施工手順を説明すると次のようになる．

① 解泥調整槽にクラムシェルで，第二次沈澱池より細粒土を投入．
② 解泥機を用いて解泥し，加水しながらフロー値を調整した後ポンプで泥水貯留槽に圧送する．
③ 調整泥水をサンドポンプで流動化処理プラント（バッチ式）に投入する．
④ 固化材を定量添加，攪拌・混合し処理土を作成する．
⑤⑥ 処理土をスクイーズポンプでアジテータ車に搭載し，約2km先の打設現場に搬送する．
⑦⑧ 搬送されてきた処理土は，いったん受入れホッパーに投入し，ホッパーに接続されたスクイーズポンプで連続打設機に圧送管を通して送る．
⑨ 仮設足場上にセットされた移動台車に搭載した大型ボーリングマシン圧送管を接続し，水中底部より打設する．処理土の吐出口は，すでに打設完了した処理土中に貫入しており，打設量に比例して引き上げられる．処理土の打設量に比例してケーソン内の水面が上昇する．ケーソン外側の海面を計測しながら処理土の打設量に見合った水を排出する．

当該計画における流動化処理土の製造プラントの配置図を**事例図10.5**に，打設ヤードに配置した諸設備の配置図を**事例図10.6**に示す．

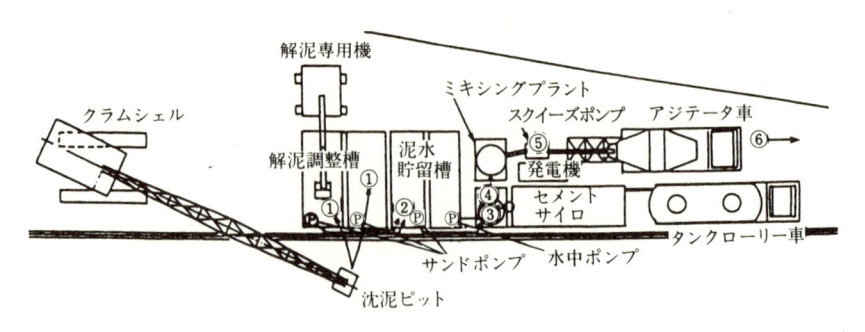

事例図10.5 流動化処理土製造プラントの配置図

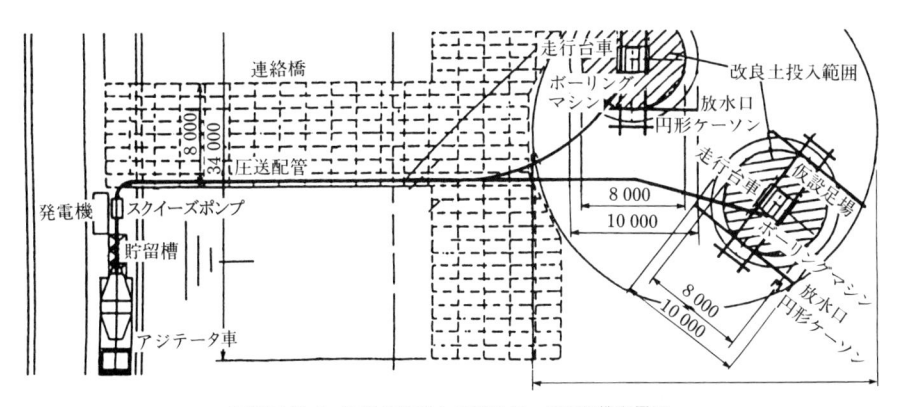

事例10　火力発電所放水口工事における流動化処理土の水中施工

事例図10.6　流動化処理土の打設ヤードの設備配置図

（4）運 搬 打 設

全体の打設量は $\phi 8.0$ m × 16.0 m の円筒形ケーソン 2 基で，1 600 m^3 であった．工事期間中の日平均打設量は 100 m^3/ 日，打設深度は 2.0 m/ 日で，最大は 150 m^3/ 日，打設深度で 3.0 m/ 日であった．

（5）品 質 管 理

流動化処理土の品質管理は，泥水のフロー値，処理土のフロー値，湿潤密度，一軸圧縮強さ，ブリーディング率等を管理することで行った．調整泥水のフロー値は，目標値 315 mm に対し，全平均値は $\bar{x}=315.7$ mm であり，ばらつきのの管理目標値内におさまった（**事例図10.7**）．また，処理土のフロー値は，初期の段階で上方管理値を上まわったため，目標フロー値 210 mm になるように，調整泥水の加水量をコントロールして管理を行った．その結果は，**事例図10.8**に示したとおり安定したものとなった．

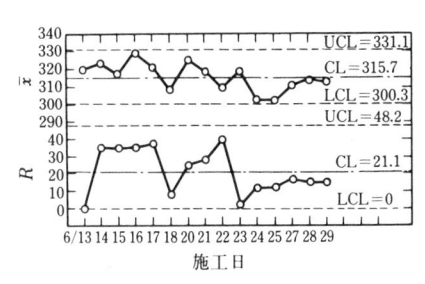

事例図10.7　調整泥土のフロー値 $\bar{x}-R$ 管理図

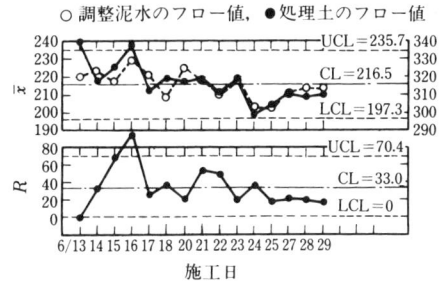

事例図10.8　処理土のフロー値 $\bar{x}-R$ 管理図

流動化処理土の湿潤密度は，処理土のフロー値と同様の傾向を示し，目標値の 1.30 g/cm³ に対して，平均で 1.29 g/cm³ であった（**事例図 10.9**）．

流動化処理土をモールドに流し込み，脱型後，水中養生した供試体の養生日数 28 日の一軸圧縮強さは，最小値で $q_u=6.5$ kgf/cm² であり，最大値で $q_u=9.6$ kgf/cm² であった．この値は，連壁掘削の垂直精度を確保するために必要な目標強度（$q_u=4 \sim 5$ kgf/cm²）に対して満足のいくものであった（**事例図 10.10**）．

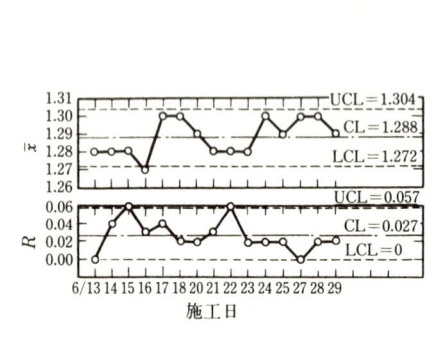

事例図 10.9 処理土の湿潤密度の $\bar{x}-R$ 管理図

事例図 10.10 養生日数と一軸圧縮強さの相関

流動化処理土のブリーディング率は，平均 0.64 % で施工中あるいは施工後の材料分離はほとんど確認できなかった．処理土打設時の流動性については，打設した翌日の打設面を円筒形ケーソンの天端より測定し，円筒形ケーソン中央部の打設位置とケーソン周囲の 4 分点（測点番号 No.1～No.4）との高低差で示した（**事例図 10.11**）．

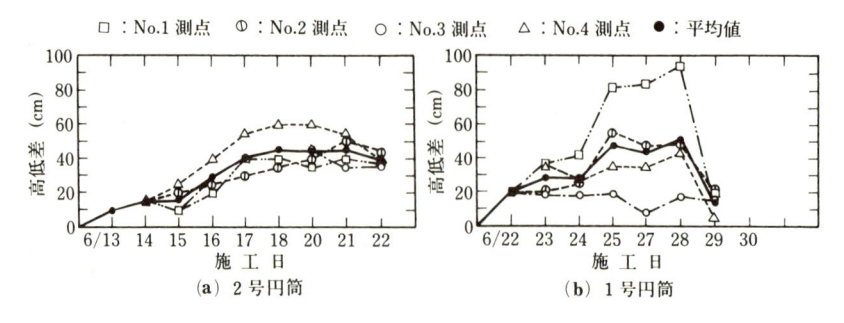

(a) 2 号円筒

(b) 1 号円筒

事例図 10.11 施工日毎の打設面高低差

事例10　火力発電所放水口工事における流動化処理土の水中施工

図より，施工日初日の高低差は10～20cmで流動距離40mに対して2.5～5.0％であった．高低差は施工日数を重ねる毎に大きくなったが，平均で40～50cmになるとそれ以上の増加はなかった．

（6）施工結果

今回の工事は，流動化処理工法としては水中施工という特殊な例であった．既述のように，当該工事で製造した処理土は，施工方法，工事品質とも要求される性能を満足していることが確認された．また，打設後養生期間の経過した固結土は，オールコアサンプリングの結果，均一性の高い改良土であった．次工程の連続壁築造工事がその後施工され，良好な垂直精度を確保できたとのことであった．この事例は，他の事例と以下の点が異なっている．

① 発生土が，浚渫土砂の最終沈殿地に堆積した細粒度（泥土）である．
② 処理土の水中打設で，材料分離を防ぐ必要がある．
③ 再掘削のため，強度のばらつきを抑える必要がある．
④ 仮設仕様である．

●施工上の補足事項

事例写真10.1に示すように，粘着力のある堆積土をクラムシェルで水面落下させる前処理を行い，簡易な解泥を行った点にある．非常に効果的であった．また水中施工の場合は，トレミー管，ホース等を用いた打設方法があるが，今回採用した打設方法は，ボーリングマシンを改良した連続水中打設機を使用し，常時

事例写真10.1　クラムシェルによる堆積土の解泥

処理土の吐出口がすでに打設完了した処理土中にあり，ある土被りをもって上方に微動することで，材料の分離を極力抑止し，濁りを発生せずに，均質な打設を行う工夫をした点にある．

事例11　使われなくなった小口径埋設管の埋戻し工事

施工概要

　高速道路の橋梁下部工事にあたり，使用されていない消防用水利管が地下約4mに埋設されていた．構造物築造時に管路の一部を撤去した．存置される管においては，管内に土砂が流入し，周辺地盤の沈下が懸念されたので管内を充填することにした．
　この事例は，埋設管の撤去前に，空洞を流動化処理土で充填した事例である．**事例図11.1に埋設管の縦断図を示す．**

　　　施工場所：東京都中央区
　　　施工時期：1996年
　　　充 填 量：65 m³
　　　施工規模：ヒューム管 φ500 mm，管路延長303 m
　　　工程計画：準備工から打設完了までの工程を**事例表11.1**に示す．

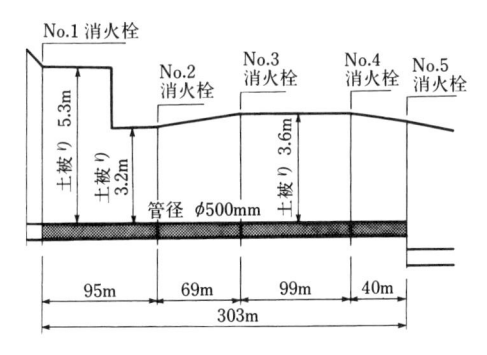

事例図11.1　埋設管縦断図

事例表11.1　工程表

	1日目	2日目	3日目	4日目	5日目	6日目	7日目
準 備 工	━━			━━			
プラント設置		━━━━		━━			
仕切壁・配管					━━━		
処 理 土 打 設					━━━━━		
プラント撤去							━━

（1）　施工上の特徴

① 充填する管路周囲の埋設管や構造物の有無を調査し，流動化処理土が流出

しないことを確認した.
② 小規模充填工事であることから，プラントは自走式混練プラントを採用した.
③ 固化する前に充填を完了させるため，プラントの製造能力を考慮して，施工範囲を2分割した.
④ 打設方法は，自重落下による打設と配管を利用したポンプ圧送による打設方法を採用した.
⑤ 空気溜まりで未充填部を生じないように，エア抜き用の配管を設置した.

(2) 仮設および付帯設備

1) プラントヤード

プラントは，事例図11.2に示す配置で，高架橋下の公園跡地に設けた.

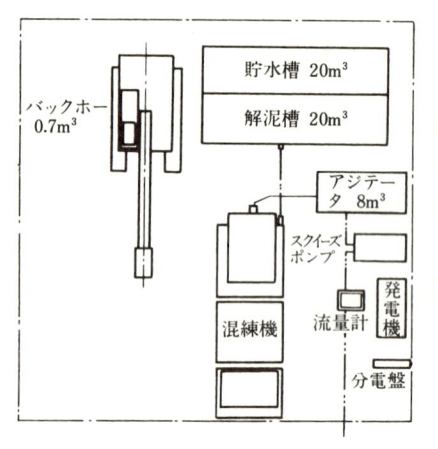

事例図11.2 プラント配置平面図

事例写真11.1 プラント設置状況

2) 管路内の排水

充填する管路内には，地下水が充満していることが確認されたので，打設前に2inの水中ポンプを用いて排水した.

3) 仕切壁

No.1消火栓，No.3消火栓およびNo.5消火栓の3箇所で木製の仕切壁を設けて，施工範囲を分割した.

事例 11 使われなくなった小口径埋設管の埋戻し工事

事例写真 11.2 エア抜き用配管の設置状況

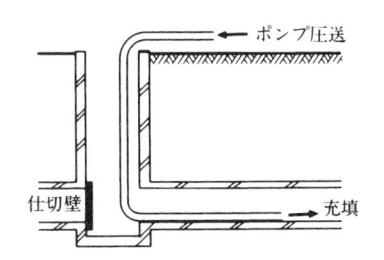

事例図 11.3 打設用耐圧ホースの設置

4) エア抜き用配管

閉塞された空洞へ流動化処理土を打設した場合，空洞内の空気を抜かないと充填できないことがあるので，**事例写真 11.2** に示すように $\phi 50$ mm の塩化ビニール製パイプを用いて空洞内のエア抜きとした．

5) 打設用管路内配管

管路内に，フレキシブル耐圧ホース（2 B）を設置し，打設用配管として利用した．

(3) 目標品質および処理土の性能

管路内に充填する流動化処理土の目標品質は以下のとおりである．

① 流動性を示すフロー値は 250 mm 以上とした．
② 材料分離性を示すブリーディング率は 3 時間経過時に 1 ％以下とした．
③ 固結後の強度は材齢 28 日で一軸圧縮強さ 2 kgf/cm² 以上とした．

建設発生土の種類は，流動性を大きくしながら，なおかつ材料分離を防ぐよう粘土を用いた．

基本配合は，**事例表 11.2** に示すとおりである．

事例表 11.2 基本配合

| 単位配合 (kg/m³) | | | 泥水密度 (g/cm³) | 処理土密度 (g/cm³) | フロー値 (mm) | ブリーディング率 (％) | 一軸圧縮強さ (kgf/cm²) |
粘 土	水	固化材					
664	497	152	1.22	1.31	300	1 以下	2 以上

第6章　用途別施工事例

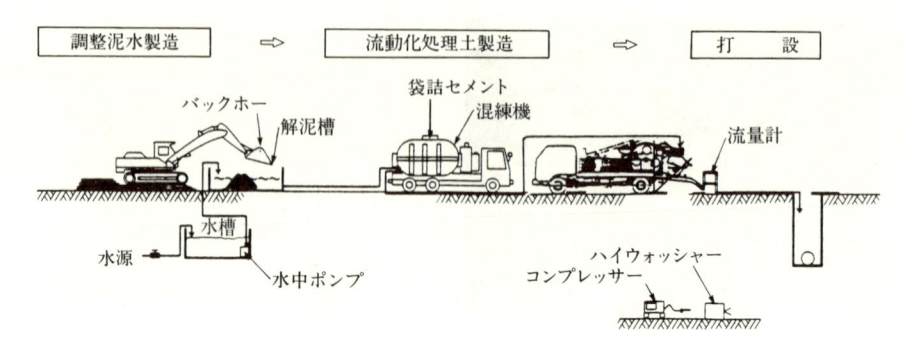

事例図 11.4　流動化処理土製造の流れ

（4）処理土の製造方法

流動化処理土製造の流れを**事例図 11.4**に示す．

泥水は，20 m³ 用水槽に粘土と水を投入後，バックホーに取り付けた攪拌翼付きバケットで攪拌して作製した．

流動化処理土は，1バッチ当り5 m³ の泥水を自走式 LSS 専用車に送泥し，セメント系固化材を 20 袋（40 kg 袋）投入後に攪拌して製造した．

（5）打　　設

打設方法は**事例図 11.5**に示すとおり，No.1 消火栓～No.3 消火栓間を充填するときに，No.2 消火栓から自重落下を利用して打設した．

No.3 消火栓～No.5 消火栓間を充填するときは，No.3 消火栓から管路内に設置した耐圧ホースを利用して，コンクリートポンプで打設した．

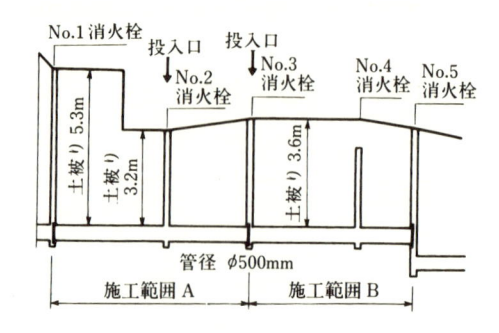

事例図 11.5　打設方法

（6） 品質管理

泥水および流動化処理土の品質管理試験と頻度および室内配合試験から求めた規格値を**事例表11.3**に示す．

品質管理試験結果を**事例表11.4**に示す．

事例表11.3　品質管理試験

	試験項目	頻度	規格値	備考
泥水	密度試験	2回／日	$1.20 \sim 1.24$ g/cm^3	
処理土	密度試験	2回／日	—	
	フロー値	2回／日	$250 \sim 350$ mm	
	一軸圧縮強さ	6本／日	$2.0 \sim 2.8$ kgf/cm^2	材齢7日

事例表11.4　品質管理試験結果

日時	泥水比重	密度 (g/cm^3)	フロー値 (mm)	一軸圧縮強さ qu_7 (kgf/cm^2)	一軸圧縮強さ qu_{28} (kgf/cm^2)
打設1日目 am	1.231	1.320	325	2.30	2.65
打設1日目 pm	1.227	1.318	291	2.24	2.62
打設2日目 am	1.237	1.332	295	2.41	3.08
打設2日目 pm	1.233	1.330	307	2.06	2.97
規格値	$1.20 \sim 1.24$	—	$250 \sim 350$	$2.0 \sim 2.8$	—

（7） 施工結果（出来形）

施工中の打設量は，流量計を用いて予定数量と対比した．

管路内の充填状況は，仕切壁からの漏れや，エア抜き用配管からの吹上がりと，管路の一部を撤去した時の充填状況を目視で確認した．

管路を撤去したときの充填状況は，**事例写真11.3**に示すように空隙も認められず流動化処理土で充填されていた．

事例写真11.3　管路内の充填状況

(8) その他

フロー値が 300 mm 程度の流動性を有する処理土を矩形消火栓（直高約 4 m）から自重落下により ϕ 500 mm のヒューム管へ打設したとき，70 m まで流動可能であった．

●施工上の補足事項

(1) 目標品質または性能

流動化処理土を小口径ヒューム管路に充填する場合，管内の摩擦抵抗が大きいことを考慮して，高い流動性を保つことが望ましい．また，材料分離を抑制するために，製造 3 時間経過後のブリーディング率は，1％以下にする．固化強度は，ヒューム管で孔壁が防護されていることを考慮すると，低強度で十分である．

事例表 11.5　流動化処理土の性能

流 動 性	フロー値 250 mm 以上
耐材料分離性	ブリーディング率 1％以下
強 度	一軸圧縮強さ 2 kgf/cm² 程度

(2) ストックヤードおよびプラントサイトの設置計画（理想的な形態）

小規模な充填工事の場合，建設発生土や水，セメント系固化材等の材料はプラントに隣接する位置にストックヤードを設け，使用数量の 1.5 倍程度を目安に確保することが望ましい．

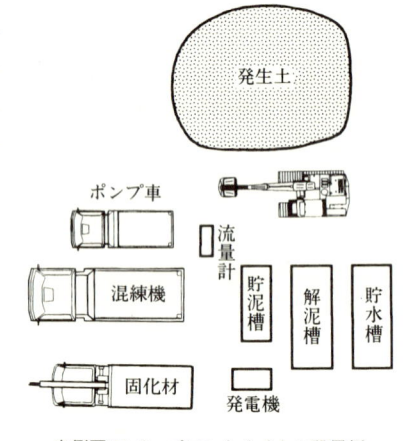

事例図 11.6　プラントサイトの設置例

(3) 施工計画（仮設＋処理土製造＋運搬＋打設）

1) 現地調査

現地調査は，以下に述べる主な項目について十分に調査を行う．

① 充填対象物——流動化処理土の品質または性能を決める場合に必要であるとともに，対象物周辺の状況を把握し，他の施設へ流出しないことを確認する．

② プラントヤード——施工規模，流動化処理土の性能等により，プラント全

体の規模が変わるので，打設現場でヤードとして使用可能な面積を把握する．必要面積が打設現場で確保できないときは，代替地を確保する場合がある．
③ 建設発生土と水の確保——流動化処理土の原材料である建設発生土は，予めストック可能であることが望ましい．このため，建設発生土のストックヤードは十分な面積を確保できる方法を検討する．一方，水は泥水や流動化処理土の製造，プラントの洗浄等に必要となるため，1日の製造や洗浄等の使用量に見合う量を確保する方法を検討する．

2) 仮設計画

都市部で流動化処理土を製造時する場合，周辺環境へ配慮することはもちろん，予定どおりかつ安全な作業を実施するために仮設計画を行う．
① 仮囲い——作業中に泥水や処理土の飛散が発生する場合があるので，流動化処理土製造プラントや打設箇所周辺に仮囲いを設けて，周辺部への影響を最小限に留める配慮が必要である．
② 保安要員——ダンプトラックによる建設発生土の運搬や，アジテータ車による流動化処理土の運搬が行われるなど，工事用運搬車両の出入りが多いので，出入り口等には，適切に保安要員を配置するなど，交通災害への配慮が必要である．
③ 酸欠防止——閉塞されている空洞に流動化処理土を充填する場合，空洞の状況確認や，配管などで人力作業を伴うため，有害ガスの有無や酸素濃度の確認をする．
④ 施工区分——管路の充填量が，プラントの1日当りの製造量以上となる場合，適切な位置で，土囊や仕切壁等を用いて施工範囲を分割する．
　　管路の破損が認められる場合は，流動化処理土が他へ流出しないように適切な方法で補修する．
⑤ 打設用配管——閉塞されている空洞へ流動化処理土を充填する場合，確実に充填できるように，打設用配管を適切に設置する．打設用の配管は，$\phi 2\,\mathrm{in} \sim \phi 4\,\mathrm{in}$ 程度の塩化ビニル製パイプや耐圧用フレキシブルホースの用いられることが多い．
⑥ プラント洗浄水の排水処理施設——製造作業終了後に，プラントおよびミキサー内部の清掃を実施する．このときの洗浄水は，セメント分を含む場合

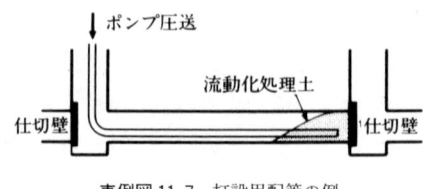

事例図 11.7　打設用配管の例

が多く，洗浄水の処理施設が必要となる．

3) 処理土製造計画

　流動化処理土の製造プラントは，バッチ式プラントと連続式プラントがあり，小規模充填工事の場合，プラント規模の小さなバッチ式プラントが望ましい．

　製造プラントは，泥水の製造能力と流動化処理土の製造能力，打設能力がほぼ均等になるような設備を配置する．

事例表 11.6　主なプラント設備

使用機械	仕様	数量	備考
LSS混練機	8 m³用	1台	処理土用
水槽	20 m³	2基	泥水，清水用
バックホー	0.7 m³	1台	撹拌翼付き
流量計		1台	打設量管理
高圧洗浄機		1台	
コンプレッサー		1台	
水中ポンプ		1台	清水用
ポンプ車	2～4 t車	1台	打設用
ジェネレーター		1台	

4) 運搬計画

　製造された流動化処理土の運搬は，コンクリートポンプを利用して圧送する場合とアジテータ車に積載して運搬する方法がある．

　運搬方法は，製造プラントから打設位置までの距離を考慮して決定する．

　なお，アジテータ車の積載量は，一般的に 4 m³ 積みとする．

5) 打設計画

　流動化処理土の打設は，自重落下を利用した直接投入方式とコンクリートポン

プを利用した圧送打設方式がある．

　充填する空洞の状況や，打設位置周辺の状況も考慮して，確実な充填ができる方法を採用することが望ましい．

　また，打設位置が数箇所ある場合には，直接投入方式と圧送打設方式を併用することもある．

（4）　品質管理計画

　品質管理は，低品質な建設発生土に加水および固化材を添加して要求品質を満足させるため，製造直後に流動性を有し，充填完了後に所定の強度を発揮できるように実施するものであり，以下に主な項目を述べる．

1) セメント系固化材の試験成績

　メーカーより提供された試験成績表により，所定の品質であることを確認する．

2) 品質管理試験

① 密度試験——所定の泥水または処理土が製造されたことを確認する目的で実施する（試験法：内容積が判明している容器に調整泥水または流動化処理土を入れ，その重量を測定する）．

② フロー試験——流動化処理土の流動性を確認する目的で実施する（試験法：JHS 313-1992 に準じる）．

③ ブリーディング試験——流動化処理土の耐材料分離性を確認する目的で実施する（試験法：土木学会基準「プレパックドコンクリートの注入モルタルのブリーディング率及び膨張率試験方法」に準じる）．

④ 一軸圧縮強度試験——固結後の強度を確認する目的で実施する（試験法：JIS A 1216 に準じる）

（5）　その他の必要事項

1) セメント系固化材の使用量

　小規模の充填工事の場合，1日に製造する流動化処理土も少ないため，セメント系固化材は袋物を準備することが一般的である．このため，セメント系固化材の使用量は，空袋で管理する．

2) 処理土打設量

　流動化処理土の打設量は，次に述べる方法で管理する．

① 流量計——体積が正確に把握できない場合，流量計によって打設量を管理

することが一般的に用いられる．
② 空洞体積——体積が比較的正確に把握できる場合，打設高さによって打設量を管理することもできる．
③ 1バッチの製造量が明らかなバッチ式プラントの場合，バッチ数によって打設量を管理することもできる．

これらの方法で打設量を管理しても，設計数量と差異を生じる場合がある．このようなときは，他施設への流出や，空洞内に堆積した土砂や未充填部の発生等が考えられるので，調査する必要がある．

3) 充填確認方法

閉塞された空洞へ，流動化処理土を充填する場合，出来形を直接的に確認できないことが多い．このため，間接的な出来形の確認が行われる．一般的な方法を以下に述べる．
① エア抜き用に設置した配管からの戻りを目視する場合——人が入れないような比較的小断面の空洞を充填するときに利用されることが多い．
② 固結後にボーリングマシンによるサンプリング等で確認する場合——①の方法でも，確認できないような状況の時に利用されることがある．

4) エア抜き

空洞に流動化処理土を1方向から打設すると，1～10％程度の勾配で流れるため，先端部が閉塞されると空気が溜まり，以降の充填ができなくなる．

このような状況が想定されるときは，適切にエア抜き用の配管を設置し，空気溜まりを生じないように配慮することが必要である．

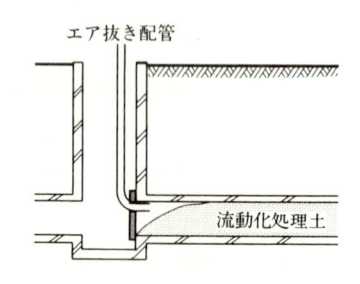

事例図 11.8 エア抜き配管の例

事例12　流動化処理土による拡幅盛土

施工概要

　拡幅盛土を行った工事は，一般国道と主要地方道（4車線）が立体交差するランプ部の改良工事である．築堤構造の既設盛土を鉛直盛土により拡幅し，ランプ部道路の線形緩和およびランプ下部に並行する市道の拡幅を目的として工事が行われた．

　当初設計は，現場発生土を利用した補強土壁工法が計画されていた．流動化処理土による拡幅盛土の高さは最大4.8 m（盛土全体は最大5.65 m）であった（**事例写真12.1**）．

　　施　工　期　間：2004年9月～2004年10月
　　施　工　場　所：愛知県豊田市
　　盛　土　延　長：103 m
　　盛　り　土　量：1 200 m^3
　　利 用 発 生 土：愛知県内で発生した建設発生土
　　施工システム：施工場所から7 km離れた固定プラントによる調整泥水式流動化処理土

事例写真12.1　工事終了後の拡幅盛土の様子

（1）　施工上の特徴

当初設計で計画されていた補強土壁の施工にあたり，以下の問題があった．

① 既設盛土および周辺地盤の土質が軟弱であり，補助工法を行わないかぎり設計どおりの掘削が困難である．
② 既設盛土上部のランプは供用中である．
③ 盛土下部地盤に軟弱層が数m存在するため，発生土（礫混じり土砂，湿潤密度2.1 t/m^3）で拡幅盛土を行うと，盛土全体の安定性を大きく阻害する

第6章 用途別施工事例

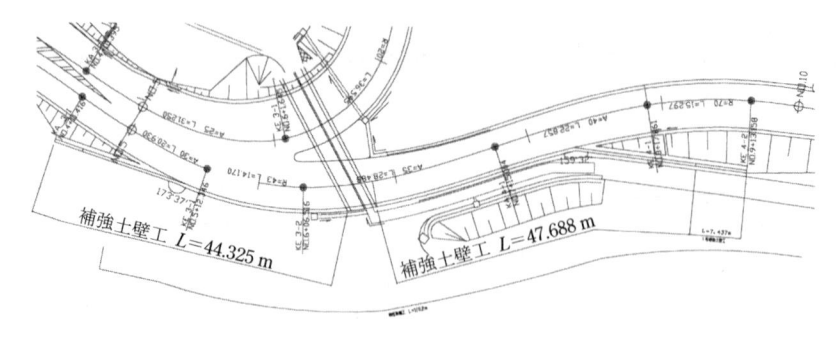

事例図12.1 平面図

可能性がある．
この結果，当現場の施工方法を再検討し，その条件を以下のように設定した．
① 拡幅盛土材料は湿潤密度 $1.6\,t/m^3$ 程度以下とする．
② 現状の盛土を必要以上に掘削しない方法とする．
③ 拡幅盛土作業が1ヵ月程度で完了すること．
④ 既設道路に極力影響を与えず施工ができること．

以上の条件を満足する工法として，流動化処理土による拡幅盛土を提案し検討することになった．数種類の工法をコスト，工期，安全性等の観点から比較検討を行った結果，流動化処理土による拡幅盛土が採用された．

（2） 構造および条件

既設盛土の拡幅を行う場合，以下の3ケースが考えられる．
① 擁壁構造
② 補強土壁構造
③ 軽量盛土構造

流動化処理土による盛土構造は固化材を使用した硬化体であるため，軽量盛土構造に近い挙動を示すと考えられる．

この盛土構造は，盛土自体の安定「内的安定」と周辺地盤に対する構造体としての安定「外的安定」を考慮するが，流動化処理土を材料とする盛土の場合は以下の問題点を新たに検討し対策を行った．

1） 流動化処理土の耐久性

流動化処理土はある一定の湿潤状態を維持すれば，強度低下等の耐久性低下は

事例12 流動化処理土による拡幅盛土

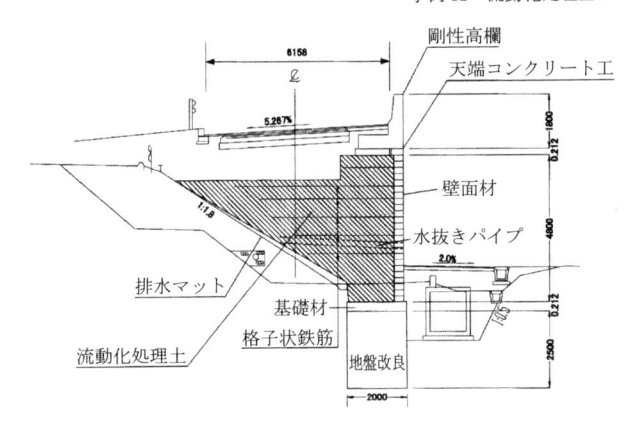

事例図 12.2 標準断面図

起こらないことがわかっている[11),12)]．そこで，処理土の密度を 1.5 t/m³ 以上を確保することとし，上端部は 50 cm 以上の覆土を行うことにした．また，水密性の高い壁面材として二次製品の特殊ブロックを使用し，乾燥を極力防止する構造とした．

また，不可抗力により部分的に盛土に亀裂等が発生し，処理土が破壊した場合でも盛土全体の安定が保たれるように，垂直方向に 1 m 間隔で□100 mm×100 mm ϕ6 mm の格子状鉄筋を盛土内部に設置することにした．

2) 施工後の地下水圧等による偏圧に対する安定

背面地下水を滞留させることなく壁前面に排水できるように既設盛土との境界部分に排水マットを，暗渠排水を既設盛土の法尻に設置した．さらに 5 m 間隔で暗渠排水から壁前面まで水抜きパイプを設置し，確実に排水できる構造とした．

3) 支持地盤の改良

外的安定の検討で法尻付近を通るすべり面が確認され，この対策として幅 2.0 m，深さ 2.5 m の柱状改良を施工した．

(3) 配　　合

当該工事に使用した流動化処理土は，現場から 7 km 離れた愛知県瀬戸市にある常設プラントで製造し，アジテータ車により運搬を行った．

流動化処理土の設計一軸圧縮強さは，鉛直盛土として必要な強度 0.17 N/mm² を 3 倍し，0.5 N/mm² と設定した．そのほかの配合条件は**事例表 12.1** に，**事例**

表12.2には今回使用した流動化処理土の基本配合を示す．

事例表12.1 配合条件

項目	フロー値 (mm)	密度 (t/m³)	ブリーディング率(%)	一軸圧縮強さ σ_{28}(N/mm²)
規格値	160以上	1.5～1.6	1%未満	0.5以上

事例表12.2 配合表

泥水密度 (t/m³)	泥水混合比 P	単位配合			目標値			
		固化材 (kg/m³)	泥水	山砂	密度 (t/m³)	フロー (mm)	一軸圧縮強さ (N/mm²)	ブリーディング率(%)
1.297	1.1	130	796	587	1.547	230	0.6	1≦

※山砂含水比5.8%，土粒子の密度2.68 g/cm³

固化材は高炉セメントを使用し，調整泥水はコンクリート骨材製造プラントから発生する粘土泥水を使用した．主材はプラント周辺の公共工事から発生した建設発生土（砂質土）を使用した．

（4） 運 搬 打 設

1） 運　　搬

運搬はアジテータ車を使用し，4.5 m³/台の積載量とした．

2） 打　　設

運搬した流動化処理土は，現場の条件に応じてシュートによる直接打設とポンプ打設を行った．

事例写真12.2 壁面材設置

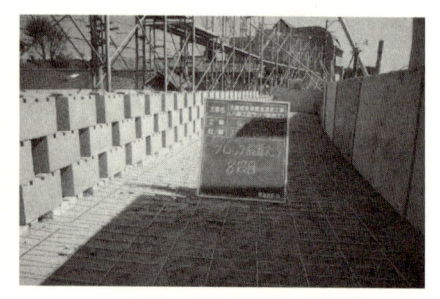

事例写真12.3 補強材設置

事例12 流動化処理土による拡幅盛土

流動化処理土の打設リフトは1mとし，壁面材ブロック（横45 cm，奥行30 cm，高さ20 cm）を1m（5段）積み上げ，止水処理を行った．一回の打設高さは補強材敷設高さで打ち止め，処理土固化後に補強材を設置する工程を所定の高さまで繰り返した．

事例写真12.4 流動化処理土打設

（5）品質管理

品質管理計画を**事例表12.3**に示す．

打設時期が秋から初冬にわたり打設時温度も低下しているが，品質管理結果から一軸圧縮強さは安定した値が得られている．また，打設時のワーカビリティーも一定の値を示しており，安定した品質を確保している．

事例表12.3 品質管理項目

試 験 項 目	頻 度	備 考
密　　　度	1回/日	
打設時温度	1回/日	
フロー値	1回/日	
ブリーディング率	1回/日	
一軸圧縮強さ	1回/日	材令7日・28日

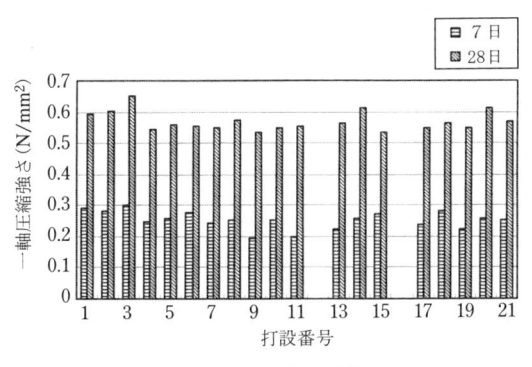

事例図12.3 一軸圧縮強さ

第6章 用途別施工事例

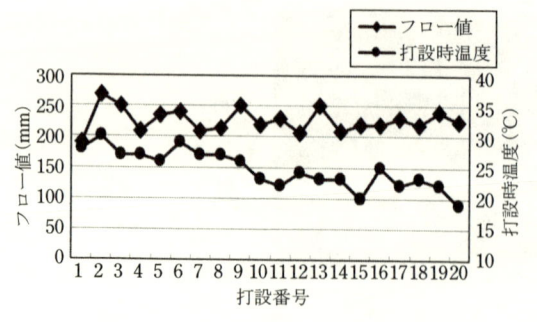

事例図12.4 フロー値および打設時温度

(6) 動態観測

施工完了後，約2年間の動態観測を行っている．測定項目を以下に示す．結果を**事例図12.5**に示す．

施工後，水平高さともにほとんど変位は認められず安定した状態を保っている．

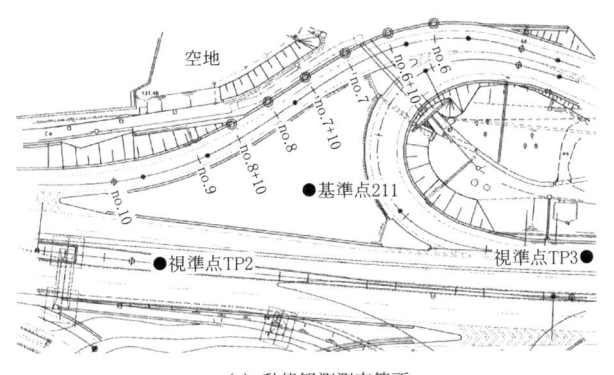

事例 12　流動化処理土による拡幅盛土

(a) 動態観測測定箇所

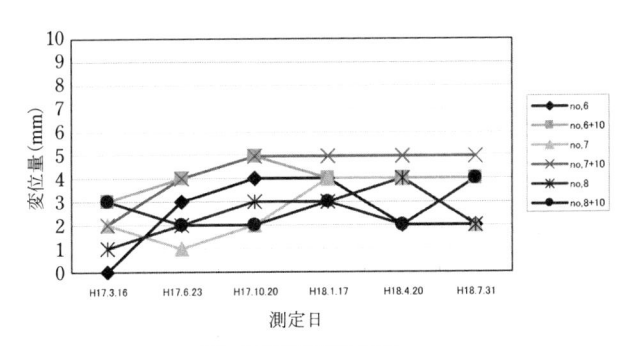

(b) 水平変位(絶対値)量

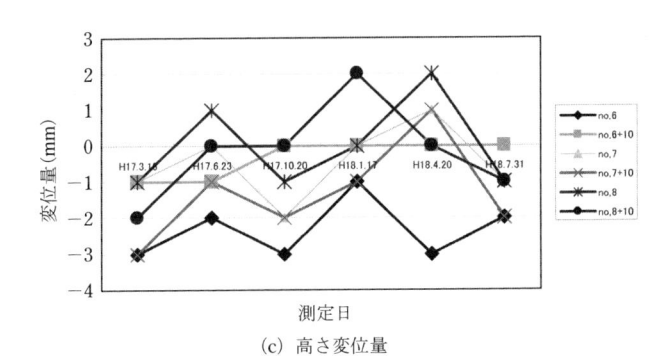

(c) 高さ変位量

事例図 12.5　動態観測測定箇所

事例13　橋脚基礎の埋戻し

事例概要

　既設埋設管が輻輳して設置されており，締固めによる埋戻しが困難な橋脚基礎の埋戻し材として，現場発生土を用いて流動化処理土による埋戻しを行った．

　現場は海に面した埋立地で，周辺地盤は地表より約5.5 m が埋め土層でシルト，その下に土丹層が存在している．橋脚は，この地盤を支持層とした直接基礎形式になっている．この橋脚から約0.7 m 離れた位置に，直径1 200 mm および直径700 mm の水道管2本，続いて直径600 mm のガス管，NTT5条5段の集合管の合計4本が道路に平行して相互に約1.5 m の間隔で密集して埋設されている．掘削に伴う埋設管の防護方法は埋設管上部に H 形鋼を配置し，ワイヤーによる吊り防護を行った．橋脚基礎の土留め方法は，柱列杭式（SMW）壁を採用している．また，埋設管周辺は CJG により管底より 50 cm まで改良されている．今回流動化処理土の施工は，**事例図13.1**に示すように，この土留め内半断面の締固めによる埋戻しが困難な箇所を，流動化処理土により埋設管下面まで埋戻しを行った．

　流動化処理土の総製造土量は約290 m^3 であった．

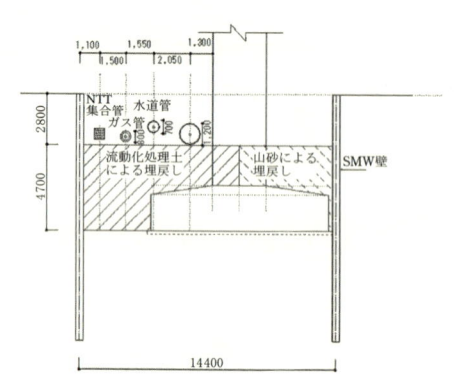

事例図13.1　橋脚土留め断面図

（1）　施工上の留意点（急所）

橋脚基礎の埋戻し工事における施工上の留意点として，以下の点があげられた．

① 埋戻し完了後に土留め切梁解体作業を行うため，材齢1日において処理土上で作業可能な強度を有する必要がある．そのため，材齢1日において 0.5 kgf/cm^2 以上を有していることが確認でき，かつ材齢28日において 3.0 kgf/cm^2 程度の配合を選択した．

② 埋戻し箇所は国道下の路体部分である．また埋設管は，水道・ガス共に重要幹線ライフラインとなっており，施工完了後の埋設管の変位および沈下量を極力抑制する必要がある．このため，埋戻し前に設置した沈下棒により沈下計測を行う計画を立てた．

③ 土留め壁とフーチングの間隔は約4mであり，狭隘な間隙に自重により充填できる流動性を有している必要がある．過去の経験から，5mm程度の間隙を完全に充填させることができるフロー値は115mm以上であることがわかっている．今回の工事においては，施工性を考慮したうえで，フロー値160～200mm程度と設定して工事を行った．

（2） 目標品質および処理土の性状

本工事における流動化処理土の品質目標値を，事例表13.1に示す．

事例表13.1 品質目標一覧表

品質項目	目標品質
一軸圧縮強度	$\sigma_{28}=3.0\,\mathrm{kgf/cm^2}$程度（$\sigma_1=0.5\,\mathrm{kgf/cm^2}$以上）
流動性	フロー値試験 160～200mm
材料分離抵抗性	ブリーディング率 1.0％以下

（3） 建設発生土の種類と利用形態

使用した建設発生土は，埋戻し箇所より約300m離れた同一施工区域内の他橋脚基礎杭（オールケーシング場所打杭）掘削作業時に発生した建設発生土（砂質）を使用して処理土の製造を行った．

また，基礎杭施工は埋戻し工事と同時期に行われていたため，埋戻し箇所へ11tダンプによりリアルタイムで建設発生土を運搬することができ，その運搬量は1日の作業量にあわせて行った．

使用した建設発生土の物理的性質を事例表13.2に示す．

事例表13.2 建設発生土の物理的性質

自然含水比（％）	土粒子の密度（g/m³）	湿潤密度（g/cm³）	粒度構成（％）				液性限界（％）	塑性限界（％）	pH	強熱減量（％）
			礫分	砂分	シルト分	粘土分				
61.2	2.746	1.595	0	4.4	60.7	34.9	51	32.7	9.08	5.87

（4） 配　　合

流動化処理土の配合設計は，**事例図 13.2** に示すフローによって行われた．なお，今回使用した建設発生土は，粘土シルト分が約 95 % 以上あり，発生土のみにより流動性および材料分離抵抗性を抑制させることができると考え，泥水式（単体使用）流動化処理土を選択した．

各試験の概要を以下に略記する．

① フロー試験——所定の流動性（フロー値）を満足する泥水密度を決定する．あわせて，材料分離（ブリーディング率）の有無を確認する．

② 強度試験——フロー試験によって決定した泥水密度において，固化材量を変えることにより，設定強度となる固化材量を求める．

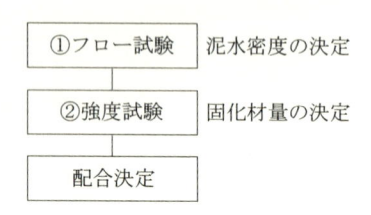

事例図 13.2　配合試験フロー図

1） 配合試験結果

① フロー試験

試験結果を**事例表 13.3** および**事例図 13.3** に示す．これらの表および図より，フロー値が 180 mm になるのは泥水密度 1.35 t/m³ であることがわかる．このときのブリーディング率は，1 % 以下である．

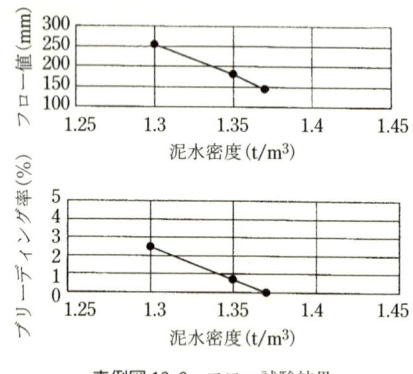

事例図 13.3　フロー試験結果

事例表 13.3　フロー試験結果

泥水密度 (t/m³)	単位配合 (kg/m³)				処理土密度 (t/m³)	フロー値 (mm)	ブリーディング率 (%)	一軸圧縮強さ (kgf/cm²)		
	泥水	泥水内訳		固化材				1 日	7 日	28 日
		土	水							
1.30	1 232	721	511	160	1.399	253	2.5	0.40	2.73	
1.35	1 279	841	438	160	1.446	181	0.7	0.84	3.23	
1.37	1 298	890	408	160	1.470	145	0.0	0.97	4.53	

② 強度試験

試験結果を**事例表 13.4** および**事例図 13.4** に示す．所定の強度を発揮させるために必要な単位当り固化材添加量は，100 kg/m³ である．

事例表 13.4　強度試験結果

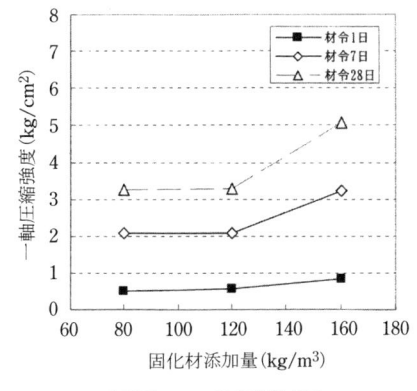

泥水密度 (t/m³)	単位配合 (kg/m³)				処理土密度 (t/m³)	フロー値 (mm)	ブリーディング率 (%)	一軸圧縮強さ (kgf/cm²)		
	泥水	泥水内訳		固化材				1 日	7 日	28 日 (推定)
		土	水							
1.35	1 314	864	450	80	1.395	185	0.9	0.51	2.08	3.27
1.35	1 297	852	445	120	1.426	180	0.7	0.56	2.09	3.30
1.35	1 279	841	438	160	1.447	181	0.7	0.84	3.23	5.07

事例図 13.4　強度試験結果

本工事に使用する建設発生土は，前述したように基礎杭掘削に伴い発生するもので，発生場所によって含水比，粒度分布等の土質性状の変状が予想される．そこで流動化処理土の品質を確保するため，設計条件を確保するのに必要な固化材添加量 80 kg/m³ に対し，100 kg/m³ の固化材添加量とし品質のばらつきを下限値で管理することにした．

本工事に採用した配合を**事例表 13.5** に示す．

事例表 13.5　流動化処理土配合表

泥水密度 (t/m³)	単位配合 (kg/m³)				処理土密度 (t/m³)	目標フロー値 (mm)	ブリーディング率 (%)
	泥水	泥水内訳		固化材			
		土	水				
1.35	1 350 (1 309)	888 (861)	462 (449)	102 (100)	1.41	180	1.0 以下

(　) 内割数量

（5） 処理土の製造方法および打設方法

処理土の製造方法について説明を行うとともに，製造システム概要図を事例図13.5に示す．

① 残土の搬入――ベノト杭施工により発生した建設発生土を，ダンプトラックによってプラントヤードまで運搬する．

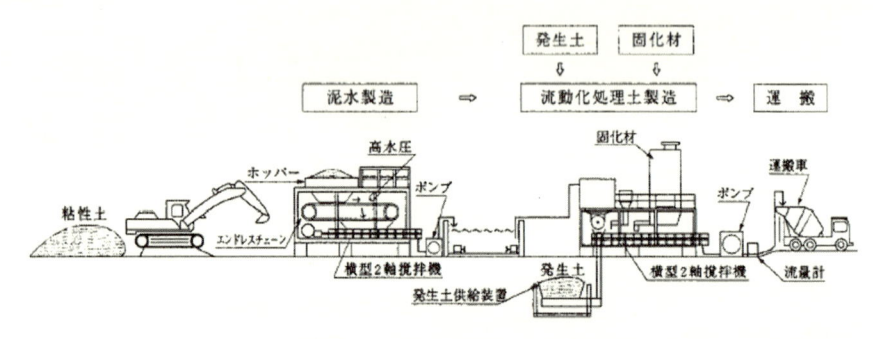

事例図13.5　製造システム概要図

② 泥水の製造――解泥槽に一定量の水と発生土を投入してバックホーミキサーで撹拌し，泥水を製造する．泥水の密度を測定し，微調整を行って一定の品質になるようにする．

③ 流動化処理土の製造――解泥槽よりスクイーズポンプを使用して流動化処理プラントに送泥を行い，固化材を添加して撹拌を行う．混練には，二軸のパドル式ミキサーを使用して，連続的に混練りを行う．

④ 流動化処理土の圧送――作製した流動化処理土をピストン式の圧送ポンプ（3 in）を使用して打設位置まで圧送する．

⑤ 現場への打設――コンクリートポンプにより圧送された流動化処理土を，埋戻し箇所に打設する．
事例写真13.1に打設状況を示す．

事例写真13.1　打設状況図

（6） 工程計画

　埋戻し箇所は，支保工が2段設置されており，流動化処理土による埋戻し範囲内に最下段切梁が存在している．この撤去作業が，埋戻し工事施工中に行われる．また，掘削範囲の半分を山砂により埋め戻す計画となっており，この埋戻しは先行して施工する必要があった．**事例表13.6**に工程表を示す．

事例表 13.6　埋戻し工事工程表

工　種／日　程	1	2	3	4	5	6	7	8	9	10	11	12	13	14	15	16	17	18	19	20	21	備　考
組立解体			■	■									■	■								
流動化処理土打設					■	■				■	■	■										
支保工撤去							■	■											■	■		
山砂埋戻し	■	■													■	■						

（7） 品質管理

　施工中行った品質管理項目と測定頻度を**事例表13.7**に示す．

事例表 13.7　品質管理一覧表

項目	目的	方法	頻度
フロー試験	製造された流動化処理土が所定の流動性を有しているかの確認を行う．	フロー試験（JSH 313-1992）	午前・午後 1回
一軸圧縮試験	固化した流動化処理土が所定の強度を有していることを確認する．	一軸圧縮強度試験	1日1回 $\sigma_7 \cdot \sigma_{28}$
ブリーディング試験	製造された流動化処理土が材料分離を起こしていないかを確認する．	ブリーディング試験（JSCE1986）	午前・午後 1回
密度試験	製造された流動化処理土が配合設計時の品質と同一なものであることを確認する．	密度試験	午前・午後 1回

（8） 施工結果

　本工事における，打設数量の確認方法および使用材料の確認方法は，以下の方法で行った．

① 打設位置での確認——打設場所において測量を行い，打設量の確認を行った．
② 使用材料の確認——各材料は工事終了時に立ち会い確認とともに，納入伝票を提出し確認した．

また，打設された流動化処理土の，品質管理結果による一軸圧縮強さを**事例図13.6**に示す．

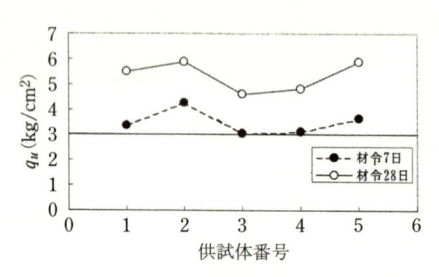

事例図13.6　一軸圧縮強さ試験結果

配合設計時に予測した材齢1日の強度もほぼ規定どおりの値を示し，材齢28日においても，すべてのデータにおいて目標値をクリアーした．埋戻し土量は約59 m³/日の埋戻し土量となり，埋戻し工事は全体工期に遅延を与えることなく，おおむね良好に作業を終了することができた．

(9) そ の 他

打設した流動化処理土内（埋戻し高さ4.7 m）および処理土天端に沈下盤を設置して，施工後約5ヵ月間沈下計測を行った結果を**事例図13.7**に示す．埋戻し

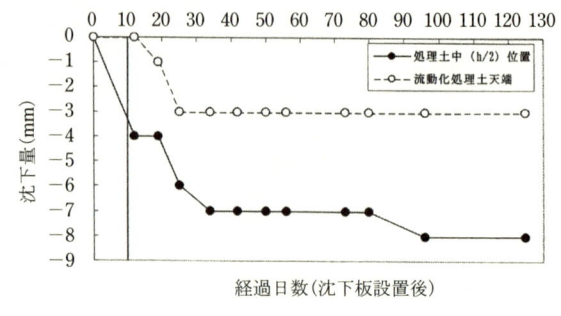

事例図13.7　沈下測定結果

高さ約 4.7 m に対して天端で 3 mm 程度の沈下を示していた.

●施工マニュアル
（1） 目標品質および性能

埋設管が輻輳して設置されている箇所において，流動化処理土による埋戻し工事を採用する一番の特徴は，従来行われていた受け防護等の埋設管保護工が省略できる点にある．また，在来工法では施工が困難であった埋設管直下や隣接する埋設管側部等の埋戻しが，充填により完了することも大きな要素となる.

事例表 13.8 に，埋設管の埋戻しを行う場合の目標品質について示す.

事例表 13.8　目標品質一覧表

品質管理項目	目標品質	摘　要
流動性	180 mm 程度	充填性は 110 mm 程度でもよいが施工性を考慮する.
一軸圧縮強さ	材齢 7 日　$3.0 \, kgf/cm^2$ 以上	人力掘削が可能な強度
材料分離抵抗性	1.0 % 以下	
処理土密度	$1.35 \, t/m^2$ 以上	

なお，この品質管理目標値は埋戻し箇所の最終使用用途により異なると考えられるが，埋設管への影響のみを考慮した場合で記述してある.

（2） プラントヤードおよびストックヤードの設置計画

埋設管を伴う橋脚基礎の埋戻しは，施工数量が大規模となる場合は少ないが，他作業との出会い帳場の部分が多くなるため日打設数量も少なく，工事期間が長くなる．このような状況の中で，流動化処理土の製造プラントとしては，固定式プラントからの集配出荷が理想的な製造方法である.

しかし，流動化処理土を現場発生土により製造する場合や，近郊に固定式プラントが存在しない場合には，埋戻し現場および現場近郊にプラントを設置することになる．プラントの施工能力を決定する場合，目標品質を満足できるプラントを設置することはいうまでもないが，施工性および経済性も選択材料にする必要がある.

また，道路上にプラントを設置する場合や，非常に狭いヤードにプラントを設置する必要がある場合においては，発生土の仮置き方法や運搬方法に注意を払う

必要がある．

　プラントヤードおよびストックヤードの配置計画として理想的なものは，施工規模および施工条件により大きく変動すると考えられるが，プラントヤードに併設して建設発生土のストックヤードを配置し，さらにポンプは打設箇所に隣接して設置できることが望ましいと考えられる．

（3）　施工計画
1）　仮　　設
　既設埋設管を伴う橋脚基礎の掘削工事は，施工深度は深い場合があるものの，施工規模的に大規模になる場合が少なく，掘削中における埋設管の吊り防護や，土留め支保工以外には特別な仮設を必要としないのが一般的である．流動化処理土による埋戻し工事を行う場合においても，路面覆工を伴う場合や側占用・中央占用での施工においては，配管ルートなどの配置計画や，飛散防止対策等の第三者災害防止に十分留意する必要がある．

2）　処理土製造
　処理土製造方法については一般的な事項が大部分を占めるが，施工計画立案上特に留意することが必要と考えられることを記述する．

　打設現場近郊において処理土を製造する場合，狭いプラントヤードにおいての施工を余儀なくされる場合が多く，プラント自体のコンパクト化に加えて，材料である建設発生土・水および固化材の調達計画を綿密に立案し，それを適宜実行することが大切である．

　また，発生土の含水比や粒度分布等の品質のばらつきに対応するため，配合計画を確実に実施して処理土の品質安定につとめていく必要がある．

3）　運　　搬
　流動化処理土は，運搬を伴うことなく打設箇所において製造し，打設を行うことが施工性，経済性の面からもっとも適当であると考えられる．しかし，打設現場の都合により運搬を伴う場合には，運搬中の処理土の性状変化を十分に把握して運搬計画を立案する必要がある．

4）　打　　設
　処理土打設箇所と流動性やポンプ等の設置個所との位置関係を十分考慮して打設計画を立案する．この場合，処理土の流動性の大小によって流動勾配が発生す

るため，打設箇所を適宜移動する必要がある．

また，処理土を埋設管上部まで打設する場合，管に浮力が発生することになり浮力対策や打設方法を十分検討する必要がある．

（4） 品質管理計画

処理土の品質は，一般的な品質管理計画を行うことで，摘要用途の性状は十分保たれると考えられるが，圧密沈下による埋設管への影響度合いや，打設後の材料分離による空隙の発生には特に留意する必要がある．

（5） その他の必要事項

既設埋設管の埋戻し工事においては，埋設管所有企業により独自の管理基準を設けている場合が多く，これらの基準を遵守し，打設後の埋設管への影響を極力少なくする努力をする必要がある．

また，既設埋設管に設置した沈下棒等により打設後の変状を観察する必要がある場合等に備えて，施工計画立案時に関係監督官庁や埋設企業等と十分に施工協議を行っておくことが必要である．

●まとめ

流動化処理工法施工フロー図

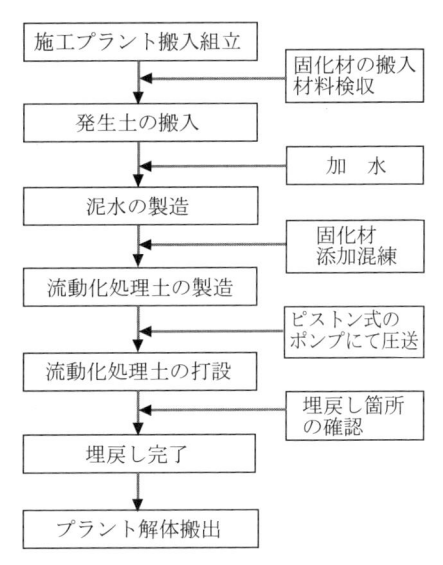

事例13.8　流動化処理工法施工フロー図

事例14　地下鉄工事における流動化処理土の製造・運搬（固定式プラントによる製造）

施工概要

本工事は，地下鉄工事の掘削により発生する建設発生土を原料土として，重要構造物である地下鉄の駅舎や開削トンネル部の埋戻しや，シールドトンネルのインバート部などに使用する流動化処理土を製造，運搬した工事である．流動化処理土は，**事例写真 14.1** に示す固定式プラントを設置し製造した．

　　施　工　期　間：1998 年 12 月〜2001 年 12 月
　　施　工　場　所：神奈川県横浜市内
　　建 設 発 生 土 量：約 24 000 m^3（沖積粘土）
　　流 動 化 処 理 土 量：約 82 000 m^3
　　施 工 シ ス テ ム：バッチ式固定プラント（強制二軸ミキサー）

事例写真 14.1　プラント全景

（1）　施工上の特徴

製造する流動化処理土は，**事例表 14.1** に示すように使用目的により要求された一軸圧縮強さが異なり，同時期に 6 種類の配合ならびに 2 種類のセメントを使用して対応した．シールドトンネルインバート部および駅部ホーム下の埋戻しには 6 000 kN/m^2 の高強度が求められた．

流動化処理土は，沖積粘土のみから製造すると間隙が大きくなりすぎるため，長期的な安定性も考慮し周辺地盤との物性値の差を小さくするといった観点から，山砂を混合する調整泥水式を採用した．プラントは，製造能力向上のため解泥機を 2 機と混練機 1 機から構成される．2 機の解泥機を**事例写真 14.2** に示す．

発生土は駅部の掘削土であり，通常は埋戻しには適さない高含水比の沖積粘土であった．発生土の物理試験結果を**事例表 14.2** に示す．山砂は千葉県木更津産

事例14　地下鉄工事における流動化処理土の製造・運搬（固定式プラントによる製造）

事例表 14.1　用途別強度一覧

Type	強度区分	使用目的	一軸圧縮強さ(kN/m²)	固化材種類
A	低強度	開削部の埋戻し	材齢28日 260以上 560以下	セメント系固化材
B	高強度	トンネルインバート部	材齢28日 6 000以上	高炉セメントB種
C	高強度	駅部ホーム下の埋戻し		
D	中強度	土止め側部の埋戻し	材齢3日 300以上 材齢28日 5 000以下	
E	早強度	立坑部の埋戻し	材齢16時間 200以上 材齢28日 5 000以下	
F	早強度	障害物撤去部の埋戻し	材齢15時間 100以上 材齢28日 5 000以下	
G	早強度	解体ビル地下室部の埋戻し	材齢14日 800以上 材齢28日 3 000以下	

事例写真 14.2　解泥機 No.1 および No.2

事例表 14.2　発生度の物理試験結果

名　称	自然含水比 (％)	土粒子の密度 (g/cm³)	粒度構成(％)				液性限界 (％)	塑性限界 (％)
			礫分	砂分	シルト分	粘土分		
沖積粘土	104.2	2.69	0.0	7.1	27.9	65.0	121.5	59.6

を購入した．

（2）　仮設および付帯設備

原料土のストックヤードとプラントの位置関係を**事例図14.1**に示す．

プラントの平面配置を**事例図14.2**に示す．

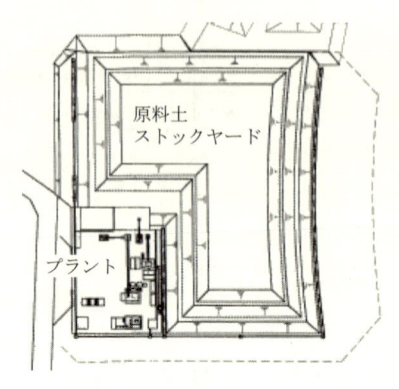

第 6 章　用途別施工事例

1）ストックヤード

　原料土は，プラントに隣接した 10 000 m² のストックヤードに仮置きした．しかし軟弱なため整形ができず，外周を一般建設発生土で堰堤を築造し，その内側に原料土の仮置きを行った．また防塵対策のため，周囲に防塵ネットを設置した．

事例図 14.1　原料土ストックヤード図

2）プラントヤード

　原料供給用バックホーが稼働する範囲および，プラントの機材の下は敷鉄板を敷設した．アジテータ車が移動する範囲は，アスファルト舗装とした．

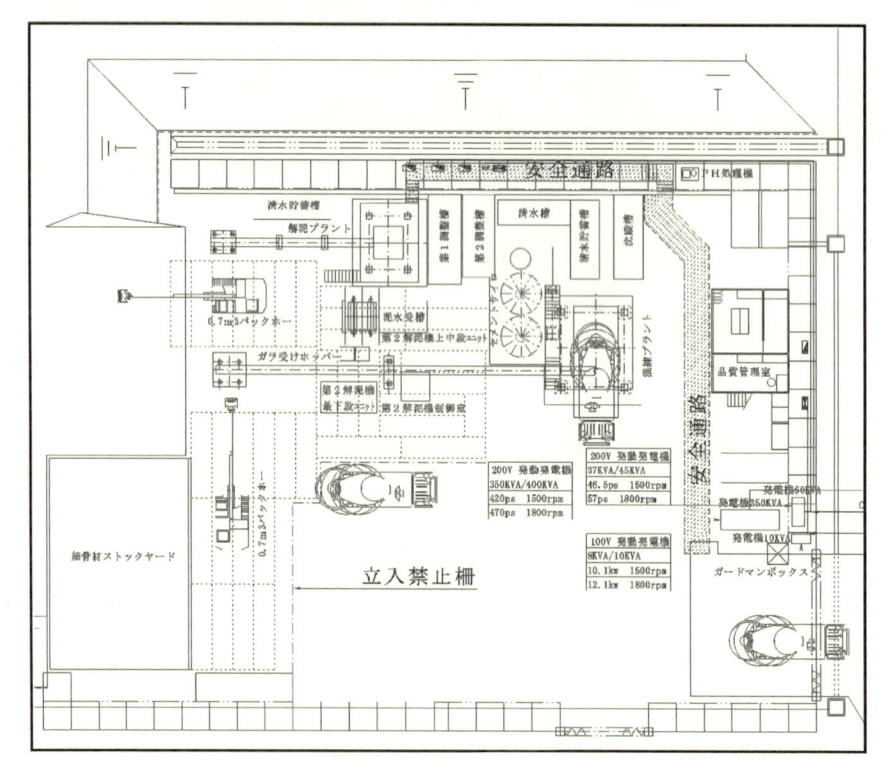

事例図 14.2　プラント平面図

事例 14 地下鉄工事における流動化処理土の製造・運搬（固定式プラントによる製造）

3) 給・排水施設

製造に使用する清水は，水道水を 20 m³ 水槽 3 基に貯蔵した．洗浄水は積極的に再利用した．排水用の設備は，集水・排水ピット，pH 調整装置，沈殿槽を設けた．

4) 電力施設

プラント用電力および管理事務所用電力は，発動発電機を設置して確保した．

（3）配合設計

流動化処理土の要求性能を**事例表 14.3** に示す．

使用目的に応じたタイプ毎の配合を**事例表 14.4** に示す．

事例表 14.3　要求性能一覧

Type	一軸圧縮強さ(kN/m²)	フロー値(mm)	ブリーディング率(%)
A	材齢 28 日 260 以上 560 以下	製造直後 160～300	1 未満
B,C	材齢 28 日 6 000 以上		
D	材齢 3 日 300 以上 材齢 28 日 5 000 以下		
E	材齢 16 時間 200 以上 材齢 28 日 5 000 以下		
F	材齢 15 時間 100 以上 材齢 28 日 5 000 以下	3 時間経過後 160 以上	
G	材齢 14 日 800 以上 材齢 28 日 3 000 以下	製造直後 160～300	

事例表 14.4　配合一覧

Type	原料土湿潤重量(kg)	水(kg)	山砂(kg)	固化材(kg)	遅延剤(kg)
A	424	636	133	59	—
B,C	274	410	684	273	3.0
D	326	596	307	129	—
E	198	481	678	206	—
F	302	412	710	249	5.0
G	358	584	314	170	—

（4） 流動化処理土の製造

解泥プラントにおいて，粘性土である原料土を大きめの密度に解泥して第1調整槽に移送する．後加水・荒調整し，さらに加水して所定の密度に調泥した．泥水，固化材，山砂の計量を行い二軸強制式ミキサーによって混練し，流動化処理土を製造した．流動化処理土の製造フローを**事例図14.3**に示す．

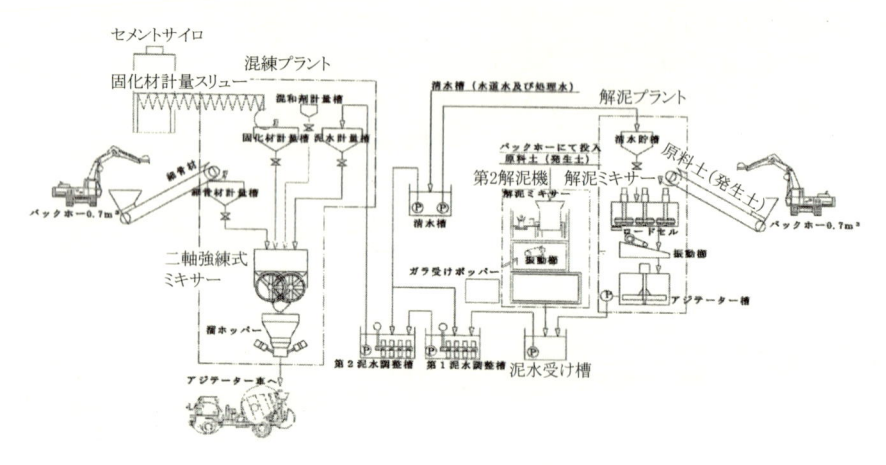

事例図14.3 流動化処理土製造フロー

（5） 運搬・打設

1） 運　　搬

流動化処理土の運搬は，アジテータ車を用いて行った．運搬経路が平坦であり，積載量が10t以内であることを確認し，積載量を6.0m^{3}とした．運搬距離は往復で1.2kmから8.4kmであり，サイクルタイムは40分から120分であった．プラントからの運搬経路を**事例図14.4**に示す．

2） 打　　設

打設は，基本的にコンクリートポンプ車を用いて行った．インバート部への打設状況を**事例写真14.3**に，地下開口部の打設状況を**事例写真14.4**に示す．

（6） 品質管理

1） 泥水の品質管理

流動化処理土の製造にあたっては泥水の密度管理が非常に重要であり，今回は既知内容量の容器に泥水を入れ，電子秤で重量を計測する方法によって密度を測

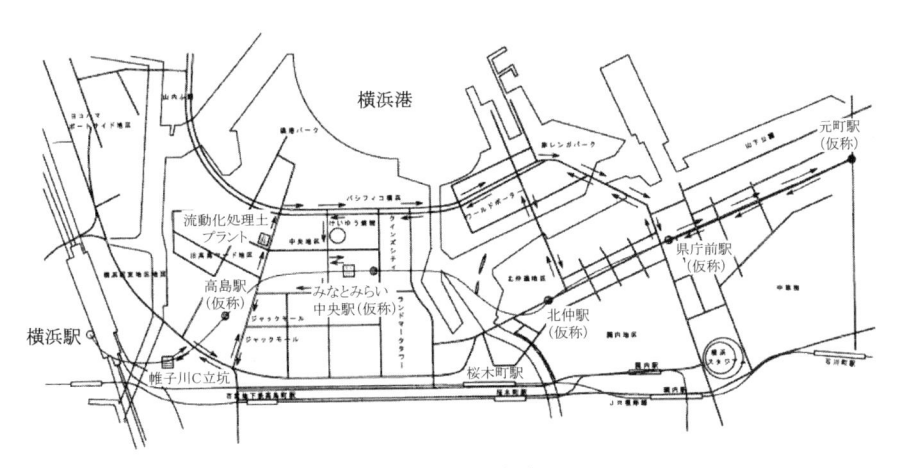

事例14　地下鉄工事における流動化処理土の製造・運搬（固定式プラントによる製造）

事例図14.4　運搬経路図

事例写真14.3　インバート部打設状況

事例写真14.4　地下開口部打設状況

定する方法と，事例写真14.5に示す携帯用液体密度測定器を使用して泥水の密度を目標密度の±0.01 g/cm^{3}となるよう管理した．

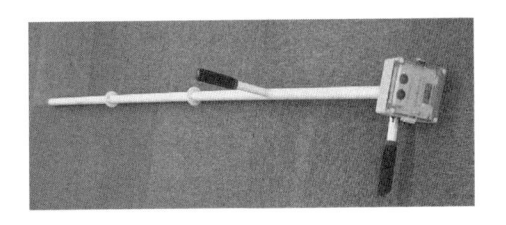

事例写真14.5　携帯用液体密度測定器

携帯用液体密度測定器は，高精度の圧力計を用いているため，使用直前のキャリブレーションをした後に測定する必要がある．また，定期的に清水を 1.00 g/cm^3 と表示するかを確認して使用した．さらに，測定を行う場所も重要であり，泥水が混練プラントに移送されたときの密度が重要であるため，混練プラントへ移送を行うポンプの吸い込み口付近において密度の測定を行った．

2) 流動化処理土の品質管理

流動化処理土の品質管理項目はフロー値，ブリーディング率，一軸圧縮強さであった．試験を行う試料の採取場所は，製造した流動化処理土の代表的な部分を採取するため混練プラント内溜ホッパーと決め，毎回同じ位置から採るようにした．試験の頻度を**事例表 14.5** に示す．

事例表 14.5　品質試験実施頻度

試験項目	試験番号	試験頻度	備　考
フロー試験	JHS A 313	3回/日	シリンダー法
ブリーディング試験	JSCE 1986	3本/100 m^3	
一軸圧縮試験	JIS A 1216	6本/100 m^3	2材齢

品質試験結果は，すべて管理基準内の結果を得た．代表的な結果として，一軸圧縮試験結果の分布を**事例図 14.5** に示す．

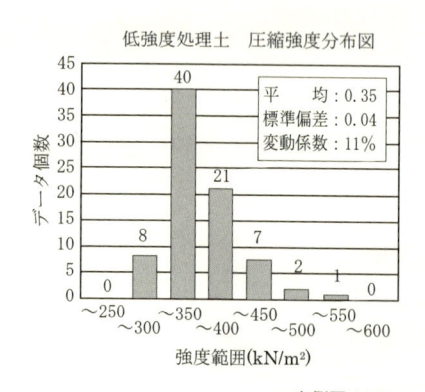

事例図 14.5　一軸圧縮試験結果

事例15　遠隔地での小規模充填工事（簡易製造法による流動化処理土の製造）

施工概要

　流動化処理土の用途は構造物（浄化施設）下の空洞充填で，総数量はおおむね 70 m^3 と推測された．施工場所は静岡県沼津市大字原で最寄りの常設プラントは浜松市内であるため，運搬距離は 140 km，運搬時間 2.5 時間と予想された．この運搬距離なら遅延材を添加すれば運搬できない距離ではないが，フローロスや道路渋滞に伴うトラブルから計画どおりの充填ができない可能性があるため，泥状土は常設プラントから運搬し，固化材はサイトで添加混合する施工法を試験的に採用した．

　　施工期間：2005 年 10 月 25 日〜10 月 26 日（2 日間）
　　施工場所：静岡県沼津市
　　充填数量：70 m^3

（1）　施工上の特徴

　施工場所が常設プラントから遠い（140 km）ため，常設プラントからの運搬には無理があり，基本的には現位置仮設プラントでの施工を行う工事である．しかし，施工数量が 70 m^3 と少ないため，通常の仮設プラントを設ければ，プラントの運搬・組立解体費が処理土の価格に大きな影響を与える．このため，アジテータ車で浜松プラントから泥状土を運搬し，サイトの小型ミキサーで固化材スラリーを製造（アジテータ車へ）投入し，アジテータ車で混合する方法（**事例図 15.1**）を考案し，実機実験でほぼ均一な混合が可能なことを確認し実施した．

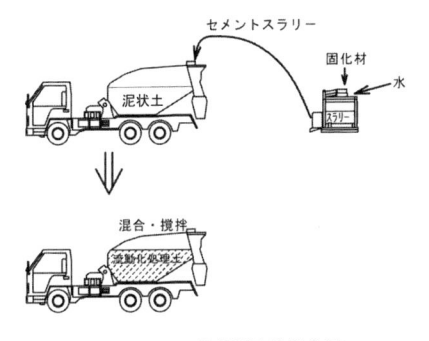

事例図 15.1　簡易製造法概念図

事例表 15.1　実機実験（アジテーター車で製造した処理土の品質）結果

試料採取条件	処理土密度 (g/cm^3)	フロー値(mm)	ブリーディング率 (%)	一軸圧縮強さ (材齢 7 日 N/mm^2)
降ろしはじめ	1.585	340	1.94	0.21
降ろし終わり	1.610	340	1.67	0.20
目標値（配合試験値）	1.595	360	2.44	0.33

（２）仮設および付帯設備

製造設備の配置図を**事例図 15.2** に示す．プラントヤードは現場場内であることと，2日間で施工が終了することから仮囲いは設けなかった．

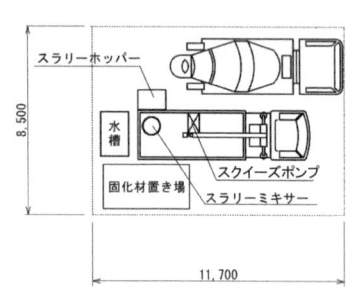

事例図 15.2 配置図

事例写真 15.1 スラリー製造状況

1) 製造設備

施工数量が約 70 m^3 と少ないこと，コストを極力抑えなければならないことから，仮設および付帯設備は極力小さいものとした．スラリー製造用のミキサーは 4 t 車に積載可能な小型のものとし，固化材投入にはサイロは設置せず，袋詰めの固化材を人力でスラリーミキサーへ投入する方法とした．4 t 車上でのスラリーの製造状況を**事例写真 15.1** に示す．

スラリー製造用の水は，現場の雨水集水桝の水を，有害物質が含まれていないことと pH が排水基準値を満足していることを確認し 5 m^3 水槽へ貯め使用した．

2) その他の設備

数量管理は仮設輪荷重計を設置し，アジテータ車に積載している流動化処理土の質量と密度から数量を算出する方法で行った．**事例写真 15.2** に積載量の測定状況を示す．

（３）配合設計

配合設計の基本的考え方は密度が大きい泥状土をアジテータ車で現場へ運搬し，別途現場で製造した固化材スラ

事例写真 15.2 積載量の測定状況

事例15　遠隔地での小規模充填工事（簡易製造法による流動化処理土の製造）

リーを車上で混合し流動化処理土を製造する．このとき泥状土中に含まれる水量を算出し，スラリー製造に使用する水量を制御することで，製造後の流動化処理土の品質を確保する．

泥状土中の水量の算定は，泥状土中に含まれる空気は無視できるほど少ないと考えて以下の方法で求めた．

$$V_w + V_s = 1.0$$
$$\rho_w + V_s \cdot \rho_s = W$$

ここに，V_w：泥状土 1 m³ 中の水の体積
　　　　　　　（m³）
　　　　V_s：泥状土 1 m³ 中の土粒子の
　　　　　　　体積（m³）
　　　　ρ_w：水の密度（1 000 kg/m³
　　　　　　　とする）
　　　　ρ_s：土粒子の密度（kg/m³）
　　　　W：泥状土 1 m³ の質量（kg）

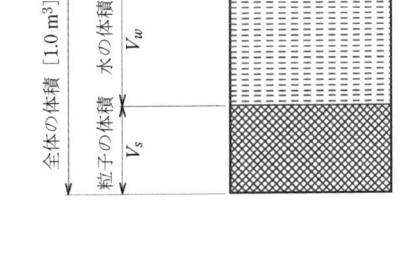

上記連立方程式より，泥状土 1 m³ 中の水の体積 V_w は事例式 15.1 で求められる．

$$V_w = \frac{1.0 \cdot \rho_s - W}{\rho_s - \rho_w} \qquad \text{（事例 15.1）}$$

同じ原料土での事前配合により，密度 1.55 g/cm³ 以上の泥状土に 100 kg/m³ の固化材を添加すれば，密度 1.6 g/cm³ 以上の処理土となり，他の要求品質も満足することが確認されたため，以下の配合設計とした．

《配合条件》

　泥状土の（スラリーの練混水を含んだ）最終密度：1.55 g/cm³（1 550 kg/m³）
　　　　　　　　　　　　　　　　　　　　　　　　　　　以上

固化材添加量（出来上り流動化処理土に対し外掛けで）：100 kg/m³
出荷泥状土密度：1.65 g/cm³ ＝ 1 650 kg/m³
土粒子の密度：2.67 g/cm³ ＝ 2 670 kg/m³
　・出荷泥状土 1 m³ に含まれる水の量

$$V_{w0} = \frac{1.0 \cdot \rho_s - W}{\rho_s - \rho_w} = \frac{1.0 \times 2\,670 - 1\,650}{2\,670 - 1\,000} = 0.611 \text{ m}^3$$

・最終泥状土（スラリーの混練水を含んだ）1 m³ に含まれる水の量

$$V_{w1} = \frac{1.0 \cdot \rho_s - W}{\rho_s - \rho_w} = \frac{1.0 \times 2\,670 - 1\,550}{2\,670 - 1\,000} = 0.671 \text{ m}^3$$

・ここで，処理土 1 m³ を製造するのに必要な泥状土量を x m³，スラリー量を y m³ とすると，以下の連立方程式により解が得られる．

$$\left. \begin{array}{l} x + y = 1.0 \\ 0.611\,x + y = 0.671 \end{array} \right\} \longrightarrow \begin{array}{l} x = 0.846\,(\text{m}^3) \\ y = 0.154\,(\text{m}^3) \end{array}$$

したがって，密度 1.6 g/cm³ の流動化処理土 1.0 m³ を製造するために，密度 1.65 g/m³ の泥状土 0.846 m³ に，0.154 m³ の水と 100 kg の固化材で製造したスラリーを混合撹拌し製造する．

（4）流動化処理土の製造

サイトでの製造は，泥状土密度のばらつきと現場での計量誤差を考慮し，配合設計で求めた泥水とスラリー混練用の水の数量をまるめ，アジテータ車 1 台当りの配合を下記のとおりとした．

　　アジテータ車 1 台で製造する流動化処理土の数量：4.7 m³

　　アジテータ車 1 台に積込む泥状土の量：4.0 m³

　　アジテータ車 1 台分のスラリー混練水量：0.36 m³×2 バッチ＝0.72 m³

　　アジテータ車 1 台分の固化材添加量：25 kg×19 袋＝475 kg

アジテータ車での混合撹拌時間は，実機実験と同じ 2 分間とした．

（5）運 搬 打 設

運搬は流動化処理土を製造したアジテータ車で，そのまま打設箇所に運搬し，コンクリートポンプ車へ投入した．充填箇所にはコンクリートポンプ車で圧送充填した．充填状況を**事例写真 15.3** に示す．

（6）品 質 管 理

品質管理試験は製造直後の資料を採取して行った．管理項目は一軸圧縮強さ，密度，フロー値，ブリーディング率である．頻度は 1 日当りの打

事例写真 15.3　充填状況

事例15 遠隔地での小規模充填工事（簡易製造法による流動化処理土の製造）

設量が 30〜35 m³ と少ないため，1 回/日とした．

要求品質は若干の変更が行われ，**事例表 15.2** のようになったが，出荷泥状土を若干重めにすることで対応した．品質試験結果を事例表 15.2 に示す．

事例表 15.2 品質試験結果

	処理土密度 (g/cm³)	フロー値(mm)	ブリーディング率 (％)	一軸圧縮強さ(N/mm²)	
				材齢 7 日	材齢 28 日
1 日目	1.637	210	0.56	0.23	0.47
2 日目	1.634	260	0.86	0.24	0.49
要求品質	1.35 以上	180 以上	1.0 未満		0.4 以上

● そ の 他

（1） 製造方法に関する考察

この製造方法では，固化材をスラリーにすることで，液体同士の混合となり，本来混練機能が弱いアジテータ車でのほぼ均一な混合撹拌が可能となった．今回の事例は，泥状土を製造したのが浜松プラントであり，この地区の原料土の特性から容易に密度が大きい泥状土を製造することが可能なため，要求品質（特に密度）を満足することができた．原料土が細粒分主体で，密度が大きい泥状土を製造するのが困難な場合は，この製造方法では要求品質を満足できないことも考えられる．

（2） 製造コストに関する考察

今回の事例のように運搬距離が長い場合は，常設プラントからの製品出荷であっても，流動化処理土のコスト中の運搬コストの占める割合が大きくなる（今回の事例では運搬コストが約 10 000 円 /m³）ことは避けられない．実際のコスト比較では，サイトでの機材・人件費がかからない分，常設プラントからの製品出荷のほうが安価となる．しかし，運搬中のトラブルを考えると，遅延材のみでは対応不可能な事態も考えられる．今回の事例でも，事故渋滞のため最大 4 時間程度の運搬時間を要した車輛があったが，泥状土であったため到着時間の遅れのみですんだ．

また，原位置仮設プラントを設置すれば最も小型に類するものでも，仮設プラントの運搬組立解体費用は 200 万円程度と見積もられる．このため，製造量が 100

m^3 以下の場合は，1 m^3 当りの製造コストのうち 20 000 円以上が仮設プラントの運搬組立解体費用となる．

　この事例では流動化処理土のコスト面では，常設プラントからの製品出荷に比べて割高となったが，新たな製造方法を採用したことで，トラブルを未然に防止でき，良品質の流動化処理土を納入できたと考えている．

事例16　下水道管の埋戻し工事（難透水性を利用し水路敷内に管路を埋設）

> **施工概要**
>
> 　堤防敷き内における下水道管渠の埋設は，管渠の基礎材や防護材に砂を用いるため，堤防の遮水性に問題が残るという理由で一般に認められない．このため，河川沿いの住宅地の下水道計画は，計画路線の変更が必要になったり，場合によっては整備が先送りされるという問題を抱えていた．
> 　本事例は，流動化処理土の固化後の透水係数が $10^{-5} \sim 10^{-7}$ と難透水性であることを利用し，管渠埋設後の埋戻しを砂基礎部分まで含めて流動化処理土で行うことで，堤体部の性能を損なわず，下水道整備事業を行った事例である．施工延長 712 m のうち，水路敷への管路埋設延長は 611 m であった．現場は浜松市内の常設プラントより 7 km 程度であり，発生残土も原料土としてプラントへ持ち込み再利用した．
>
> 　施　工　期　間：2003 年 9 月 17 日～2004 年 3 月 10 日（内 2 ヵ月間）
> 　施　工　場　所：静岡県浜松市内
> 　埋　戻　し　延　長：610 m
> 　打　設　数　量：790 m³
> 　平均埋戻し深さ：1.4 m

（1）施工上の特徴

　砂基礎部分にも流動化処理土を直接打設するのであるが，礫分を含むため，管材表面の強度が高いリブ付硬質塩ビ管 $\phi 200$ を使用した．流動化処理土打設（埋戻し）区画は仕切り壁の設置や，埋設管への仮蓋の設置など，準備作業が多くなるため，1日の作業終了直前に打設（埋戻し）作業ができるように工程調整を行った．

　また，流動性がなくなるまでの間，管体に浮力が作用するため，一時的に固定する必要があった．

（2）仮設および付帯設備

　流動化処理土で管渠の埋戻しを行う場合，流動化処理土に流動性がなくなるまでの間，管体に浮力が作用するため一時的に埋設管を固定する必要がある．本事例では，埋設管の浮上防止対策として**事例図 16.1** のような治具を製作し使用した．切梁形状をした水平部材を土留支保工とは別に掘削溝内に固定し，垂直支柱によって管を抑えるようにして，交差部分をクランプによって固定した．流動化処理土の密度から算出すると，管体への浮力は約 0.5 kN/m 作用するため浮止治

第6章　用途別施工事例

具を2m間隔に設置した（**事例写真16.1，事例写真16.2**）．管材は直接掘削底面に配置し，規準高の調整はキャンバーによって，占用位置の調整は木杭または土嚢袋によって行った．

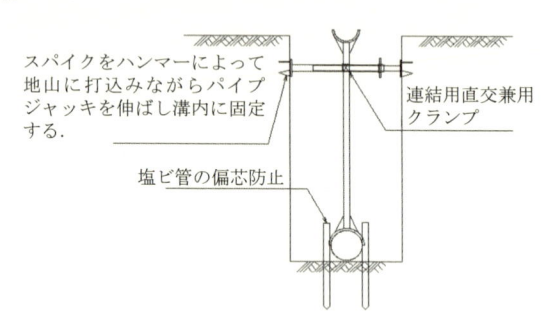

図中ラベル：
- スパイクをハンマーによって地山に打込みながらパイプジャッキを伸ばし溝内に固定する．
- 連結用直交兼用クランプ
- 塩ビ管の偏芯防止

事例図16.1　浮止治具

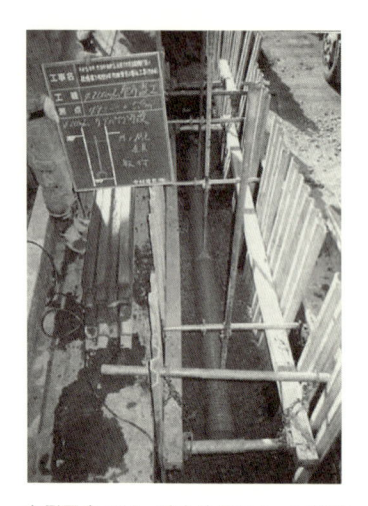

事例写真16.1　浮止治具によって管材固定した状態

事例写真16.2　流動化処理土固化後の状況

（3）　配合設計

配合設計の基本的考え方は本工事の目的である不透水層の再構築であるため，ブリーディング率が小さく密度が安定した品質を確保することにある．また後日メンテナンス作業のために再掘削する可能性があるため，必要以上の高強度配合にならないように留意した．使用した原料土の物理試験結果を**事例表16.1**に，

事例16　下水道管の埋戻し工事（難透水性を利用し水路敷内に管路を埋設）

事例表16.1　物理試験結果

礫　分	(75～2.0 mm)	0.4 %
砂　分	(2.0～0.075 mm)	43.5 %
シルト分	(0.075～0.005 mm)	38.2 %
粘土分	(0.005 mm以下)	17.9 %
最大粒径	(mm)	4.75 mm
土粒子の密度	(g/cm^3)	2.601 g/cm^3
自然含水比	(%)	35.60 %

事例表16.2　配合設計（1 m^3 当り）

原料土	水	固化材
1 225 kg	310 kg	125 kg

事例表16.3　要求品質

処理土密度(g/cm^3)	フロー値(mm)	ブリーディング率(%)	一軸圧縮強さ(N/mm^2)	
			材齢7日	材齢28日
1.35 以上	160～300	1.0 未満	0.2 以上	0.5 以下

配合設計を**事例表16.2**に，要求品質を**事例表16.3**に記す．

（4）運搬打設

運搬は流動化処理土をアジテータ車で打設箇所に運搬し，浮止治具や管材に直接あたって変位しないよう片側から静かに流し込むようにシュート打設とした．

（5）品質管理

品質管理試験は出荷時の試料を採取して行った．管理項目は一軸圧縮強さ，密度，フロー値，ブリーディング率である．頻度は1日当りの打設量が15～30 m^{3}と少ないため，1回/日とし，代表的な品質試験結果事例を**事例表16.4**に示す．

事例表16.4　品質試験結果

泥水比重	処理土密度(g/cm^3)	フロー値(mm)	ブリーディング率(%)	一軸圧縮強さ(N/mm^2)	
				材齢7日	材齢28日
1.644	1.687	210	0.49	0.33	0.42

●その他

（1）施工方法に関する考察

この方法では管体の規準高さと占用位置さえ固定できれば，掘削底面の施工精

度に関係なく管を埋設できる．また，掘削箇所が軟弱地盤の場合は，掘削底面の床拵えが困難であったり，掘削時にリバウンドにより掘削底面が隆起し，埋戻し後に再び沈下することから，管の出来型（埋設精度）に問題が発生していた．このような条件下でも，本事例の方法（基礎が無くても管路を浮かした状態で埋戻しができる）によれば，流動化処理土による埋戻し中，埋設管は浮止治具で固定されており，変位は発生しないので管の施工精度がよく，復旧後の路面沈下も起こりにくい．

また，人孔部分へ採用されれば，地震時の液状化に伴う浮上対策や管口の漏水防止，舗装路面の沈下防止等にその効果が発揮されると考える．

（2） 施工コストに関する考察

一般的な埋戻し材料よりも流動化処理土は高価であり，浮止治具の製作，設置手間等が加わるため，工事コストは大きくなる．しかし，舗装復旧時の影響幅や工事完了後の沈下に伴う路面の維持管理を考慮した LCC では，在来工法より安価なものとなる．

浮止治具は製作後，転用回数を考慮しリース品扱いとすると，設置撤去手間を含めて管路延長当り約 1 100 円/m 程度となった（流動化処理土の打設手間を除く）．

参考文献

1) 渡邉：15 号東蒲田共同溝他 2 共同溝（流動化処理土による埋戻し工法），土木技術，Vol.50, No.10, 1995.
2) 久野，三木，森，吉池，手嶋，三ツ井：共同溝に埋戻された流動化処理土の透水性，第 31 回地盤工学研究発表会，1996.7.
3) 久野，三木，森，吉池，谷口，三ツ井：大量に製造された流動化処理土の配合と品質，第 51 回土木学会年次学術講演会，1996.9.
4) 久野，三木，森，吉池，神保，保立：共同溝に埋戻された流動化処理土のボーリング調査，第 51 回土木学会年次学術講演会，1996.9.
5) 久野，三木，三木，岩淵，種村：流動化処理工法による路面下空洞充填試験施工の概要報告，第 49 回土木学会年次学術講演会，1994.9.
6) 久野，三木，小池，岩淵，寺田：流動化処理工法による路面下空洞充填試験施工の概要報告（その 2），第 50 回土木学会年次学術講演会，1995.9.
7) 久野，阿部，岩淵，三ツ井，片桐：流動化処理土による坑道埋戻し充填試験工事報告，第 30 回土質工学会研究発表会，1995.7.

参考文献

8) 久野,市原,高橋,瀬戸,脇田,原:発生土を用いた流動化処理土の製造と品質に関する報告,第30回土質工学会研究発表会,1995.7.
9) 久野,脚部,斎藤,高橋,市原:流動化処理土による坑道埋戻し工事の出来型管理に関する一考察,第50回土木学会年次学術講演会,1995.9.
10) 久野,阿部,岩淵,三ツ井,片野:流動化処理土による廃坑埋戻しに必要な坑道内流動勾配について,第50回土木学会年次学術講演会,1995.9.
11) 久野悟郎・三木博史・森範行・後藤勝志・神保千加子・市原道三:流動化処理土による共同溝埋戻し工事追跡調査,第32回地盤工学研究発表会, pp.2343〜2344, 1997.7.
12) 久野悟郎・三木博史・神保千加子・市原道三・手嶋洋輔・安部浩:流動化処理土の経年試料における一軸圧縮強さ,土木学会第53回年次学術講演会, Ⅲ-B314, 1998.10.
13) 久野悟郎・三ツ井達也・和泉彰彦・山田雅登:流動化処理土による拡幅盛土工法(その1‐流動化処理土の適用性),第40回地盤工学研究発表会, 2005.7.
14) 久野悟郎・岩淵丈太郎・三ツ井達也・滝野充啓・和泉彰彦:流動化処理土による拡幅盛土工法(その2‐施工事例),第40回地盤工学研究発表会, 2005.7.

付属資料

付属資料1　泥水の見掛けの単位体積重量の測定法

　粘性土に加水して泥水を作製し調整泥水を準備する場合，あるいは発生土が粘性土で，それに加水して泥状にし，そのまま流動化処理を行う場合に，配合設計，品質管理にあたって土粒子単位体積重量（土粒子密度）を求めることが必要である．

　しかし，対象土が細粒土であるほどJIS A 1202による測定に際し，水と混合した粒子間に付着した微細な空気間隙を完全に排除することがむずかしく，そのため熟練度による測定値の信頼性の差が大きく，正確な値を得るのが困難である（測定値が小さくでる傾向が強い）．

　調整泥水に用いる流動性に富んだ泥水の場合は，残留する空気間隙の体積率は0.3％程度と小さいので，実用上は泥水作製時の解泥操作程度の攪拌によって排除しきれていない空気間隙は土粒子体積中に含まれるものとして，空気間隙はゼロであるとみなした「見掛けの土粒子単位体積重量」γ'_{sf} を使用したほうが合理的である．

【測定法1】
① 対象とする粘性土に適宜加水し，混合・攪拌して所定の泥水比重，流動性になるように均質な泥水を作製する．
② その泥水の単位体積重量方 γ_f を測定する．
　　測定法は容積既知の500 cc程度の広口びん，および泥水を満たした口の擦切り面を正確にするためのガラス板を用いる（実際の工事の品質管理に用いる処理土の単位体積重量測定用具を流用するのもよい）．
　　なお，同じ測定器具によって水の単位体積重量 γ_m（$=1 \text{ tf/m}^3$）も測定す

れば測定法の検証にもなる．
③ その泥水の含水比 w_f を測定する（JIS A 1204）．
④ 見掛けの土粒子単位体積重量 γ'_{sf} は次式で求められる．

$$\gamma'_{sf} = \frac{\gamma_f}{1 - w_f \left(\dfrac{\gamma_f}{\gamma_w} - 1\right)}$$

【測定法2】
① 対象とする粘性土を用意し，その潤滑重量 W_f を測定する．
② その粘性土の加水前の含水比 w_{fn} を測定する．
③ 重量 W_f の粘性土試料に水を加えて攪拌・混合し所定の泥水比重，流動性になるように均質な泥水を作製し，その間に加えた水量 W_w を正確に記録する．
④ $W_w/W_f = w'$ を求める．
⑤ 作製した泥水の単位体積重量 γ_f を測定する．
⑥ 見掛けの土粒子単位体積重量 γ'_{sf} は次式で求められる．

$$\gamma'_{sf} = \frac{\gamma_f \cdot \gamma_w}{\gamma_w \cdot (1 + w_{fn}) \cdot (1 + w') - \gamma_f \cdot \{w_{fn} \cdot (1 + w') + w'\}}$$

（注） JIS A 1202 によって正確な土粒子単位体積重量 γ_{sf} が求められた場合は，泥水中の空気間隙率 v_{af} は次式で求められる．

$$v_{af} = \frac{\gamma_f}{1 + w_{fA}} \cdot \left(\frac{1}{\gamma'_{sf}} - \frac{1}{\gamma_{sf}}\right)$$

付属資料2　発生土と調整泥水を混合する際の発生土の土粒子の見掛けの単位体積重量の測定法

　発生土と調整泥水を混合して泥状の混合物を作製する際，粘性土と水を混合する場合より，さらに土粒子間に残留気泡の介在が無視できなくなる．発生土が砂質のものであるほど，その土粒子単位体積重量 γ_s の測定は，粘性土の場合に比し相対的に容易にはなるが，この場合も残留気泡の体積を発生土の土粒子体積に含めて考慮した，発生土の見掛けの単位体積重量 γ'_s を測定しておくと，以後の

付属資料2　発生土と調整泥水を混合する際の発生土の土粒子の見掛けの単位体積重量の測定法

配合設計その他の計算の際には，混合物の空気間隙率を見掛け上，ゼロとみなすことができるため，関係式の表現が著しく簡易になる．

なお，この場合は γ'_s は同じ発生土でも調整泥水の比重，混合比によって値を変えるから，それらの相関性を把握しておく必要がある．

【測定法】
① 発生土の含水比 w を測定する．
② 発生土湿潤重量 W に対し，比重が $G_f\,(=\gamma_f/\gamma_w)$ の調整泥水を重量 $W_f\,(=p\cdot W)$ を加え，所定の泥状の混合物を作製する．
③ 混合物の単位体積重量 γ'_m を測定する．
④ 発生土の見掛けの単位体積重量 γ'_s は次式で求められる．

$$\gamma'_s = \frac{\gamma_w}{\dfrac{1}{\gamma'_m}\cdot\left\{\left(1+\dfrac{1}{p}\right)-\dfrac{\gamma'_m}{\gamma_f}\right\}\cdot p\cdot(1+w)\cdot\gamma_w - w}$$

w，p が小さく，γ_f が大きいほど空気間隙率 v'_{am} は大きくなるから，γ'_s は小さくなる傾向にある．また，この際の空気間隙率 v'_{am} は

$$v'_{am} = \frac{\gamma_{rm}\cdot(\gamma_s-\gamma'_s)}{\gamma_s\cdot\gamma'_s\cdot(1+p)\cdot(1+w)}$$

となる．また，実際には固化材が加わっているから，発生土と調整泥水のみで求めたこの関係は厳密には流動化処理土には適用できないが，固化材の量は相対的には少ないから近似的には十分に実用性がある．

洪積粘土および沖積粘土泥水に発生土として自然含水状態（$w=11\sim15\%$）の凝灰質砂質土（成田層山砂）を混合し，ほぼ同程度の流動性をもつ混合物（この場合は固化材は添加していない）を作製した場合についての γ'_s の測定結果を付図1に，対応する v'_{am} の算定結果を付図2に例示した．

泥水の添加量 p が小さいほど，測定された γ'_s が発生土の土粒子単位体積重量の真の測定値 γ_s（JIS A 1202 による）との隔たりが大きくなり，そのことが残留気泡の量の大きいことを意味している．なお，粘土の種類によって，泥水の濃度の影響が鋭敏に出る場合とそうでない場合に差のあることがうがかえる．

付属資料

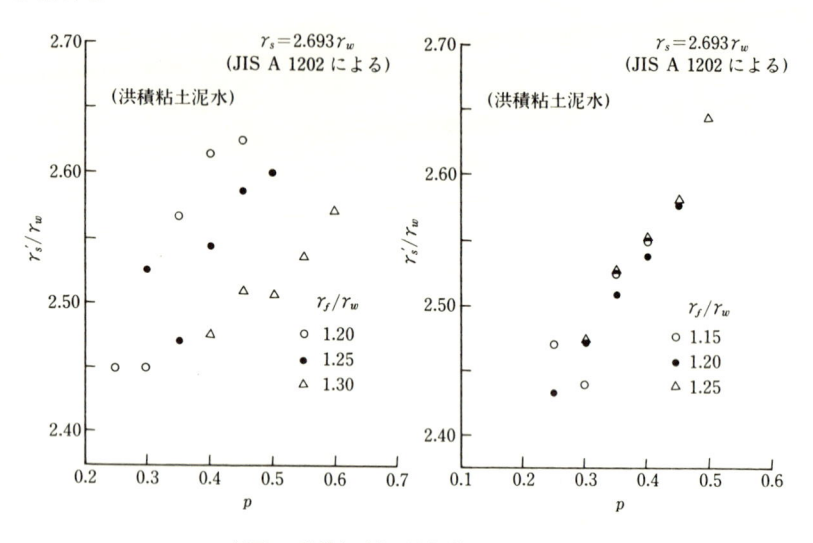

付図1 砂質土（成田層山砂）の γ'_s の測定例

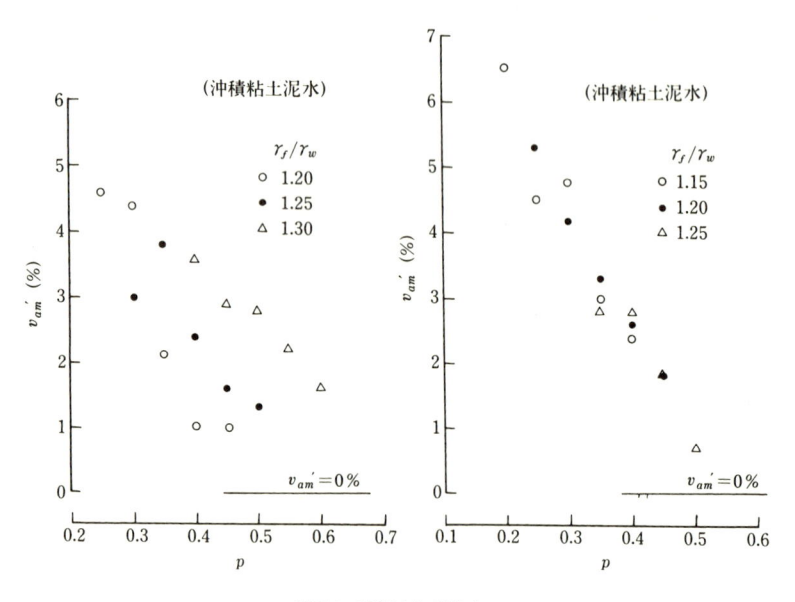

付図2 残留空気間隙率 v'_{am}

付属資料3　流動化処理土の透水試験方法

　流動化処理土の供試体に対する透水試験は，一般の土質材料に対する標準的な試験方法，例えば土質工学会基準（JSF T 311-1990）を適用しようとすると，透水円筒中に流動化処理土を流し込み，固化を待って試験を行おうとすると，一般に処理土は養生過程で若干の収縮のおそれがあり，供試体と円筒内壁間の密着が損なわれるきらいがある．また，固化後に整形した供試体円筒内に決まった断面で固定密着させるのも困難である．

　よって，外径，内径，および高さの固化後の寸法が測定可能なドーナツ型の流動化処理土を，**付写真1**の要領で作製し（型枠は外径6cm，内径1cm，高さ2cmの寸法とした），所定の養生後，脱型し，寸法を正確に測定した後，両面を不

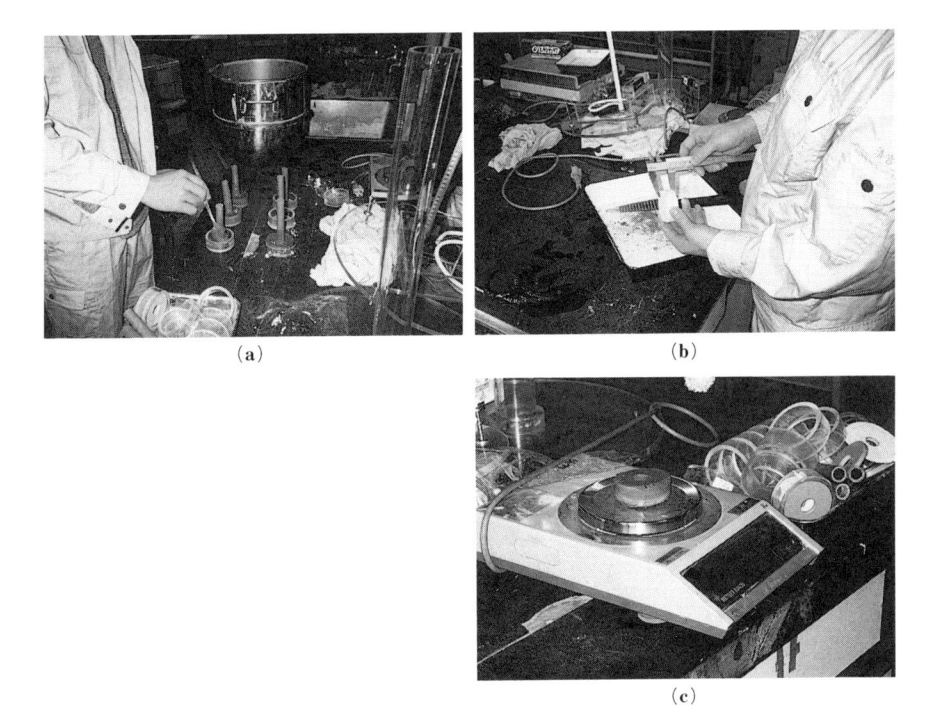

(a)

(b)

(c)

付写真1

透水性の厚みのあるウレタンフォーム版で挟み，付図3の装置に緊結，固定し，供試体中央の穴につながるスタンドパイプ内と，供試体を浸漬させた容器との間の水位差により，供試体内に放射状に透水させ，スタンドパイプの水位の経時的変動を測定することにより透水係数 k を次式により求めた．

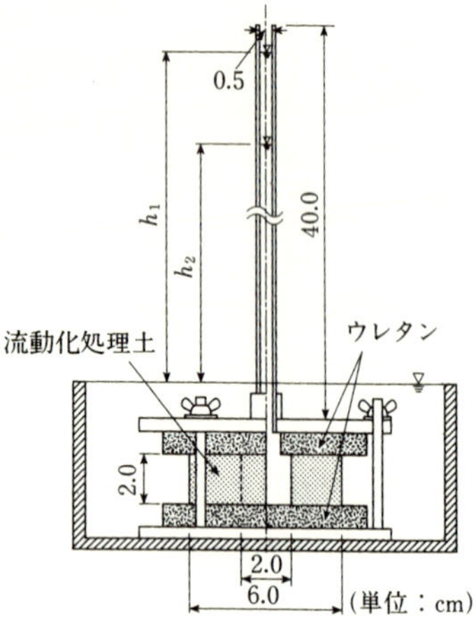

$$k = \frac{a}{2\pi \cdot Z \cdot (t_2 - t_1)} \cdot \ln\frac{h_1}{h_2} \cdot \ln\frac{R}{R_0}$$

$$k = \frac{0.8438 \cdot a}{Z \cdot (t_2 - t_1)} \cdot \log\frac{h_1}{h_2} \cdot \log\frac{R}{R_0}$$

付図3

ただし，ln は自然対数，log は常用対数である．

放射状の透水の場合，浸透圧によって供試体内に引張応力が生じ，普通，土の供試体は引張強さが弱いために，動水勾配の増加によって放射状の亀裂が発生し，逸水する hydraulic fracturing 現象が生じる危険性が指摘されている．

しかし，流動化処理土は固化後に相当に高い粘着力をもっているため，今回の実験程度の動水勾配では，その発生は認められなかった．

付属資料4　流動化処理土配合試験表

「図4.3 配合試験フロー」に関連して，付表1に流動化処理土配合試験表を示す．この付表は，各試験のデータシートの役割のほか，基本配合図を作成するためのデータのまとめの役割もある．配合フローに沿って試験を実施して得られた数値を付表に記入し，まとめの数値を算出すると，最終的に基本配合図に必要な諸数値が得られる．

付属資料

付表1　流動化処理土配合試験表

成型年月日　年　月　日
配合試験番号：

泥土の原料：建設泥土・粘性土解泥
泥土の発生場所：
発生土の発生場所：

試験条件

目標泥水密度	混合比	固化材量	発生土粒子密度	発生土含水比
g/cm^3		kg/m^3	g/cm^3	%

試験前

		含水比 %				配合表		
	No.	ma	mb	mc	w	練量リットル	泥水 g	発生土 g
発生土								
						泥水密度		泥水フロー
		平均値				測定	密度	Pロート see | KODAN mm
泥水								
		平均値				平均		

泥水＋発生土

		含水比 %				計算密度	実測密度 g/cm^3	フロー
No.	ma	mb	mc		w	g/cm^3	測定 | 密度	Pロート see | KODAN mm

泥水＋発生土＋固化材

容器空袋重量	容器重量	処理土質量	処理土体積	固化材量
g			cm^3	g

		含水比 %				計算密度	実測密度 g/cm^3	フロー
No.	ma	mb	mc		w	g/cm^3	測定 | 密度	Pロート see | KODAN mm

初期体積	24時間後体積	処理土体積	ブリーディング水	ブリーディング率
cm^3	cm^3	cm^3	cm^3	%

一軸圧縮試験

材齢7日	1	2	3	平均
強度 kgf/cm^2				
密度 g/cm^3				
含水比 %				
材齢28日	1	2	3	平均
強度 kgf/cm^2				
密度 g/cm^3				
含水比%				

土の流動化処理工法［第二版］
―建設発生土・泥土の再生利用技術―　　　　　　定価はカバーに表示してあります

2007年 9 月25日　1版1刷　発行　　　　　ISBN 978-4-7655-1724-9 C3051

著　者　　久　野　悟　郎
　　　　　流動化処理工法研究機構
　　　　　　流動化処理工法技術管理委員会

発行者　　長　　　滋　　彦
発行所　　技報堂出版株式会社

〒101-0051　東京都千代田区神田神保町
　　　　　　　1-2-5（和栗ハトヤビル）

日本書籍出版協会会員　　　　電　話　営　業　（03）（5217）0885
自然科学書協会会員　　　　　　　　　編　集　（03）（5217）0881
工 学 書 協 会 会 員　　　　FAX　　　　　　（03）（5217）0886
土木・建築書協会会員　　　　振　替　口　座　　　00140-4-10
Printed in Japan　　　　　　http://www.gihodoshuppan.co.jp/

ⒸGoro Kuno & Technical Consortium of Liquefied Soil Stabilization, 2007
　　　　　　　　　　　　　　　　　　　　　　装幀・印刷・製本　技報堂

落丁・乱丁はお取替え致します。
本書の無断複写は，著作権法上での例外を除き，禁じられています。

● 関連図書のご案内 ●

地盤環境工学の新しい視点
～ 建設発生土類の有効活用 ～
松尾稔・本城勇介編著
A5・388頁

セメント系固化材による 地盤改良マニュアル（第3版）
セメント協会編
A5・402頁

目でみる基礎と地盤の工学
吉田巌編著
B5・180頁

実務者のための 土 質 工 学
大根義男著
B5・340頁

砂地盤の液状化（第2版）
吉見吉昭著
A5・182頁

地盤液状化の物理と評価・対策技術
吉見吉昭・福武毅芳著
A5・344頁

土 質 力 学（第3版）
山口柏樹著
A5・428頁

土質力学の基礎（第2版）
能城正治・林田師照・安川郁夫著
B5・152頁

土 の 力 学
河野伊一郎・八木規男・土国洋編著
A5・250頁

おもしろジオテク
地盤工学会編
A4・126頁

ロックメカニクス
日本材料学会編
A5・276頁

土のはなし I〜III
地盤工学会土のはなし編集グループ編
各B6・204〜220頁

地盤と建築構造のはなし
吉見吉昭著
B6・158頁

■ 技報堂出版　〒101-0051　東京都千代田区神田神保町1-2-5
TEL03(5217)0885／FAX03(5217)0886　http://www.gihodoshuppan.co.jp